知的生命体としての植物

# プランタ・サピエンス

Paco Calvo + Natalie Lawrence
パコ・カルボ+ナタリー・ローレンス 著
山田美明 訳

# PLANTA SAPIENS

KADOKAWA

# プランタ・サピエンス

知的生命体としての植物

アナベルに

緑色、私が好きな緑色

――フェデリコ・ガルシア・ロルカ

プランタ・サピエンス　知的生命体としての植物　もくじ



# 第一部　植物の見方を改める

## 第二章　植物の視点を求めて



## 第三章　植物の賢い行動



# 第二部　植物の知性を科学する

## 第四章　植物の神経系

## 第五章　植物は思考するのか？



## 第六章　生態学的認知



# 第三部　実を結ぶ

## 第七章　植物であるとはどういうことか？

装丁◎西垂水敦＋松山千尋（krran）
装画◎akg-images／アフロ
本文デザイン◎荒井雅美（トモエキコウ）
ＤＴＰ◎エヴリ・シンク
翻訳協力◎株式会社リベル
校正◎あかえんぴつ

でも、どこにあるのかわからない。
風に吹き飛ばされてしまうんだ。
根がないから、生きていくのが大変なんだよ。

――アントワーヌ・ド・サン＝テグジュペリ『星の王子さま』

# はじめに

私はこれまで、自分たちとはまったく違う生物がどのような経験をしているのかを理解しようと努力してきた。つまり、植物の知性の解明である。これは、決して簡単なことではない。科学的な研究はほとんどなされていない。だが、これまでにわかっていることを考えれば、発見すべきことがまだたくさんあることはほぼ間違いない。本書は、私たちのそばに存在するもう一つの豊かな世界を夢中になって探索した二〇年間の総決算である。

この探索は二〇〇六年に始まった。そのきっかけとなったのが、フランティシェク・バルシュカ、ステファノ・マンクーゾ、ディーター・フォルクマンという三人の学者が編纂した、植物の神経学的側面を考察した本である。そう聞くと、奇妙に思うかもしれない。そもそも植物に神経細胞はないからだ。私もそれまでは、植物のことをそんなふうに考えたことはなかった。だが翌年、スロバキアの高タトラと呼ばれる地方で開催された植物神経生物学会の会議に出席すると、その考え方のとりこになった。それから、世界中を渡り歩く長い旅が始まった。ロンドンやエディンバラ、ニューヨークの植物園を皮切りに、インド、中国、ブラジル、チリ、オーストラリア、果てはモーリシャスの密林にまで足を運んだ。とはいえ、この旅を通じて経験した心の変化に比べれば、そんな物理的な移動距離など大したものではなかった。

この研究を始めて気づいたことが一つある。それは、人間が個人的な経験をもとに、この世界に関する重要な結論を下してしまう存在だということだ。それは、私たち人間が「賢い」生物だと言われる理由の一つでもあるが、それにより人間の視野は信じられないほど狭くなる。

人類史上もっとも優れた思想家たちでさえ、このひとりよがりな思考をする傾向がある。広範囲にわたり学問の歴史を発展させた古代ギリシャの哲学者たちも、文字どおり自分たちの視点からしか世界を見ていなかった。たとえば古代ギリシャでは、権威の中心とされたデルポイは、地理的な世界の中心でもあった。そこは「オムファロス（世界のへそ）」と呼ばれ、ゼウスが世界の両端から解き放った同じ二羽のワシが出会った場所と言われていた。そのため、そこから発せられるデルポイの神託は、古代世界全域で崇められた。パルナッソス山のふもとにあるこの聖域を目指し、巡礼者が何日もかけてやって来た。デルポイの神託に意見を聞くことが、宇宙のへその緒を直接たぐり寄せることになるからだ。

私は二〇一九年にデルフィ（訳注／古代ギリシャの聖地デルポイの現代名）を訪れ、哲学者や科学者、クリエイターなど多様な頭脳が集まる会議に出席した。この世界における人間の立場を議論する会議である。まじめなのか皮肉なのかはわからないが、古代世界のへそで、ひとりよがりな思考をする（訳注／これを英語では「へそを見つめる」と表現する）人間の習性について考え、それを乗り越える方法を導き出そうというのだ。自分たちの社会的・政治的中心を宇宙の中心と見なす思い込みを「オムファロス症候群」と呼ぶなら、オムファロス症候群に陥った文明は古代ギリシャだけではない。それは、人類の歴史のどこにでも見られる習性である。個人であれ社会であれ、人間には、世界は自分（たち）を中心に回っていると考えたがる傾向がある。

だがそれは、生態学的にも政治的にも心理的にも、多大な問題を引き起こしてきた。そこで、人間の性質を明らかにし、人間と環境との相互作用のもつれを解きほぐすために、こうして勇敢な思想家たちがデルフィに集まった。それは、いまとは異なる未来、ほかの生物との結びつきを深め、より成熟した関係をもたらす未来へ向け、新たな考え方を探るためでもあった。

この訪問の際、私は週末の時間を利用して、デルフィの遺跡を訪れた。パルナッソス山の褐色のがれ場に囲まれたアポロン神殿の前庭の廃墟に立ち、そこに刻まれていたとされる「汝自身を知れ」という言葉に思いを馳せた。それはシンプルだが、個々の人間にとっては生涯にわたる命題だった。ここに集まった一〇〇人の知識人にとっても、間違いなくこの会議以上に価値のある言葉だろう。私はそのとき、あまたの問題にさらに深く踏み込むためには、考え方を「根本から」変える必要があること、ほかの生物種から学び、新たな方法で人間の心の研究に取り組む必要があることを痛感した。だが、当時はまだ、私の関心の的がのちにどれほど過激な方向へ向かうことになるのかを、十分には理解していなかった。

私はこのデルフィ訪問で、いわば新たな目覚めを経験した。そこは風景そのものが、解決しようとしている問題を映し出しているかのようだった。歴史と生きた現在とがないまぜになり、歴史的な遺跡が、樹脂をたっぷり含んだ森林や草原のなかに横たわっている。

それなのに私たちは、瓦礫と化した残骸や、過去のかすかな痕跡しか見ようとしない。それら人類の所産を舞台にいま展開されている生物たちの交流については、ぼんやりとしか認識していない。そこで私ははっきりと理解した。「汝自身を知る」ためには、自分自身どころか自分の種さえ乗り越えた思考が必要だ。

「他者」を知ることで、初めて「自分」がわかる。どれだけ原始的であろうと、あるいはどれほど複雑であろうと、私たち人間とは劇的に異なる生物の経験へと踏み込まなければならない。それらの生物の経験は、身近な動物に見られる思考の仕組みなど一切使うことなく生み出されているのかもしれない。脳も、ニューロンも、シナプスも使わずに。それからの私は、植物の「知性」について考えるようになった。

私たちは、神経組織による知性や、脳を中心とした意識という定説にしがみつくあまり、ほかの仕組みによる内的経験があるとは考えようとしない。本書のタイトルを見ただけで、一部の方面からあざけりや驚愕の声が聞こえてきそうだ。だが、それも無理はない。この本が人間の経験の土台に闘いを挑んでいるからだ。本書では、脳がなくても思考が可能かもしれないことを証明するために、最先端の神経科学や植物生理学、心理学、哲学を取り上げながら、植物であるとはどういうことなのかを考察している。科学的証拠の種を拾い、さらなる調査によりそれがどこへ成長していくのかを、注意深く確認していく。

ここで重要なのが注意深さである。植物が知性を持っている可能性にきわめて懐疑的な人であれ、ほかの生命体が超自然的な知恵を持っている可能性を熱心に信じている人であれ、誰もが自分の考え方を注意深く広げていくべきだ。この世界の理解の仕方を劇的に変えていく際には、明らかな証拠に従って慎重にことを進める必要がある。私は、科学が明らかにしつつある驚くべき可能性を狭量に無視すべきではないと考えているだけであり、精霊信仰的な自然崇拝を復活させることを望んでいるわけではない。

したがって本書は、万人のために書かれている。そのなかには、植物に知性があると信じている人々も、おそらくその可能性はないと思っている人々も含まれる。ここに書かれているのは、誰もが持つ先入観への挑戦である。だから先入観を捨て、偏見のない心で、証拠により切り開かれる道をたどっていってほしい。ただし、それをまのあたりにする覚悟があればの話である。

その内容に、読者は驚かれるかもしれない。この世界に存在する方法がほかにもあることを理解すれば、私たちが思っているほど人間の知性が特別なものではないことを知らされることになるからだ。私たちはつい最近になってようやく、人間以外の動物にも知性がある可能性を認め始めたばかりだが、そのうえさらに植物にも知性がある可能性を認めようとすれば、考え方の「根本的」な変化が必要になる。私たちはこれまで、人間を生物界の頂点の地位に置き、それを当然のように見なしてきた。その地位を失うことに苛立ちを感じるかもしれないが、これまでの考え方を改めれば、驚くべき利点がある。つまり問題は、オランダの霊長類学者フランス・ドゥ・ヴァールの著書のタイトルを借用して言えば、こういうことになる。「植物の賢さがわかるほど人間は賢いのか?」。さらにこうつけ加えてもいい。人間にそれだけの勇気があるのか?

それを理解するための作業は、私たち自身の心のなかから始まる。チャールズ・ダーウィンは、自然淘汰により進化論を展開する際に、あるきわめて効果的なツールを利用した。それは科学機器でもなければ標本でもない。自分の身体の空間移動、すなわち散歩である。

ダーウィンは毎日、午前と午後に一度ずつサンド・ウォークを散歩した。ケント州ダウンにあった自宅の敷地の境界線になっていた砂利道である。そこを「思索の道」と呼び、雨の日も、晴れの日も、みぞれの日も、植物や動物をつかの間の連れとして、本や書簡、実験の内容について思索にふけった。身体運動の力を利用して知性を前進させ、思考の発展を促したのである。

私は本書を執筆するための旅の最後に、このダウン・ハウス（訳注／ダーウィンが四〇年間暮らした邸宅）を訪れ、ダーウィンと同じようにサンド・ウォークの砂利を自分の靴でざくざく鳴らし、その幅広い入念な思索に耳を傾けてきた木々やイボタノキの生垣に囲まれて、この序文の文章を書きたいと思っていた。ところが残念なことに、新型コロナウイルスの流行により、この巡礼が不可能になってしまった。

そこで私は、自分自身の「思索の道」の足取りを心のなかでたどり直すことにした。過去二〇年にわたり、植物の知性を理解しようと努力しながらたどってきた道である。それは、私の想像力をかきたて、私の心を開いてくれた、長くも実り豊かな旅路だった。

その旅路に読者のみなさんをご招待しよう。

# 序
# 植物を眠らせる

大勢の観衆の前で科学トリックを演じたとしても、いつも観衆が心の底から驚くとは限らない。だが二〇一九年八月九日、私はモーリシャスのある講堂で、ガラス製のベルジャー（訳注／釣鐘形の実験用のガラス容器）とカット綿、少量の麻酔薬だけを使い、観衆をみごと驚かせることに成功した。麻酔薬は、獣医がウマやネコやイヌの意識を一時的かつ安全に失わせるために使用しているものである。観衆のなかには、獣医に連れていったペットが麻酔を打たれ、徐々に眠りに落ちていくのを見たことがある人もいただろうが、こんな実演は見たことがなかったに違いない。

そこは、一見ありえない興味深い実演にはうってつけの場所だった。モーリシャスはインド洋に浮かぶ島国の一つで、海により大陸から分断されているため、かつては驚くほど奇妙な植物や動物にあふれていた。アフリカ大陸やマダガスカル島からさほど遠くもないため、そこから数多くの種が渡ってくる一方で、さほど近くもないため、渡ってきて棲みついた生物が、そこで独自の奇妙な進化を果たして分化していったのだ。

こうして、陸地を歩きまわる巨大なカメ、鮮血のように赤い花を咲かせる低木のブークル・ドレイユ（訳注／モーリシャス固有のアオイ科の低木。学名は*Trochetia boutoniana*）、ヘビのボリエリアボア、花弁のほっそりしたフルール・ド・リス（訳注／モーリシャス固有のヒガンバナ科の草本。学名は*Crinum mauritianum*）、およびあの不思議な鳥ドードーが生まれた。一六世紀末に、かつては無人だったこの島にヨーロッパ人が到着して以来、これらの種の多くが絶滅するか、絶滅の危機に瀕している。

ところで、私がこの島国を訪れた理由は複数ある。第一に、ボン・パストゥール研究所*が主催する特別会議の講演者として招待されていた。第二に、モーリシャスにしかないノブドウ一八種を採取し、スペインのムルシアにあるＭＩＮＴラボでの研究に使用するためだ。これらのノブドウは、スペインの在来種ほど人間の手が加えられておらず、かつてはモーリシャスを広く覆っていたがいまはわずかしか残っていない自然林に自生している。** そのノブドウが好奇心をそそる魅力的な実験対象となる可能性を秘めていたため、それを手に入れるためならばと喜んで地球の反対側までやってきたのである。

講演は夜だったため、私はそれまでの間、ジャン＝クロード・スヴァティアンとノブドウの採取

＊ボン・パストゥール研究所（IBP）は、地理医学訓練サービスセンターを運営する民間会社であり、ミニマル・インテリジェンス・ラボと協力関係を結んでいる。モーリシャスでの私のホスト、ゾエ・ロザルが所長を務めている。

＊＊モーリシャスには健全な自然林がわずか2パーセントしか残っていない。その大半は、本島や沖合の小島の近づきがたい辺鄙な地域にある。

に出かけた。この人物は、モーリシャスの希少植物の専門家兼管理者で、この島の植物の亜種には彼の名前がついているものもいくつかある。走るジープからでも、鬱蒼と茂る熱帯雨林の枝葉から、目的のノブドウの曲がりくねった形状を信じられないほど正確に見分けられるという。

私が探している種のなかには、モーリシャスのもっとも奥深く、深い森林に覆われた保護区にしか生えていないものもあるため、私たちは人間がめったに入り込むことのない奥地へと進んでいった。未開の森林地帯を走り抜けていくときには、ほとんど誰も知らない島で植物標本を探す若きチャールズ・ダーウィンの姿を思い浮かべずにはいられなかった（ただしダーウィンは、空の旅という便利な手段を使った私とは違い、船で島に到着したのだが）。

分厚く重なる緑の枝葉のなかを探しまわっているときには、ダーウィンがそれまで想像もしていなかったような種を初めて目にしたときの姿を想像した。ダーウィンは、植物や動物はその周囲の環境に欠かせない要素であり、周囲の生物との関係の網に織り込まれた分離不可能な存在だと見なしていた。動物や植物は、このネットワークのなかでのみ理解できる。滅菌された研究環境に閉じ込められた標本では、その部分的な姿しか見えない。ほんの少しでもダーウィンと同じように生物を見ることができれば、生物に対する人間の経験ははるかに豊かなものになるに違いない。

ちなみに、私がモーリシャスまでやって来た理由は、ほかにもう一つあった。麻酔の実演に適した被験体を探していたのだ。観衆になじみがあり、ベルジャーに容易に収まり、麻酔に敏感な生物である。すると、背中にこぶがある巨大なカメが点在するある公園で、うってつけの被験体が見つかった。それはとても恥ずかしがり屋らしく、触れると身を引いてしまう。そのためリラックスできる時間を与えようと、午後の間はずっとちょっかいを出さないでおくことにした。

その日の夜、私は観衆に自己紹介をすると、隣のテーブルに置いてある生物にこれから何をするのかを説明した。いぶかしげな表情をして顔を見合わせる観衆を見て、私は一人微笑んだ。

まずは確認のため、私が被験体を軽くなで、それが先ほどと同じように体を折り曲げて身を引くところを観衆に見せた。次いでカット綿を取り上げ、それを正確に計量した麻酔薬に浸し、被験体のそばに置くと、その両方を覆うようにベルジャーをかぶせた。ベルジャーをかぶせたのは、レトロな見栄えのためでも、被験体が逃げないようにするためでもない。内部の空気に麻酔を充満させるためだ。獣医がイヌに麻酔をかけるときにはガスマスクを使うが、このような環境では使えない。

私はそれまでに、正確なタイミングや麻酔薬の量を確認するため研究室で何度もこの工程を繰り返しており、麻酔が効くまでにしばらく時間がかかることを知っていた。そのためしばらくは話で場をつないだが、その間、観客の視線は私とベルジャーの間を行き来し、麻酔が効いている兆候を必死に探しているようだった。

間もなく一時間がたとうとするころ、いよいよ見せ場の時間となった。私は、被験体を起こせる

かどうか試してみる志願者を募り、挙手した大勢の観衆のなかから一人の女性を選んだ。女性は、ひときわ背が高くすらりとした姿を見せて立ち上がり、こちらに歩いてきた。私がベルジャーを上げると、女性は被験体を指で軽くなでた。女性は明らかに、被験体が先ほどと同じように身を引くと期待していた。ところが何も起きなかった。もう一度試してみても、結果は同じだった。被験体は完全に麻痺していた。講堂は一瞬静まりかえったのち、驚きや感嘆を示す声と拍手に包まれた。

この話を聞いて、それのどこが驚くべきことなのかと思うかもしれない。そう思う人は、その夜に私が使った被験体が何だったかを考えてみてほしい。それは間違いなく、哺乳類でもなければ、それ以外のいかなる動物でもなかった。

被験体となったのは植物であり、正確に言えばオジギソウ（*Mimosa pudica*）である。

この「感受性の高い植物」はアメリカ大陸からの外来種で、いまではモーリシャス全域に自生しており、その「恥ずかしがり屋」のしぐさが多くの人々に愛されている。というのは、触れたとたん、葉軸に対して対称に並んでいる葉を閉じるからだ。これは、人間にとっておもしろいだけでなく、捕食者から身を守る効果的な手段でもある。葉を閉じることで、草食生物から見つけられにくくしているわけだ。もちろん、実際にはこの植物は、人間が想像しているような「恥ずかしがり屋」ではない。そばに捕食者らしきものを感知したときに食べられるのを防ぐため、葉を閉じるよう巧妙に進化しただけだ。[1] だが、麻酔薬がこの反応を完全に奪い去った。オジギソウは人間に触れられるがままになっていた。それに観衆は驚いたのである。


その数カ月後、私はもう少し砕けた場で、同じような実演を行なった。スペインのグラナダにある、プランタ・バハという一九八〇年代風の洗練されたバーである。

私はそのとき、グラナダ大学の大学院生が定期的に開催している、音楽の生演奏とトークが満載のサイコビアというイベントに参加していた。アコースティック・ポップバンドのコサス・ケ・アセン・ブンが、「Sin prisa, un jardín（のんびりと庭を）」という曲名にぴったりの歌を歌い終わると、私は独特のにぎわいに満ちた場を見わたすステージに立った。

そこにはすでに、実演用の道具がセッティングされていた。そのときに私が使ったのは、植物界のなかでも獰猛な食虫植物、ハエトリグサ（*Dionaea muscipula*）である。この植物は二枚貝を開いたような特別な葉を持っており、不用心な昆虫がその内側を歩きまわると、ぱたりと閉じる。そしてその内部に酵素を分泌し、昆虫を消化するのである。[2] とげの歯を並べてにやりと笑っている口のように見えるこの罠を、夢中になって作動させた経験がある人も、けっこういるに違いない。

だが、私がこの植物に麻酔をかけたときに見せた観衆の反応は、この植物の動きに対する人々の反応をはるかに超えるものだった。今回は全体を映すカメラを設置し、カウンターでドリンクを飲んでいる人たちも、スクリーンを通じてステージ上で起きていることをはっきりと見られるようにした。また、植物の表面に電極をとりつけ、罠の周囲の興奮しやすい細胞の電気的活動を計測することにした。そして実演の際にはまず、私が葉に触れるたびに、その電気信号が電圧の急上昇を示すところを見せた。これは、心電図が患者の鼓動を示すのと同じように、植物内部の生命が活動している明らかな証拠である。それから一時間後、私は観衆の一人に、ハエトリグサの罠に触れさせてみた。だが植物は、まったく動くことなくじっとしている。電気信号も水平のままだ。麻酔前に触れたときには電気的活動が急増したのに、それがまったくない。

これらの植物が麻酔によりどうして無反応になったのかと不思議に思うかもしれないが、植物の目に見えない電気的活動や、植物が全身に素早く情報を送るために利用している複雑なネットワークについては、のちの章で解説することにしよう。とりあえずここでは、ネコ（だけでなく人間も）を眠りにつかせるのと同じ麻酔薬で、植物のこれらの能力を奪い去ることができる、という点に注目してほしい。麻酔をかけられると目覚ましい能力を失うのは、オジギソウやハエトリグサだけではない。どんな植物でも麻酔下にあると、いましていることを止める。葉の向きを変えることも、茎を曲げることも、光合成をすることもなくなる。種子でさえ、発芽をやめる。[3] 要するに、植物は麻酔にかかると、ふだんのように環境に反応するのをやめる。

動物と植物の系統が一五億年以上前に分岐していることを考えれば、こうした反応の類似には驚くべきものがある。[4] 動物界と植物界はまったく違うのに、同じ薬で「意識を失わせる」ことができる。それだけではない。同じ文脈で言えば、細菌も麻酔にかけられる。細菌は、私たち人間とはドメインさえ違う。ドメインとは、生物分類学におけるもっとも上位の分類である。[5] それでも、これらの単細胞生物は、人間の身体の細胞や植物の細胞とまったく同じように麻酔に反応し、一時的に活動を止める。人間の細胞の内部でエネルギーを産出するミトコンドリアや、植物の細胞の内部で光合成をする葉緑体でさえ、麻酔にかかる。生きていれば、麻酔の影響を受けるのである。[6]

いや、これはむしろ、植物の意識を失わせるのと同じ薬を使って、人間の意識を失わせることもできると言ったほうが正確かもしれない。というのは、植物は実際のところ、これらの化学物質を自分で製造しているからだ。私たちは哺乳類を一時的に眠らせるときに、合成麻酔薬を使う。だが植物は、そんな薬を無数に合成している。これらの物質は、ストレスを受けたときに放たれる。たとえば、植物を傷つけると、その組織内にエチレンなどの麻酔化学物質がつくられる。根が乾燥すると、エタノール、エチレン、ジビニルエーテルという三種類の麻酔薬が放出される。[7] なぜそうするのかは、まだよくはわかっていない。

なかには、植物の防御手段を作動させる役目を果たすものもあるが、ほかの物質の目的ははっきりしない。おそらくは、忙しい一日を終えた人間がビールを飲んでリラックスするように、植物も痛みや緊張を和らげているのだろう。ただし、これらの物質のなかには、地球の大気に影響を与えるほど大量に放出されるものもある。私たちは、ストレスを受けた植物や藻類が温室効果ガスを放出するという事実の意味をよく考えたほうがいいのかもしれない。[8]

人間ははるか昔から、こうした化学物質を利用してきた。コカノキの葉には麻酔作用があり、人間は何千年も前からそれをかんで暮らしている。コカインが分離されて最初の局部麻酔薬となり、やがては麻薬となるはるか以前からである。タイムの葉から抽出されるチモールはうがい薬に、丁子油（クローブの精油）から抽出されるオイゲノールは歯科の局部麻酔に使われている。[9] それ以外にも人間は、植物が生成した多様な物質を心身のために意図的に利用している。その好例が、タバコやエタノール、アスピリン、マリファナ、カフェインを含む茶葉やコーヒー豆である。私たちが現在使用している薬にも、植物に由来するものがたくさんある。植物から抽出したものか、植物が生成した生物活性化合物をもとにしたものである。たとえば、マラリア治療薬のキニーネは、南アメリカの樹木シンコナ・オフィシナリス（*Cinchona officinalis*）から採取される。心不全の治療に使われるジギトキシンは、ジギタリス（*Digitalis purpurea*）から抽出される。このように人間と植物は、進化の観点から見れば遠く離れているが、さまざまな生化学的つながりを通じて、いまだ親密なかかわり合いを持っている。[10]

麻酔薬を使った実験は、進化的な観点から驚きをもたらすだけではない。この実験を経験すると、完全な白紙状態に立ち戻り、まったく新たな目で植物を見るようになる。外科手術を受けるペットと同じように植物にも麻酔をかけられるのであれば、完全に機能している植物とはどのようなものなのかをより意識するようになる。外側から見ると、麻酔下の植物は、ふだんはしていることをやめている。その後徐々に薬の効力が消えていくと、その活動を再開する。ただし、葉の位置を直してふだんどおりの状態に戻るまでには、多少の時間がかかる。ハエトリグサの場合、麻酔から覚めつつあるときに罠に触れると、葉を閉じはするが、そのスピードはきわめて遅い。[11]

となるとこれは、植物がふだん通常の「行動」として行なっていることを念頭に話をしていることになる。[12]だが、植物はふだん「行動」しているのか？　この言葉は、植物に対して使うには場違いな印象を受ける。私たちは直感的に、植物は地面に根を張った、身動きできない受動的な生物だと決めつけており、「行動」という言葉はそれに反するからだ。しかし、有益な判断基準となる『ペンギン心理学辞典』で「行動」を調べてみると、こんな定義が記されている。

ふるまい、活動、反応、応答、動作、行為、働きなどを含む一般名称。要するに、生物が示す測定可能な反応を指す。

私たちは一般的に植物を、俊敏に行き来しながら活動する動物に対する緑の背景と見なす傾向がある。だが少なくとも、オジギソウが葉を畳み、ハエトリグサが葉を閉じるのは、動物の行動と同じような応答や動作、「測定可能な反応」と言えるのではないだろうか？[13]　このように、植物にもネコにも人間にも同じように麻酔薬が作用する事実が、私たちの偏見を考え直すきっかけになる。

こうして考えてくると、ある重要な問題に直面する。オジギソウから葉を畳む能力を奪い去り、ハエトリグサの武装を解除するとは、どういうことなのか？　動作や反応を止めるだけでなく、「植物を眠らせる」とはどういうことなのか？　私たちは、動物や人間に麻酔をかけるとどうなるかは想像できる。気づき（訳注／何らかの情報にアクセスして、その情報を行動の制御に利用できる状態）を奪われ、意識状態から無意識状態になる（手厳しい読者は、人間のことしかわからないのではないかと言うかもしれないが）。

ちなみにこの「麻酔（anaesthesia）」という言葉は、「無感覚」や「知覚できない状態」を意味するギリシャ語の「anaisthēsia」に由来する。[14] その影響を受けると、麻酔をかけられたハエトリグサと同じように、脳内の細胞の電気的活動が損なわれ、もはや刺激に反応しなくなる。そこには、物議をかもすおそれのある以下のような刺激的な意味がある。

動物と同じように植物を一時的に眠らせることが可能ならば、植物もふだんはある種の「覚醒」状態にあるということになるのではないか？　そう考えると、植物は単なる自動装置でも身動きのできない光合成機械でもない可能性が出てくる。さらには、植物も個々に何らかの形でこの世界を経験しているのではないかという想像も生まれる。つまり、植物にも「気づき」があるのではないか、ということだ。

もし植物に気づきがあるのなら、その内的状態と外的環境との間に何らかのやりとりがあるに違いない。そしてそのためには、外部からの情報を収集・処理し、単なる反応以上に洗練された方法でそれを利用する能力がなければならない。植物が情報を収集・利用して、予測や学習はおろか、将来の考察までできるとしたらどうだろう？

実際のところ私たちは、植物がそうしていると思われる事例を発見しつつある。だが、その真相の究明は一筋縄ではいかない。以下の章では、植物が実際に何を経験し、何をしているのかについて、最新の研究が明らかにしている刺激的な手がかりを探究するとともに、その手がかりを一つにまとめ、まったく新たな植物像を提示していく。植物は単に気づきの能力を持っているだけでなく、高いレベルでこの世界とかかわり合っている。

単純な事例から考えてみよう。控えめな小さい花をつけるコーニッシュ・マロウという植物がある。植物学者の間では「ラヴァテラ・クレティィカ（*Lavatera cretica*）」という学名で呼ばれ、南ヨーロッパや北アフリカの温暖な地域の高山帯に自生するが、外来栽培種として、もっと寒冷な国々の庭でもよく見かける植物である。

「向日性《こうじっせい》」の植物は多い。これは、昼の間ずっと太陽の動きを追い続ける習性を指す。* 大空を横切る太陽の動きに従って律儀にも茎頂の向きを変えていくヒマワリ畑をタイムラプス撮影（訳注／一定時間ごとに連続撮影した写真をつなぎ合わせ、コマ送り動画にする撮影技法）した印象的な動画を見たことのある人もいるに違いない。これらの植物やその驚くべき能力については、のちの章で詳しく解説する。ここでは、つつましくもかわいらしいラヴァテラに注目することにしたい。

この植物もまた日光浴が大好きなのだが、きわめて準備が行き届いている。昼間はずっと太陽のほうに葉を向けている。こうすれば、浴びる光の量が最大になる。これはいわば、日光浴を楽しむ人間が忍び寄る影を避けようと、日焼け用ベッドの位置を変えていくのと同じである。だが夜になると、太陽が昇る前から、日の出の方向に葉を向ける。

*「heliotropic（向日性）」という単語は、「太陽を追跡する」という意味のラテン語に由来する。植物学者のオーギュスタン・ピラミュ・ド・カンドールが19世紀初めに生み出した言葉である。

つまり、前日の始まりの位置に葉を戻すのだが、それだけではない。さらに驚くべきことに、この植物は、日光がまったくあたらない状況に置かれても数日間は、太陽がどちらの方角から最初に現れるのかを覚えている。研究室で暗闇のなかに閉じ込めておいても、日の出の方角を正確に予測し、律儀にも毎晩、現れない太陽の方向へ葉を向ける。そして三日後か四日後になってようやく、多少方向を見失うのである[15]（それは私たち人間も同じだ）。

こうした葉の動きのタイミングは、一日の昼と夜のサイクルに従っている。生物を支配するこのサイクルを、概日リズムという。これもまた、植物や動物から細菌に至るまで、あらゆる生物に見られる普遍的特性の一つであり、私たち人間も系統的に遠く離れた生物も、この生化学的性質を共有している。[16]人間の毎日の概日リズムは、メラトニンと呼ばれる化学物質の生成によりある程度コントロールされている。このホルモンの量は、二四時間のサイクルのなかで時々刻々と増減し、目覚めや眠気を制御する。代謝や体温など、体内におけるほかの無数のプロセスについても同様である。メラトニンは、脳の中心部にある松果体《しょうかたい》という小さな器官で生成される。ここは、動物の進化の歴史を通じて光受容器のような役目を果たしてきた。フランスの哲学者ルネ・デカルトは、それを「魂の座」と呼び、そこを思考や行動の起点と考えた。[17]

生物はこのメラトニン量の増減により、どの時間にはどの状態であるべきかを予測することが可能になる。これを、環境に対する反応だけに頼らなければならないとすると、どうしようもないほどの遅れが生じるかもしれない。たとえば、太陽が沈んだあとに目覚めるとか、朝になっても活発な行動がまったくできない、といった事態である（そんな問題を抱えている人もいるかもしれないが）。時差ボケのときには、メラトニンの錠剤を飲んで体内にメラトニンを補充すれば、身体を新たな時間帯に合わせられる。これらのことは、植物にもあてはまる。のちに詳しく述べるが、植物も研究室で環境を操作すれば、ある種の時差ボケを経験する。植物もまた、独自のメラトニン（フィトメラトニン）を生成している。[18] これは、メラトニンが発見されてから数十年後の二〇〇四年になってようやく特定された。というのは、動物だけがこの化学物質を生成するという思い込みがあったからだ。植物もまた、ラヴァテラの葉の夜の動きなど、内なる機能を制御する概日リズムを持っている。植物の「覚醒」状態は、劇的な麻酔の作用を受けるだけでなく、内なるリズムによっても、毎日きわめて精密に調整されている。[19]

私たちはまた、複雑な作業がまったく「別」の方法で行なわれていることにも目を向ける必要がある。ラヴァテラは、驚くほど利口に見えることを成し遂げている。それは、単なる巧妙な進化の妙技に過ぎないのかもしれないが、たとえそうだとしても、その奥にさらに複雑なものが存在する可能性を示唆している。そこに「知性」のようなものがあるのではないか、ということだ。「知性」については、見解の一致した明確な定義など存在しないにもかかわらず、ラヴァテラのような植物の行動と人間の能力との類似性を指摘するのは、どうしても冒険的だと見なされがちである。しかしだからこそ、植物の理解を深めれば、人間の心の仕組みについても多くのことを解明できる可能性があるのだ。[20]

さしあたりここでは、神経が行なうような情報処置にかかわるものを知性と呼ぶことにしておこう。ラヴァテラなどの植物は、人間が「脳」と見なすものを一切使うことなく、それを実現する。私たちは現在、知性の存在に欠かせない要素をきわめて限定的に考え、脳と認識できるもの、あるいは少なくとも十分に発達した神経細胞の拠点がなければ、知性があるとは言えないと自動的に判断している。これまでずっと、知性は生命の系統樹のある枝から、特定のタイプの脳と一緒に進化してきたと思い込んできた。だがこうした考え方は、最近になってタコなどの生物の理解が進むにつれ、否定されつつある。タコは、それぞれの足に脳を持ち、驚くべき知力を備えているという。私たちはいまや、植物を含め、ほかの生物に知性があるかどうかだけでなく、知性とは何なのかについても、理解を改める必要に迫られている。

ここから、さらにまた一つ疑問が生まれる。私たちは知性のありかについても考え方を改める必要があるのか、という疑問である。おそらく知性を生み出すのは、動物に見られるような膨大なニューロンの集合体だけではない。まったく異なるシステムでも、知性を生み出すのは可能なのかもしれない。オジギソウをふくめ植物は、ニューロンに沿って移動する活動電位と同じような電気信号を使い、イオン移動を利用し、体内の比較的遠いところまでそれを届けられる細胞を備えている。

そこで、先ほどの疑問を解く手がかりとして、動物と植物の運動の仕組みを比較して、その類似点に注目してみよう。動物では、運動の情報は、筋肉のなかの収縮性細胞に送られ、それが運動を遂行する。一方植物では、運動の情報は、運動器官のなかにある収縮性を備えた特殊な繊維へと送られる。この植物の運動システムは動物のシステムとはまるで異なるが、その繊維は「植物の筋肉」と考えられる。[21] 機能的には、動物の筋肉ときわめてよく似ているからだ。

異なる組織でつくられ、異なる動作をするからといって、それらを恣意的に分けて考えるべきではない。これを、知性というさほど具体的ではない機能にあてはめると、こうなる。植物が動物とは異なるシステムを使って「考え」ているとしたら、それは「考え」ていないことになるのか？　私たちはもっと、大きく異なる設計図からつくられた生物の見方を広げるべきだ。この疑問については、植物の世界へと深く分け入っていくなかで検討していくことにしよう。

さらには、こんな問いも立てられる。動物に知性があるのに、なぜ植物には知性がないと言えるのか？　動物と植物は、それぞれ異なる生態的地位のなかで機能できるように、それぞれ別に知性を進化させてきた。動物の知性は、常におおよそ同じように育つ身体を持つ、移動可能な、動きの速い生物として機能するのに適している。一方植物は、地面に根を張った、動きの遅い生物として生活を営み、その場から離れることなく、工夫をこらして成長していかなければならない。そのなかで生き残るためには、どのような光がどこから来るか、どちらが上か、障害物がないかなど、さまざまな情報源からの重要な情報を統合し、それを使って成長や発達のパターンを制御していく必要がある。

そのために植物は、絶えず辛抱強く、さまざまな器官を前後左右に伸ばしながら、土壌の構造や捕食生物、そばにいる競争相手といった不確定要素に対応している。目標を達成するためには、事前に計画を立てなければならない。そう考えると植物は、光合成をしながら成り行きに任せて生きているだけの受動的な生物ではない。先を見越して周囲の環境とかかわり合っている。歯や爪を血に染めた野生の動物のように、植物もそうしないわけにはいかないのである。[22] 以下の章では、植物の内的経験をできるかぎり掘り下げ、周囲の複雑な環境をどう知覚（訳注／感じ取った外界の刺激に意味づけを行なうこと）し、それにどう対処しているのかを解説していきたい。

私たち人間とは大きく異なる生物の知性というのは、把握するのが難しく、よくよく考え抜かれた実験が必要になる。また、まったく形の異なる知性が存在する可能性を理解するには、ダーウィンが主張していたような偏見のない観察眼が欠かせない。それは、私のモーリシャス旅行の中心的目標の一つでもあった。これまでの研究から、栽培化されたノブドウと野生のノブドウには驚くほどの相違があることが明らかになっている。はい上がるための支持物や肥料、通気のよい土、適切な空間をいつも与えられ甘やかされている栽培品種は軟弱だ。競争も苦労もなく、人間がつくった清潔な環境のなかでのみ生きることに慣れた、いわば植物界の愛玩用ペットである。このような種は、森林に放り出されても長くは生きていけない。

一方、野生のノブドウは、味方や敵のネットワークを確立したマフィアのボスのように、自然のなかで生きていく強健な知恵を身につけている。このような種は、光、根を張る場所、はい上がるための支持物など、ありとあらゆるものを求めて激しく闘いながら、捕食生物から葉を守っており、誰と協力でき、誰を信頼できるかを知っている。[23]

したがって、どんな形態の知性であれ、植物の知性を見つけたいと思うなら、野生の植物が持つ、生き残るために磨いた知恵に目を向ける必要がある。しかもそれを、研究室で栽培用作物を見慣れた植物科学者の目ではなく、博物学者の鋭敏な目と偏見のない心で見なければならない。

そこで以下の章では、このより総体的な見方を可能にし、植物に対する革新的な考え方がもたらす数々の疑問に答えるために、科学研究のさまざまな分野だけでなく、哲学などほかの思想分野の力も借りることにする。正統的な科学的信条だけにとらわれていては、私たちの理解や考え方を根本的に変えることはできない。多種多様な調査のツールを使い、注意深く未知の分野に進んでいくことが必要になる。そのため本書には、深い根を持つさまざまな思想体系が集められている。その根はともに絡み合い、新たな空間へと伸びていくことになろう。

植物に対する見方を変えれば、この世界を見る目も劇的に変わる。

ほかの科学分野の同僚たちと交わしたさまざまな議論やこれまでの経験から見て、本書で探求している考え方が、大半の人々の植物像と相容れないことは十分に承知している。これを読んで、多少不快に思う人がいるかもしれない。あるいは、「知性」どころか、「行動」や「気づき」といった言葉が植物に対してどんな意味で使われているのかと、疑問を抱かざるを得なくなる人がいるかもしれない。それは決して珍しいことではない。通常は動物のように移動可能な生物にのみ適用される考え方を、地に根を張って光合成をする生物に適用することに、一介の動物として不安を感じたとしても不思議ではない。大半の人はおそらく、ノブドウの行動よりもアメーバの行動のほうが、あるいはヒマワリの気づきよりもワラジムシの気づきのほうが、抵抗を感じることなく語れるに違いない。カケスが「事前に計画して」ドングリを埋めることについては何の不安もなく考えられるのに、植物が「未来の計画を立てる」ことについては多少の不安を感じるのではないだろうか？

そこで次章では、読者のそんな不快や不安の源を探り、私たちの考え方を制限している動物中心主義がもたらす数々の落とし穴や、私たちが動物重視の考え方に洗脳されてきた長い歴史を明らかにしていこう。それが具体的になれば、これまでの考え方を捨てることも可能になる。それが、その後の議論につながることを期待している。

# 第一部

# 植物の見方を改める

見るためには時間がかかる。

——ジョージア・オキーフ

# 第一章　目に入らない植物

誰もがごく幼いころから悪影響を受けている問題がある。そのせいで、この世界を見る視野が狭められているのに、大半の人々はそれに気づいてさえいない。私たちは、自分の周囲に何があるかを知っており、まわりの環境にあるささいなものにまで気づいていると思い込んでいる。だがたいていは、それぞれが独自につくりあげた空間のなかを漂い、それを通じて、見たり、聞いたり、触れたり、においをかいだりしたもののほんのごく一部を意識的な気づきのなかに取り込んでいるに過ぎない。一九世紀後半のアメリカの心理学者ウィリアム・ジェイムズは、こう述べている。

> 私の感覚器官には（中略）無数の情報が与えられているのに、それらすべてが私の経験のなかに入ってくるわけではない。それはなぜか？　それらが私の関心を引かないからだ。私の経験

は、自分が関心を寄せることに同意したものでできている。（中略）私たちは文字どおり、それぞれの関心に従い、自分が暮らすことになる宇宙を選択している。[1]

大半の人々にとってこの個人的宇宙とは、動物を中心とした宇宙である。そこは、人間の存在による電気的・社会的ざわめきなど、慌ただしい活動に満たされた場であり、環境の大半を構成する光合成生物が気にかけられることはまずない。いわばほとんどの人々には、「植物が目に入らない」のである。もちろん、植物を見ていないわけではない。だが、目を見張るような花をつけていたり、花壇に紛れ込んで困ったりするようなことがなければ、植物には気づかない。これにはきわめてまっとうな理由があるのだが（それについては後述する）、この傾向のために失っているものも多い。それを乗り越える方法を見つければ、周囲の世界のことをこれまでよりもはるかに深く理解できるようになる。

植物が目に入らない状態は、どれほどの制約をもたらしているのか？　それを理解するには、その実態を見てみる必要がある。私は毎年、後期中等教育課程の生徒に講演を行なっており、その場でよくこんなゲームをする。まずは生徒たちに、その年の野生生物写真コンクールに入賞した写真を見せる。毎年、ロンドンの自然史博物館に展示されているものだ。そして、その写真についておかしなところがないか尋ねる。すると生徒たちはだいたい、写真に写っている映像の一部を指摘する。殺気だった鳥や、ありえないほど大きな物体を運ぶ昆虫などだ。私はこのゲームを何年も繰り返しているのに、生徒たちはいつも、何よりもおかしなことに気づかない。

これらの写真は、「生活環境のなかの動物たち」や「アニマル・ポートレート」をテーマに、興味深い行動を示す「両生類・爬虫類」「哺乳類」「鳥類」「無脊椎動物」というジャンルに分類されており、そのあとに「植物・菌類」のジャンルがある。もうおかしな点にお気づきだろうか？　動物は、地球上の全種のうちごくわずかな割合を占めているだけなのに、あらゆる角度から関心が寄せられている。[2] さらに、植物と菌類は系統的にはまったく異なる界に属するのに、同じジャンルにまとめられている。これに気づいた生徒は、これまで一人もいなかった。

同様の問題は、ムルシア大学で私が教えている学部学生の間にも蔓延している。たとえば、キャンパスのところどころに丁寧に管理された庭園があるが、そこに何種類の植物種があると思うかと尋ねたところ、大半の学生は一〇種ぐらいと答えた。なかには四〇種ぐらいと答えたつわものもわずかばかりいた。だが実際には、属する科も生息環境もさまざまな植物種が五〇〇種以上も存在する。[3] 植物が目に入らない状態は、幼いうちから始まり、年齢を重ねるにつれてますますひどくなる一方なのである。

そもそも、人間が動物に寄せる関心と植物に寄せる関心とでは根本的な違いがある。それは、人間の視覚系に深く埋め込まれている。この現象は、モデル化したり数値化したりするのが難しいが、「注意の瞬き」と呼ばれる視覚認知研究のツールを使った研究がある。[4]「注意の瞬き」とは、ある物体に注意が向けられると、別の物体にかかわり合う能力が鈍化する現象を指す。人間の視覚処理能力は有限なため、最初の物体が関心を独占すればするほど、次の物体に関心を移す速度が遅くなる。この研究では、ある被験者グループには最初に動物の映像を、別の被験者グループには最初に植物の映像を見せる。そしてその直後に、両グループの映像のなかで水滴を落下させる。

すると、最初に植物を見せられた被験者より、最初に動物を見せられた被験者のほうが、水滴に気づく割合がはるかに少なかった。植物はさほど関心を独占しないため、ほかの物体に気づく余地があったのだ。このように植物は、大して関心を引かないと思われているだけでなく、根本的な問題として、視覚系の処理能力を作動させることもあまりなく、錯綜としていて動きのない緑の背景と化している。植物が目に入らない根本原因は、それほど根深い。

ある意味では、これは驚くべきことではない。第一、周囲の環境にある情報をすべて取り込むことなどできない。そんなことをしていたら脳がパンクしてしまう。そのため、重要でない情報を除外しなければならない。人間の感覚器官や脳は、無意識のうちにそれを行なうのがきわめて得意だ。最新の推計によると、人間の目は、一秒に一〇〇〇万ビットを超えるデータを生み出すが、脳が積極的な気づきのなかで処理するのは、そのうちのわずか一六ビットだけだという。つまり、目が生み出したデータのうち、意識によって実際に利用されるのは、ほんの〇・〇〇〇一六パーセントに過ぎない[5]（もちろん、さらに多くのデータが無意識に影響を与えている可能性がないわけではない）。この除外作業は、私たちの祖先が直面した問題を克服するために、進化の歴史を通じて形成されてきた。過去のヒトにとってどんな情報が重要だったのかを考えてみると、捕食者を見つけたり、獲物となる動物を探したりするための情報が、まず思い浮かぶ。もちろん、植物の情報も重要だったに違いないが、その情報がすぐさま必要というわけでもない。植物はどこかに移動することも、人間を襲うこともないからだ[6]。人間の目や判断力は、動物の動きや形状など、たちどころに現れては消える問題に集中するよう発展してきた。

「目に入らない植物（plant blindness）」という言葉は、一九九〇年代に生物学の教師ジェイムズ・ワンダーシーと植物学者エリザベス・シュスラーにより生み出された。二人は、さまざまな年齢のアメリカの学童およそ三〇〇人を調査し、植物に科学的関心を抱いている子どもがほとんどいない（とりわけ男子に少ない）ことに気づいた。二人の主張によれば、その原因は、アメリカの子どもやその教育者のなかに「動物優越主義」など、動物を中心とする考え方が蔓延しているからだけではない。西洋の社会全体が、植物に注意を払わず、植物独自の美やその生物学的特徴に目を向けず、その生態学的な重要性や経済的価値に気づいていないという[7]。多少なりとも客観的な視点を持っているはずの科学者でさえ、その大半が植物を、自分の研究対象である動物より劣った背景幕だとしか見なしていない。植物が地球上のほとんどの生態系の基盤を形成しており、絶滅の危機に瀕している種の八分の一が植物であるにもかかわらず、である。[8]

この「注意の瞬き」調査が示しているように、植物が目に入らない問題には根本的な原因がある。実際、植物が生きていると子どもが認識するまでには、ほかの人間や動物が生きていると認識するよりもはるかに多くの時間がかかる。一〇歳ぐらいになってようやく、一見すると生きていないように見える植物も、自分だけの力で生きている生物なのだと理解するようになる。[9] 植物に対するこの偏見は人間に元来備わっており、世界とのかかわり方を教わるなかでさらに強化されていく。

私たちには、この生まれ持った仕組みを変えることはできない。だが、植物全体に対する考え方や、関心を向ける方向を変えることはできる。ウィリアム・ジェイムズの言い方を借りれば、植物に関心を寄せることに「同意」すればいい。では、そのためにはどうすればいいのか？　たとえば、植物が無視できないものになれば、私たちは植物に関心を寄せるようになる。とげや毒を持っていたり、食べられるというはっきりした印があったりすれば、多大な関心の的になる。実際、北アメリカをハイキングする人たちは、一見無害に見えるツタウルシ（訳注／きわめて毒性が高く、近くを通っただけでかぶれる場合もある）の葉を即座に見分ける。食料を求めて木の実を集めている人たちは、ブラックベリーの茂みに生った食べごろの実を見逃さない。また、植物を観察しやすいものにすれば、自然と関心が向くこともある。ある研究によれば、学校の子どもたちに植物のタイムラプス動画を作成させ、その植物が動物のように動いていることがわかる速度で再生して見せた結果、子どもたちが植物の学習に興味を抱くようになったという。[10] つまり、この休眠中の意識に焦点を絞り、世界の見方を変える新たな文化を育めば、その意識が目覚め、緑の世界に目を向けられるようになる。[11] そうなれば、脳を持つ生物だけでなく、それとは異なる種類の生物の知性も理解できるようになるに違いない。

## 存在の大いなる連鎖

私たちの考え方は、感覚器官の制約と人類の歴史という二重の束縛を受けている。一九世紀にダーウィンが枝分かれする進化の系統樹をもとに有機的な世界観を展開する以前、生物は上位から下位へと垂直的に序列化されていた。そのいちばん上には、神と天使が鎮座し、そこから下へ、人間、大型動物、齧歯類、さらには昆虫や両生類、無機物から自然発生したと思われる生物と続き、序列のいちばん下に、生命の底辺の存在として、動かない生物である植物が据えられていた。植物は、サンゴや海綿動物とともに、鉱物などの無機物より一つ上の存在でしかなかった。この序列は「存在の大いなる連鎖」と呼ばれ、この世界のあらゆるものを、価値の低いものから高いものへと位置づける体系をつくりあげていた。その価値の主なよりどころとなったのは、動物的性質である。より具体的には、神学上の完成形である人間の性質をどれだけ備えているかで、価値が判断された。西洋では数百年にわたり、そのような自然界の見方が支配的だった。その期間に比べれば、生物の進化的関係が理解されるようになってからの年月など、ごくわずかでしかない。[12]

そのため、「存在の大いなる連鎖」はいまだに、ほかの生物に対する直感的な理解に影響を及ぼしている。ほかの生物は人間とどの程度似ているか？　私たちはいまだにそんな尺度に基づいて、単細胞から多細胞へ、単純から複雑へ、無脊椎から有脊椎へ、「本能的」から「知的」へと、生物を位置づけている。進化論を固く信じている有名な科学者でさえ、いまだに「存在の大いなる連鎖」にとらわれていることに変わりはない。たとえば、二〇世紀の著名な生態心理学者ジェイムズ・J・ギブソンは、植物の能力に気づくことなく、こう主張している。

感覚器官や筋肉を持たない植物の環境は、知覚や行動の研究に適していない。私たちは動物たちが植物を扱うのと同じように、この世界の植物を扱うべきだ。つまり、この世界の無機鉱物と同じもの、物理的・化学的・地理的環境と同じものであるかのように見なすのである。植物には概して生命がない。移動することも、何らかの行動を起こすこともない。神経系がなく、感覚を持たない。[13]

ギブソンは中世の神学者同様、植物を生命のない岩石と同一視している。それどころか、ほかの動物種も植物をそのようにとらえていると思い込んでいる。皮肉にも、ギブソンの研究は実際のところ、植物の知性を理解するのに最適な枠組みを提供してくれている（これについてはのちに取り上げる）。だが、科学界にはいまだに、植物はほぼ動かないに等しいという考え方が根づいている。

この考え方が問題なのは、私たち人間の生き方もまた、万華鏡のように多種多様な生き方のごく一部に過ぎないからだ。「存在の大いなる連鎖」のレンズを通して生物を見ると、私たちの周囲にある生物学的驚異の大半が見えなくなる。その驚異とは、生態系内における生物相互のつながりである。進化は、単純から複雑へと線的に連なる生物を生み出してきたわけではない。上にいくほど知性が花開くような序列をつくりあげてきたわけでもない。それぞれの種は、三角州のように生命が幅広く枝分かれしていくなかで、個別の環境や生活様式の圧力を受けて形づくられている。そのなかには、一見動かないように見える生活を維持することを選んだ種もあれば、単純なままでいることを選んだ種もある。あるいは、人間中心の考え方をする私たちにはわからない複雑さを備えた、別の高度な生き方を進化させた種もある。

かつて支配的だった考え方は、既定の事実などではない。私たちの感覚器官が植物よりも動物に関心を寄せるようにできているために、植物が目に入らない文化が広く蔓延しているが、その文化は一部の社会に固有のものであって、普遍的なものではない。ほかの地域や時代の人間社会を見ると、素早い動きや目立つ色を好む感覚器官の偏見を克服した社会はたくさんある。キリスト教が支配する以前のヨーロッパや、現代のさまざまな地域に見られるアニミズム的な社会では、植物に対する見方がまったく異なり、植物を力や意義を持つ存在として考えている。[14] マオリ人や一部のネイティブ・アメリカンの文化では植物を、遺産を共有する親族と見なす。アマゾンの部族や、イヌイットなどカナダ北部の亜北極帯に暮らす先住民は、植物も動物も、同等の魂を持つ「個人」として扱う。そして、視野の狭い西洋人が人間やごく一部の特権的動物と交流するのと同じように、植物や動物と社会的交流を行なう。[15] 何も精霊の存在を信じなくても、ほかの生物に対する評価や理解の仕方を変えることはできる。これまで科学的に正統とされてきた考え方を振り捨て、現代の科学ツールを使って偏見にとらわれず調査を行なえば、植物が単なる動物の生活環境などではないことを示す証拠はいくらでも見つかる。

## 運動能力と知性

そもそも私たちはなぜ、そう考えるようになったのか？　「存在の大いなる連鎖」の影響はいまも見られ、知性は動物のような性質を持つ生物だけのものだという思い込みが幅を利かせている。

ここで言う動物のような性質とは、自由に動きまわり、ほかの生物を食べ、生殖行為を行ない、仲間内でコミュニケーションをとり合うことを指す。だが、それにより知性の有無を判断するのは、歴史的偏見に基づいた誤りである。神経哲学者のパトリシア・チャーチランドは、二〇〇二年の著書『ブレインワイズ　脳に映る哲学』〔訳注／邦訳〔抄訳〕は村松太郎、新樹会創造出版、二〇〇五年〕のなかでこう述べている。

何よりもまず、動物は動くことを本分としている。身体的欲求に従って身体の一部を動かすことで、えさを食べ、逃げ、闘い、生殖する。この生活様式は、植物とは著しく異なる。植物は、成り行きに任せて生きている。[16]

チャーチランドは、動物には行動のための知性が必要になるが、植物は根を張り、何も考えることなくその場に置かれたままになっている、という一般的な見解を踏襲している。だがこの見解には、いくつかの誤解がある。人間にとっては植物よりも遠縁にあたる単細胞生物にも、活発に動きまわるものがたくさんいる。また、動物種のなかにも一時的もしくは永続的に、一定の場所に身を固定するものがたくさんいる。

たとえば、サンゴを見てみよう。この小型動物は、太陽光が届く浅い海の底で、自分の身のまわりに炭酸カルシウムの家をつくる。そして年を追うごとに無性生殖で数を増やし、やがて石灰岩の宮殿を築きあげる。そこは、あらゆる海洋生物種のおよそ二五パーセントの生活を支えるめくるめく世界の基盤となる。サンゴはまた、褐虫藻《かっちゅうそう》と呼ばれる色鮮やかな間借り人を体内にすまわせており、その褐虫藻が、植物のなかの葉緑体と同じように、日光を取り込んでサンゴのえさをつくっている。[17] ごく小さなサンゴの幼生は動くことができるが、波にもまれながら定着するのに適した場所を見つけると、以後ずっとそこに留まる。これは、海綿動物や、それ以外のさまざまな海生動物（イガイやハマグリなど）にもあてはまる。だが多くの人間は、サンゴが動物であるどころか、生きていることさえ知らない。植物のようなものと誤解している人もいる。

このサンゴは利口と言えるのか？　おそらく、誰もがごく小さな動かない生物に対して抱いているイメージよりは利口だろう。サンゴは褐虫藻にえさをつくってもらうだけでなく、小さな触手で自らえさをとることもできる。また、縄張りをめぐってほかのサンゴと闘うこともある。一方、泳いで移動する幼生期は、いわゆる自己がほとんどない時期である。[18] つまりサンゴにおいては、運動能力こそが知性の印であるようには見えず、チャーチランドの以下の主張とは相容れない。

地面に根を張って生きるのであれば、知性がなくてもかまわない。だが動くのであれば、動くための仕組みが必要になる。まったくの気まぐれでもなく、外部の状況と無関係でもない運動を保証するための仕組みである。[19]

この人間独自の偏見を乗り越えられれば、チャーチランドの主張を覆せる。自由に動けるのであれば、自分が犯した過ちを修正していけばいい。だが地面に根を張っているのであれば、成長していくなかで身体各部の配置を変えていくことが、環境に合わせて自分を微調整していく主な手段となる。これには、数分どころか、数時間あるいは数日といった時間がかかる。植物が成し遂げられる変化の大半は、動物の俊敏な反応に比べればはるかに遅い（ただし前述したハエトリグサのように、必要があれば素早く動ける）。それを考えた場合、もし植物に知性がなく、自分の動きや成長を予測できないのであれば、周囲で何が起きるにせよ、植物はそれに対して後れを取ることになる。植物が存在するこの過酷な世界で、周囲の状況を後追いするだけであれば、ライバルに制圧されるか、捕食者に食べられてしまうだけだろう。

根を張ることについてさらに言えば、植物の活動がわかりにくい一因は、その活動の多くが、地下の目に見えないところで行なわれている点にある。私たちは植物について、茎や葉や花など、目に見える部分しか見ようとせず、根は栄養や水を吸収する役目も果たすいかりでしかないと考えがちだ。だが実際のところ、根は信じられないほど複雑なうえに、地球の全生物のバイオマスの半分以上を占めているとも言われている。[20]主幹から遠くはなれた場所まで伸び、幅広い空間や時間にわたり生物環境や非生物環境に関する情報を収集して、植物が最大限に資源を利用して成長できるようにしている。個々の根は成長するにつれて、水やミネラルなど、有益なものがあるほうへ伸びていくが、障害物があれば、それに触れる前に迂回する。そして、資源が時間とともに増えつつある場所では根のネットワークを拡大し、土壌の質が低下しつつあるように見える場所からは撤退する。その姿は、地下の株式市場で暗躍するトレーダーさながらである。

さらに根は、植物相互の間に信号伝達網を形成し、旱魃の被害にあっている個体や草食生物の脅威にさらされている個体との間で目に見えないメッセージを交わして、近隣の個体に予防措置をとらせたり、開花時期を同期させたりしている。根はまた、味方や敵を特定したり、地下の縄張り争いを展開したりする場でもある。[21]

研究者のなかには、根こそが植物の「頭」であり、緑の部分は「尻」にあたると考えるべきだと主張する者もいる。[22]根系は実際、感覚器官を搭載した動物の頭のように、環境のさまざまな側面を感知し、ほかの部分の活動を指令する。一方、葉や花は、植物の生活におけるもっと卑俗な側面とかかわっている。葉は日光を吸収し、動物の消化器系と同じように栄養を生み出す。花は生殖行為を行なう（動物との類似点は言うまでもなく明らかだろう）。したがって植物を、根に支えられた静的な枝葉の茂みではなく、地面に頭を突っ込んだ知的生物と考えたほうが、多少は植物を理解しやすくなるかもしれない。[23]この目に見えない地下ネットワークは、植物学者にとって大きな悩みの種となっている。根を観察しようと土を掘り返すと、たいていは根を傷つけてしまうからだ。そのため、植物のいわゆる「根＝脳」（ダーウィンの研究に端を発する考え方）については、いまだ解明されていない謎がたくさんある。[24] 樹木研究者のスコット・マッケイはこう述べている。「地下はまだ未開拓であり、この研究領域はますます重要性を帯びつつある」[25]

根脳にはさらに、ハイブリッドな性質がある。植物の根は、真価を認められていないもう一つの生物と密接に絡み合い、複雑な関係を築いている。その生物とは菌類である。菌類と言えば、たいていは、細切れにして炒め物に入れるマッシュルームや、腐った丸太からなぜか生えてくるキノコを思い浮かべることだろう。菌類がえさにしているものや土壌のなかに張り巡らされている、菌糸体の広大なネットワークを思い浮かべる人はまずいない。[26]

だが実際には、この目に見えない糸が菌類の体を構成している。これも含めれば、地球上で最大の生物はオニナラタケ（*Armillaria solidipes*）だと言えるかもしれない。[27] オレゴン州のブルーマウンテン山脈には、推計が可能なかぎりでも幅およそ四キロメートルもの広がりを持つ個体が存在する。これに比べれば、シロナガスクジラはおろか、一〇〇メートルを超える巨木となるセコイアデンドロンさえ小さく見える。

ここには、植物が目に入らない問題が提示するもう一つの矛盾がある。私たちは、哺乳類のようにほかの生物を食べる生物のほうが知性が高いと考えがちだ。ほかの生物を食べるためには、その生物よりも頭がよくなければならない、という理屈である。この種の栄養源を「従属栄養」という。一方植物は、日光と光合成の力を利用して自ら栄養を生み出すため、「独立栄養生物」と呼ばれる。ちなみに、根のような菌糸体とつかの間の子実体《しじつたい》（訳注／菌類が胞子形成のためにつくる構造体を指し、一般的にキノコと呼ばれるものがそれにあたる）を持つ菌類は、人間と同じ従属栄養生物である。菌糸体が酵素を使ってほかの生物の組織を分解し、それを栄養として吸収する。

だが大半の人は、菌類が動物と同種の栄養源を利用していると考えることに抵抗を感じるに違いない。なぜなら、菌類に高い知性があるとは思えないからだ。つまり、運動能力と同じように、従属栄養という「動物」的性質もまた、知性を示す優れた指標とは言えない。そもそもこの性質をもとにしては、動物界と植物界を明確に分けることもできない。動物のなかにも、サンゴのように光合成生物を取り込んでいる種がいる。植物のなかにも、ハエトリグサのように肉食の種がいる。私たちは見方を改める必要がある。

## 根を張った状態での生殖行為

繊細なひだを持つ菌類の子実体は、菌糸体からひそかに立ち現れるが、これにはある目的がある。

子実体は菌類の生殖器官であり、風に乗せて小さな胞子を飛ばし、ほかの場所に菌糸の新たなネットワークを広げていくのである。人間は、この子実体にはよく気がつく。目に見えるうえに、食べられるものもあるからだ。同じように、多くの植物がつける花も、人間を喜ばせる美しい宝石と見なされている。一九八〇年代のある調査によれば、多くの子どもは、たとえ植物でも花をつけなければ「植物」だと思いもしないという。[28]

私たちはよく、家庭や祝宴や手工芸品を花で飾り、そのつかの間の美のために法外な額を費やす。歴史上のある時期には、その傾向がヒステリーに近いレベルにまで達した。一七世紀前半にオランダで発生した「チューリップ・バブル」である。当時ヨーロッパにもたらされたばかりのチューリップは、そのきわめて鮮やかな色と目新しさにより華々しい注目を集め、市場価格が大きく高騰した。球根一つに、普通の家の価値の五倍、熟練工の給与一〇年分もの値がついた。だが一六三七年には、一気に価格が下落している。*

ところがこの花への愛着は、奇妙な否定的概念と結びついていた。人間は古来、花に夢中になり、衝動的な執着を抱いてきた。だが一九世紀に至るまでは、植物が性のある生物であるとの見解に強く反対する学者がたくさんいた。動ける動物には性があり、動けない植物には性がないという考え方は古代からあり、その起源は、アリストテレスやプラトンなどの古典的権威にまでさかのぼる。

＊この「バブル」は、過去の記事が言うほど異常でも破滅的でもなかったが、劇的な文化事件ではあった。以下を参照。Goldgar, A. (2007), Tulipmania: Money, Honor, and Knowledge in the Dutch Golden Age. Chicago: University of Chicago Press.

一七世紀になると、ロンドン王立学会のジョン・レイやネヘミア・グルーなど一部の博物学者が、花粉は受精のためのものだとする推測を提示した。ドイツの植物学者ルドルフ・ヤーコプ・カメラリウスも、種子の形成には花粉が必要であることを証明する実験を行ない、一六九四年の著書『De Sexu Plantarum Epistola（植物の性に関する書簡）』のなかでその成果を発表した。[29]

だが、こうした斬新な見解が主流に受け入れられることはなく、従来の古典的な区別が人気を博し続けた。人間はずっと植物の生殖部分のとりこだったのに、性は運動能力に伴うものと見なされてきた。生殖行為は動物がするものと考えられたのである。

花をつける植物グループは、「被子植物（angiosperm）」と呼ばれる。この言葉は、「船」と「種」を意味するギリシャ語から成るが、花には確かにこの二つがある。花粉を生み出す葯《やく》と、卵を収めた子房《しぼう》である。言うまでもなく、地面に根を張った生物同士の生殖行為は、距離を置いて行なわれる。そのため、シェイクスピアの恋愛物語における引き裂かれた恋人たちのように、何らかの仲介者が必要になる。たとえばサンゴは、精子や卵を海流に放出する。不思議なことに、熱狂的な爆発的放出が、ある一夜に協調して行なわれるのである。一方、地上の植物なら風や水が使えるが、よく利用されるのが動物だ。植物は、相手の個体を誘惑するのではなく、動物に感覚的な喜びを与えて誘惑し、その動物を無意識的な仲介者に仕立てあげる。私たち人間をも魅する花の美により、さまざまな種類のハチやハナアブ、ハチドリ、ミツスイドリなど、無数の送粉者が引き寄せられる。

これらの動物は、栄養価の高い花蜜や花粉を求めてやって来るのだが、それは、この動物たちが提供するサービスへの報酬に過ぎない。動物たちの本当の役割は、光合成をする恋人たちの間を取り持ち、無意識のうちに一方から他方へ花粉を運ぶことにある。

　花をつける植物は、送粉者と密接な関係を築くことで、膨大な多様性を獲得するに至った。一億三〇〇〇万年前に初めて被子植物が現れると、全世界を変える進化の雪崩が始まった。[30] 以降、数多くの種に枝分かれし、その総数はいまや、花をつけない植物グループを上まわり、およそ二七万種に達している。その過程で、花はみごとなまでに特殊化した。特定の視覚構造に合わせた色や模様になり、特定のくちばしや吻《ふん》、口先に合わせた形になるとともに、貴重な花蜜の量を送粉者の食欲に合わせて注意深く調整するようになった。私たち人間には、送粉者から見た世界をおぼろげにしかイメージできない。たとえばハチドリは、紫外線領域に至るまで色のスペクトルを見ることができる。そのため、人間には見えない花の色や模様を見ている。それは広告となり、着地場となり、案内板となって、ハチドリを花蜜へといざなう。

　こうした花のメッセージに嘘はないが、なかには動物をだます花もある。誘惑はだましにつながる。たとえばビー・オーキッド（訳注／中央・南ヨーロッパや北アフリカに分布するラン科の草本。学名は *Ophrys apifera*）の花は、姿やにおいをメスのシタバチ（訳注／ミツバチの近縁種）に似せることで、オスのシタバチの性欲を刺激する。疑うことを知らないオスは、交尾を試みて花粉まみれになり、

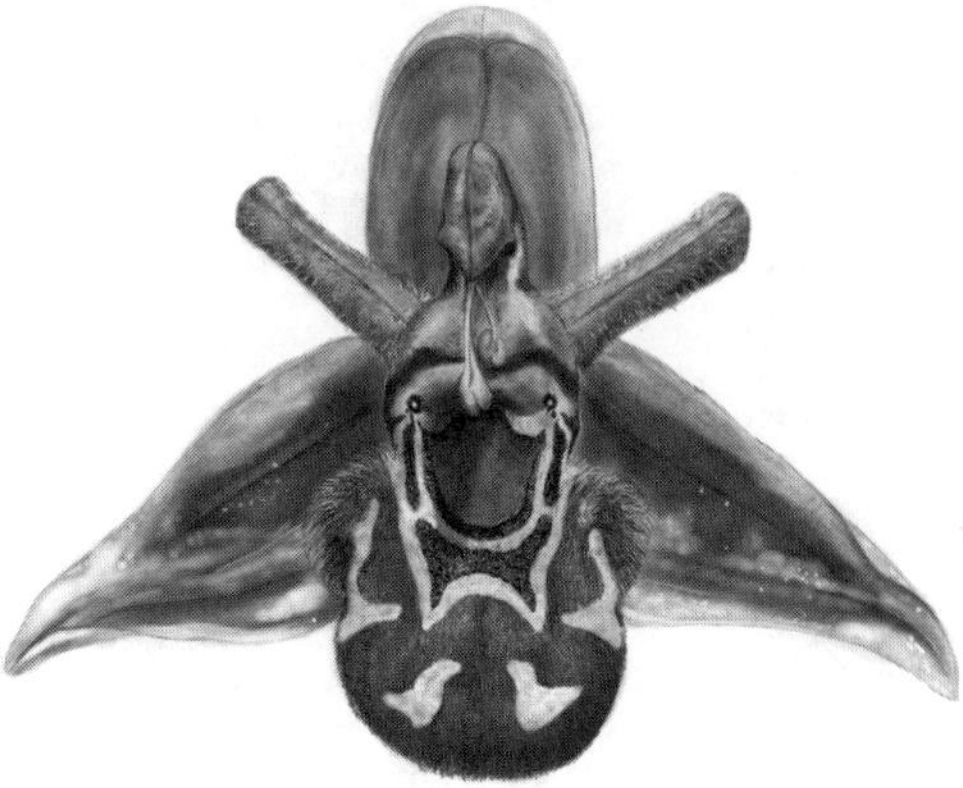

性欲を満足させようとほかのビー・オーキッドへ花粉を運んでいく。つまりオスのシタバチは、ビー・オーキッドの生殖行為のためにもてあそばれているだけだ。

こうして見ると、主導権を握っているのは動ける動物のほうだと考えるのは間違っている。受粉は、動物と植物との間で現在も繰り広げられている進化のゲームなのである。

人間はほかの類人猿同様、果実を食べてその種をまき散らすという形でしか、植物の役に立っていない。人間の視覚系は、未知の紫外線や赤外線の領域にまで及んでいない。それでも、人間が栄養源としている植物のほとんどは被子植物であり、紀元前一万年ごろから選抜育種や農業を通じてそれらを利用してきた。

このように植物の性や生殖能力を活用しなが

ら、植物に性があることをずっと認めてこなかったのは、驚き以外の何ものでもない。作家や画家は以前から、性や生殖をひそかに暗示するものとして花や果実を利用してきた。ルネサンス期の巨匠が描いた聖書の一場面を見ても、現代のソーシャルメディアを活用したインフルエンサーの映像を見てもそれがわかる。たとえば、ジョージア・オキーフの絵画を見てみよう。一九二八年に発表された「ピンクの地の上の二本のカラ・リリー」は、華やかなほどエロチックだ。先へ行くほど細くなる薄色の花弁と、そこから突き出ている黄色の肉穂花序《にくすいかじょ》が、きわめて暗示的である。確かに、人間の性器をはっきりと描いた絵とは違い、この絵がソーシャルメディアへの掲載を禁じられることはない。それでもこの官能的な花の絵は、やはりオキーフの手による漂白した動物の頭蓋骨の絵と著しい対照を成している。花は性、頭蓋骨は死を意味しているのである。このように、ややエロチックな隠喩として花を自由に使っているのに、なぜ花を植物の生殖器官と見なせないのだろう？

花と送粉者との間で繰り広げられる誘惑のゲームでは、私たちが動物以外の生物には認めていないことがほかにも起きている。植物は、花を進化させて以来、動物をもてあそぶような会話を交わすようになった。送粉者に「花蜜がここにあるよ」というメッセージを送りつつも、送粉者が訪れたとたん蜜腺を閉じてしまい、動物が花粉を抱えて立ち去らざるを得ないようにしているのである。

一方、植物と菌類の関係は、それよりもはるかに長い歴史がある。菌類は、植物が手に入れにくいリンや窒素などの貴重な資源を土壌から取り込む化学的仕組みを持っており、それらを植物に提供している。それに対して植物は、光合成により日光から糖をつくる錬金術的な能力を持ち、その糖を菌類に与えている。これは相互に利益があるため、結果的に四億五〇〇〇万年以上にわたりこの関係が維持されてきた。菌糸はまた、植物の根とともに、地下の相互接続網の一部を担っている。近隣にある植物の根のネットワークを相互に結びつけ、有益な物質や重要なメッセージのやりとりを可能にしている。ワールドワイドウェブならぬ「ウッドワイドウェブ（樹木間通信網）」を形成しているのである。[31]このように植物が、ほかの個体や種と相互交流できるのなら、それほど想像力を働かせなくても、植物は「思考」に似た複雑な方法で、体内各器官の間で情報のやりとりをしていると考えられるのではないだろうか？　これはのちに述べるように、新たな積極的視点で植物を理解するための核になる。

生命記号論は、あらゆる生物が「意味の生成」にかかわっているという考え方に基づいており、「生物を生み出す差異、生物の認識、生物の意図、生物の知識に関する研究」と定義される。[32]これは、単細胞レベルの生物にもあてはまる。どんな生物でも、情報を収集し、判断を下す能力を持っている。たとえば、変形菌のモジホコリ（*Physarum polycephalum*）の変形体は、アメーバのような単細胞生物でありながら、驚くべき能力を備えている。研究室で迷路に入れると、基本的な環境シグナルに対する反射行動だけでは説明のつかない方法で、最短ルートを見つけるのである。[33]つまりこの変形体は、環境から収集した幅広い情報をもとに、独自の方法で世界を知覚し、その知覚を評価・利用しながら、将来の行動を判断していると言える。比較的単純な単細胞生物でさえそうしているのなら、多細胞から成るもっと複雑な植物がそうしないわけがない。

私たちは、植物は光に向かって伸びるものだと考えるだけで満足している。窓辺に置いた植物の茎がどうしても窓ガラスのほうに傾いてしまうため、植物があまり不安定にならないように、植木鉢を定期的に回転させなければならないというのは、誰もが経験していることだろう。だが、植物がそうするプロセスを分析してみると、見かけほど単純ではないことがわかる。そのためには、光源の方向を検知し、その情報を体内の各組織に伝え、茎の成長のパターンを指示しなければならない。また、光は植物の成長よりもはるかに速いペースで変化していくため、植物の成長プロセスには、反射反応よりも複雑な、計算された仕組みが必要になる。さらに植物は、序章でも述べたように、先のことを考えて葉の位置を調整できる。数日間暗闇のなかに置かれていたときでさえ、太陽が昇る方向に関する情報を保持していられる。

植物が時間を追って収集していると思われる情報は、ほかにも無数にある。土壌のなかの水や鉱物の場所、草食生物の接近、気温の変化、防御・繁殖のための近隣の個体の行動、日光の一日のサイクルなどだ。それらを考え合わせてみると、植物の豊かで複雑な経験が立ち現れてくる。植物はその経験を利用して、あらゆる体内活動や身体の動き、短期的・長期的な成長パターンを判断している。つまり植物は、独自の「環世界」を持ち、この世界から意味を生成する、知覚を持った存在だということだ。動物的な感覚やスピードを備えた私たち人間は、それになかなか気づけないが、そう想像することはできる。動物（とりわけ人間）のコミュニケーション方法や知識獲得方法を特別視しているかぎり、周囲の自然界で生成されている意味の大半を見失うことになる。

## 背景としての植物

植物よりも動物を優先する偏見は深く根を下ろしており、植物の楽園であるべき場所でさえその例外ではない。二〇一九年春、私はロンドンに近いキューにある王立植物園（通称キュー・ガーデン）を訪れた。ここは世界的にも有名な植物園で、世界各地から採取された五万種以上の植物が生育されている。その入り口付近に、キュー・ミュラルと呼ばれる木製のレリーフ彫刻がある。そこには、一九八七年一〇月一六日の壊滅的な嵐により一〇〇〇本以上の樹木が被害を受けたときの光景が描かれている。これは、その嵐で倒れた樹木から採取した多種多様な木材を使って丁寧につくられた、驚くべき作品である。トネリコ、ナラ、シデ、シナノキ、ブナ、ニレなどの木材の光沢のある色調や木目を利用して、継ぎはぎ細工によりみごとな光景が生み出されている。

だがそこには、納得できない部分もあった。よく見てみると、嵐によりすみかを奪われた動物の姿が、彫刻のおよそ三分の二を占めているのだ。そのうちの二体は、観賞用の庭に置かれていた唐獅子だった。それが、いまにも動きだしそうなほど生き生きと描かれている。風も、擬人化されて表現されている。ところが、この彫刻壁画の材料に使われた植物はと言えば、単なる背景に追いやられている。植物科学のエデンの園とも言うべきこの植物園の入り口でさえ、このありさまである。

植物は、この惑星の生命の大半を支えている。それなのに私たちは、その動物的スピードのために、植物が豊かな科学史の中心に置かれている場所にいながら、その事実が見えない。だから私たちは、もっと積極的に植物に注目し、植物を中心に据えた視点を手に入れ、植物が生態系や経済のなかで果たしている指導的役割をそこに十分に反映させる必要がある。[34]

そこでまずは、注意を払うところから始めよう。植物の実際の行動に注目し、植物が動きのない静かな生活を送っているという思い込みを覆すのである。次章では、植物の世界へと案内する。その世界に触れれば、私たちの視点が変わるとともに、植物の視点を明確に理解できるようになる。

# 第二章
# 植物の視点を求めて

「巻きひげのおもしろさにとりつかれている」。チャールズ・ダーウィンは病に苦しんだ一八六二年の長い夏のある日、友人のジョセフ・フッカーにそう記している。そのころダーウィンは、不快な湿疹に苦しみ、数週間にわたり病床から離れられないでいた。唯一の慰めは、窓台に置かれた植木鉢のキュウリが成長し、その繊細な巻きひげが空間を探索する様子を観察することだった。ダーウィンが何時間も見ていると、巻きひげは円を描くように動きながら周囲の空間をさまよい、はい上がるための支持物を探していた。

病気はきわめて不快だったが、その一方でダーウィンはこの観察に魅了されていたらしく、「私にはこういうささいな仕事が向いている」と記している。フッカーに、観察対象になるもっと珍しい種を所望したほどだ。ダーウィンは病気になって、ふだんどおりの生活ができなくなった。次から次へと実験を計画することも、多くの文通相手と手紙を交わすこともできない。[1] まだ五三歳だったが、体を癒して体力を回復するまでは、いわば植物のように、ゆっくりと生きるほかない。だがこの動きの少ない生活のおかげで、すでに注意深い心をさらに研ぎ澄まし、前例のない忍耐強さで植物を観察することが可能になった。植物の身になって植物を観察し、植物のペースで植物の生活を経験することができたのである。

熱心な博物学者だったダーウィンが、何もしないでいることに耐えられるわけがなかったのは言うまでもない。キュウリの巻きひげに魅了され、充実した四カ月を過ごした。そして体を十分に動かせるようになると畑に出て、ホップ（訳注／アサ科のつる性多年草。ビールの芳香苦味剤になる）のつるが支柱をはい上がっていく様子を観察した。やがてホップを家に持って帰ると、旺盛に外光を求めて窓台全体につるの格子細工をつくっていた鉢植えのキュウリやクレマチスと一緒に置き、小さな重りをつけて動きを遅くする実験や、時間ごとに印をつけて成長具合を追跡する作業を始めた。こうしてダーウィンは、夏の終わりまでに大量の資料をまとめ、リンネ協会から『On the Movements and Habits of Climbing Plants（つる植物の運動と習性について）』という一一八ページの論文を発表した。[2] そのなかで、ダーウィンは以下のような指摘をしている。キュウリのようにばねのような巻きひげを支持物に巻きつける方法（図1）と、クレマチスのように茎を「鉤形」にして支持物をしっかりとつかむ方法との間には、進化的なつながりがある。どちらも、硬い茎を持たな

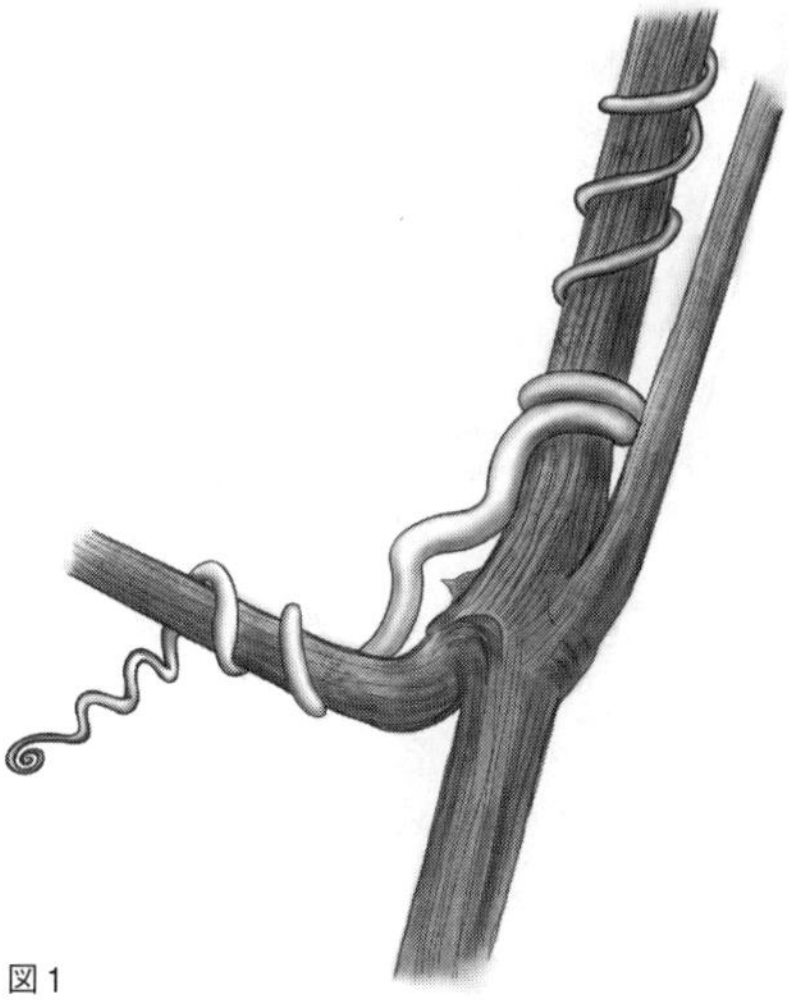
図1

いでいかに光を手に入れるか、という進化上の重要な問題を解決する方法なのだ、と。[3]

ダーウィンは「巻きひげ」に関心を抱いた状況を通じて、植物の世界に足を踏み入れる際にどう考え方を変えればいいのかを明らかにしている。想像のなかで、まったく異なる種類の生物の生活に身を置くのである。ダーウィンはもちろん、植物の巻きひげに言及しているだけだが、病床にあった数週間にわたり、命名にこだわる分類学者や、研究室で植物の身体を解剖・観察する植物生理学者よりもはるかに、植物の側に身を置いてその世界に迫った。

植物の名前や詳細な系統樹、植物が機能する物理学的な仕組みをいくら知ったところで、物質的な側面を超えたところのことなど、さほどよくはわからない。それは、植物に目を向けているに過ぎない。だがダーウィンは、植物を理解しようとした。そうして見出したのは、つまらないものなどでは決してなかった。なかには、心から驚かされた植物もあった。植物の動きは単純ではなく、遅いとも限らない。ときには、衝撃的なほど素早く動くこともある。[4]

ダーウィンはさらに、肉眼で観察したことを記録する方法も開発した（図2）。まずは、植物の下に一片の紙を、植物の上にガラス板を配置する。紙の上には基準点を記し、観察対象となる植物のいずれかの器官に細糸をつけ、その先にロウの玉をつける。そして一定時間ごとに上から見て、そのロウの玉と紙の上の基準点とが重なるところを探し、ガラス板上のその場所に印をつけていく。このガラス板上の印を順につなげていくと、植物のその器官の動きがわかる。こうすると実際の動きが数倍に拡大されるため、肉眼でもはるかに確認しやすくなるのだ。これは、現代のタイムラプス撮影が登場する以前には、植物の動きを人間の目で把握できるようにするきわめて独創的な方法だった。この方法であれば、ガラス板と植物との間の距離を変えることで、動きをさらに「クローズアップ」することもできる。両者の距離を遠ざければ、あらゆる点と点の間の距離が広がり、植物の小さな動きもガラス板上では大きく見えるようになる。

こうしてダーウィンは、植物の動きや成長を観察することにより、植物の「習性」を理解する道を切り開いた。誰よりも早く、植物の物理的位置や形状の変化を、動物と同じ意味での「行動」として理解した。どんな生物でも成長はゆっくりしているが、植物のほとんどの動きは、その成長や

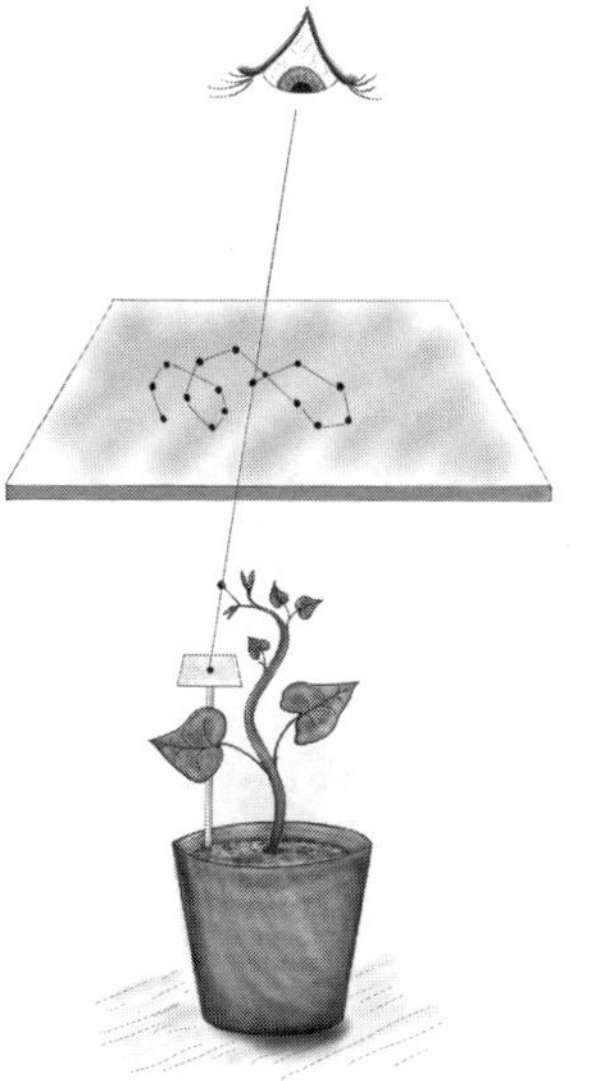

図2　ダーウィンが植物の動きを観察するために利用したガラス板技法。上から見て、植物につけたロウの玉と、その奥にある紙片の印とが重なる場所を探し、ガラス板上のその場所に印をつける。一定期間その作業を続けたのち、ガラス板上の点を順につなげば、植物の回旋運動を示すトレース図ができあがる。

発達の繰り返しの結果として現れるために遅いのである。それは、研究室で実験に明け暮れる植物生理学者の単なる機械論的アプローチにはなかった考え方だった。[5]

植物の知性を理解するためには、ダーウィン並みに注意深く植物の行動を観察しなければならない。ハエトリグサのあの素早く葉を閉じる動作や、オジギソウのあの葉を畳む動作など、肉眼でも十分に確認できる動き以外のものに目を向ける必要がある。どんな植物でも成長している部分であれば、動いていないところなどないと言っても過言ではない。根の先端や巻きひげ、葉、花など、どの植物器官も動いている。いずれも成長しながら、円を描くように揺れている。ダーウィンが「回旋運動（circumnutation）」と呼んだ運動パターンである（ラテン語の「circum

（丸い）」と「nutare（うなずく）」を語源とする）。ダーウィンはガラス板技法を使って植物の茎や花柄、葉、小葉の動きを何百とトレースし、点と点を結んだ線により、周囲の環境を調査するように巡視する植物の動きを具体化したのである。

私はMINTラボで植物の知性の調査を始める以前、イギリスのエディンバラで一年間、三つの異なる分野で研究を行なっていた。その分野とは、哲学、心理学、植物生物学である。* やがて私はこれら三つの分野を組み合わせ、植物の認知の研究に没頭することになる。自分のアイデアを開花させるには、そうする必要があったからだ。狭い分野にこだわっていては、それらを結びつけることはできなかっただろう。この道へと私を後押ししてくれたのは、エディンバラに到着してから間もないころに経験したあるひらめきだった。

当時私が暮らしていたアパートの立地は最高だった。その部屋には出窓があり、そこからは、エディンバラを象徴する「アーサーの玉座」という丘や「ハットンの断面」という断崖が見えた。「ハットンの断面」というのは、一八世紀半ばにジェイムズ・ハットンが、岩石層の動的性質に関する画期的発見を成し遂げた場所である。[6] そのアパートはまた、ダーウィンが一〇代後半に医学生として暮らしていた場所のすぐ近くにあった。ダーウィンはそこで人体の研究をしながらも、生命を総体的にとらえ、まったく異なる種類の生物が相互に結びついた世界に目を向けずにはいられない人間だった。よくジョン・S・ヘンスロウの植物学の講義に出席し、植物採集の旅行に出かけた。** 指導

＊私はスペイン教育・文化・スポーツ省の教授・上級研究員海外センター滞在支援事業の資金援助を受け、3機関の指示のもと、エディンバラ大学哲学・心理学・言語学科大学院で1年間在外研究を行なった。その3機関とは、デヴィッド・N・リー教授が率いる知覚運動行動研究コンソーシアム（PMARC）、アンディ・クラーク教授が率いるエディンバラ認識・知性・規範センター（EIDYN）、トニー・トレウェイヴァス名誉教授が率いる分子植物科学研究所である。

教授のロバート・E・グラントとフォース湾の浜辺を歩き、海綿動物を調べていたこともあった。当時はまだ、海綿動物の生態がまったくの謎に包まれており、動物と植物の間の存在だと考えられていた。ダーウィンはこれらの経験を経て、やがて生物を序列としてではなく、枝分かれしながらも相互に結びついた一本の木として考えるようになる。[7] 動いていないように見える生物にさえ注目する価値があり、あらゆる生物が激しい生存競争に参加していることを理解していたのだ。

私が暮らしていたアパートは、このように抜群の立地を誇っていたが、備えつけの家具がなかった。だが私は、きちんと部屋の調度をそろえる前に、まずはそこを自宅のようにくつろげる場所にしたくて、レコードプレイヤーと一枚のレコードを買った。そのレコードとは、エラ・フィッツジェラルドの『コール・ポーター・ソングブック』である。そして、「アーサーの玉座」に面した出窓に座り、その窓際に置いた大きな鉢植えのマイハギのゆっくりとした動きを観察しながら、エラの深みのある豊かな歌声に耳を傾けた。「鳥だってそうする、ハチだってそうする、教養のあるノミだってそうする」という歌詞の歌を何度も繰り返しかけた。

インゲンマメや海綿動物、カキ、ハマグリ、クラゲ、電気ウナギ、シタビラメ、鉢に閉じ込められた金魚など、エラが生き物の名前を挙げるたびに、さまざまな動物や植物が脳裏をかすめていく。

＊＊ダーウィンにとって都合がよかったことに、ヘンスロウはのちにビーグル号への乗船招待を断ることになる。私たちはヘンスロウに深く感謝しなければならない。

エラはただ、それらの生物の性的な営みについて歌っていたのだが、私はそれを聞きながら、これらの生物はそんな恋愛や性行為よりもはるかに重要なことをしているのだと思っていた。「恋をしている」だけでなく、そのいずれもが独自の知性を発揮している。私の心に次から次へと、それらの生物が示す驚くべき能力が浮かび上がった。アリやシロアリのコミュニケーション能力、ミバエの先読み能力、さまざまな形の落葉を巣穴に引きずり込むミミズの創意工夫の能力。生殖行為のために魅力的な罠を仕掛ける生物が人間だけではないように、どの生物にもそれぞれ認知的要素が認められる。つまり生物はいずれも、独自の知性を持っている。動物以外の生命も例外ではない。

レコードを聞きながら、やがて私の心は奇妙な変容を遂げていった。私は、進化の系統樹の枝を下り、人間の祖先となった動物たちのそばを通り過ぎていった。エラの歌に合わせて、霊長類から初期の哺乳類、硬骨魚、無脊椎動物へと進化の時代をさかのぼり、やがておよそ一五億年前に存在していた、動物と植物の共通の祖先である古代の単細胞生物にたどり着く。それから私は、人間とは異質な光合成生物の王朝へと、不思議な登攀《とうはん》を始めた。私が観察している植物の系統を構成する枝をぐんぐん上っていく。*

この旅路をたどっていくうちに、私の姿は変わっていった。筋肉や骨格で構成され、頭蓋に収められた脳により制御される動物的枠組みが溶けて消え、この世界に対するまったく異なる気づきを持つ、動きのゆっくりとした、柔軟で細長い存在へと変わっていく。私は確かに、想像のなかで植

＊動物と植物は15億年前、共通の祖先となる単細胞生物から枝分かれした。この生物はおそらく運動能力があったと思われる。植物につながる系統はその際、光合成をする小細胞を飲み込んだ。それがのちに葉緑体へと進化することになる。これにより植物はもはや、動いてエネルギーを獲得する必要がなくなった。以下を参照。McFadden, G. I. (2014), 'Origin and evolution of plastids and photosynthesis in eukaryotes', Cold Spring Harbor Perspectives in Biology 6: a016105.

物のような姿になりながら、これが見せかけのゲームに過ぎないことを意識していた。だがこの思考実験が、目の前の植物について目にしているものを理解する手がかりを与えてくれたのかもしれない。曲がった茎や傾いた葉をバレエのように、きわめてゆっくりと旋回させるあの踊りは、日光を余すところなくとらえるためなのではないか、と。

こうして植物と化して静かに座っていると、ある言葉が浮かんできた。そのころ読んでいたフランシス・ホジソン・バーネットの『秘密の花園』（訳注／邦訳は羽田詩津子、角川文庫、二〇一九年）の一節である。

その名前がわからないから、魔法と呼ぶことにしよう。（中略）葉や幹、花や鳥、アナグマやキツネやリスや人間、みんな魔法でできている。[8]

バーネットの言うこの「魔法」は、あらゆる生物に共通するものだ。まさにそれが、あらゆる生物に生命を与えている。葉や幹、花や鳥、アナグマやキツネやリスや人間など、すべてが同じ連続したつながりのなかに存在し、同じ基本的特質により生命を与えられ、それぞれの進化の旅路から生まれた特有の方法で表現されている。つまり生物は、序列を想起させる「系統樹」上に存在するというよりむしろ、「適応度地形」（訳注／あらゆる遺伝子型を平面上に配置し、その遺伝子型の環境に対する適応度を高さで表した図形）上に存在する。いずれの種もこの地形のどこかで、それぞれ独自の進化の坂道を少しずつ登っている。それを考えれば、知性が動物にのみ生まれることなどありうるだろうか？　私はそうは思わない。

適応度地形という概念は、リチャード・ドーキンスがその著書『Climbing Mount Improbable（ありそうにない山を登る）』のなかで提示したものだ。ドーキンスがそんな概念を採用したのは、複雑な適応や想像もできない多様性など、不可能にしか思えない発展が、莫大な進化の時間のなかで小さなステップを積み重ねて実現されてきたこと、それぞれの種が紆余曲折を重ねながら、少しずつ進化の頂点を目指していることを伝えたかったからだ。ドーキンスが言うように、この「無作為の変異体の、時間をかけて一歩ずつ累積的に行なわれる選択的な生存」こそが、「ダーウィンの言う自然淘汰」なのである。それぞれの種はそれぞれ異なる独自の進化の坂道を登っているのであって、最終的な頂点は一つではない。この山は一気には登れない。一足飛びに上がることもできなければ、坂道を下りて別の頂点にたどり着くこともできない。一度登り始めたら、後戻りはできない。「種は、適応度を上げるために、いったん適応度を下げることはできない」

この世界には無数の頂がある。同じ問題を解決する方法や、環境にうまく適応する方法はいくらでもある。古典的な例を挙げれば、目は四〇回以上もの進化を遂げて枝分かれしてきた。目のタイプが違えば、同じ問題に対する解決策もわずかずつ異なる。光を、周囲の環境に関する情報に変える方法が違うのである。[10] このイメージは、系統樹のイメージよりも、「高等」生物と「下等」生物を区別したがる人間の考え方を覆すのに役立つのではないだろうか？

系統樹は、時代を下るに従って生物がどう枝分かれしていったかを描写しているが、個々の生物に価値を付与したがる人間の性向と結びつくと、誤解を生むおそれがある。一方、無数の山から成る適応度地形は、公平な見方を提供してくれる。それぞれの種は同じ土台を起点として、独自の課題に直面しながら、それぞれ異なる坂道をせっせと登っているのである。

## 時間を操作する

ほかの生物、とりわけ人間とはまったく違う植物の場合、「見る」だけでなく「理解」するのは、言葉で言うほど簡単なことではない。植物を見つめることは誰にでもできる。あらゆる種を詳細に分類したり、成長や発達の生理学的仕組みを明らかにしたりすることも可能だろう。しかし、植物が実際に何をしているのかを「理解」するのは、それよりもはるかに難しい。

そのためには視点を変える必要がある。だが植物の場合、大半の人間が自然に視点を変えることはない。前章で述べたような理由があるからだ。それに、私たちの目に見えるのは、きわめて複雑なもののごく表面だけかもしれない。植物の知性に真正面から取り組もうと、植物が生活するなかで何が起きているのかを理解しようとしても、それを直接観察することはできない。私たちにはただ、植物が種から成体へと成長・発展していく様子を観察し、そこから植物を生かしている知性の性質を「推論」するしかない。だがそれが、単なる空想物語であってはならない。

ダーウィン自身も、客観的かつ慎重な測定に基づいた見解を提示したにもかかわらず、厳正な実験がなされていないとの理由で、当時の学界から嘲笑された。[11] 障害は至るところにある。植物の知性を理解するには、表面下で何が起きているのかを探り出せるような方法で、植物の行動を観察しなければならない。植物の行動を観察するには、何が起きているのかが私たち人間の動物的感覚でもわかるように、何らかの形で植物の成長を操作しなければならない。すると、どうしても植物のイメージが何らかの形でその影響を受けてしまい、植物を「動物のように」思わせることにもなりかねない。きわめて慎重にことを進めなければ、単に推測するだけに終わるか、もっとひどいことに、植物の複雑な行動を単なる生理的反応へと還元してしまうおそれもある。植物の視点を手に入れるのは、一筋縄ではいかないのである。

植物の行動は、植物の知性という入り組んだ迷路の中心へと導いてくれる金の糸である。したがって、私たち人間の動物的感覚でも植物の行動を知覚できるような方法を見つける必要がある。そのために利用できるツールは、私たちが観察する対象に大きく左右されるが、もっとももよく利用され

図3

ているのが、植物の外見的行動の大半を占める成長運動を把握しやすくするツールである。人間の知覚は、およそ一〇分の一秒の長さの映像に反応する（平均的に見れば、人間は一秒ごとに一〇～一二枚の映像を処理できる）。だが植物は、それよりもはるかに長い時間枠のなかで成長している。[12] そのため、時間を圧縮することが一つの解決策になる。

私はずいぶん前から、その効果に魅了されてきた。スペインを離れてエディンバラに行く前、私はピンホール・カメラに夢中になった。ピンホール・カメラとは、小さな穴を通して数分間印画紙を感光させるカメラである。私は最初にこれで、太陽光が降り注ぐ海辺のベンチに寝ている妹の写真を撮った（図3）。妹は、印画紙を感光させている数分の間、身動き一つしないでいてくれたが、スカートが風にあおられたうえに、海にはさざ波が立っていた。そのため撮影した写真には、妹の姿はくっきりと鮮明に写っていたが、スカートや海の表面はぼやけてしまった。つまりこの写真は、撮影の間になされたそれぞれの運動をとらえていたことになる。

私はエディンバラのアパートの暗い部屋に落ち着くと、このピンホール・カメラでさまざまな植物の写真を撮影した。北ヨーロッパの冷え冷えとした光のなかで印画紙を感光させるには、地中海の日向よりもはるかに長い時間がかかる。私はまる一五分間、身動き一つすることなく印画紙を感光させ、その間の植物の動きを写真に収めた。こうして手に入れたのは、時間を圧縮した映像だった。いわば、フィルムのすべてのコマの画像を一枚に合成した映像である。

ピンホール・カメラを使うとこのように、単位時間ごとの画像を一枚の写真に収めることができる。このカメラにはレンズがないため、一定の距離だけ離れたものにのみピントが合う一般のカメラとは違い、視野全体にピントが合う。そのため、撮影中に起きているあらゆることが、写真に刻印される。撮影の間じっと動かないものはくっきりと、動いているものはぼんやりと写る。時間経過に伴うその動きが、一枚の写真にまとめられるからだ。こうすると、肉眼で経験していることをわかりやすく映像化できる。[13]

私はやがて、さらに知覚の限界を乗り越えるため、ダーウィンの時代にはなかった新たなテクノロジーを利用するようになった。庭に生えている植物のタイムラプス撮影を始めたのだ。そのころ庭には、チョウトリカズラ（*Araujia sericifera*）という外来種のつる植物がはびこっていた。その場に生えているあらゆる植物を覆い尽くして絞め殺し、ヨーロッパ全域を侵略しつつあるため、「クルーエル・ヴァイン（残酷なつる植物）」と呼ばれている種である。私はこのチョウトリカズラに対して、支柱や複雑な実験装置を置くといったことは何もせず、それが支持物を探して先端を旋回させたり、庭に植えてあるオリーブやオレンジの木に絡みついたりしていく様子を、ひたすらタイムラプス撮影した。やがて私は、このタイムラプス撮影プロジェクトを研究室に持ち込み、それをMINTラボでの仕事にした。そして、自分でも認めがたいこの仕事の変化を通じて、あることに気づいた。どれほど集中力や想像力をかき集めたとしても、肉眼で植物を観察するときよりも、自分が撮影したタイムラプス映像を見返したときのほうが、植物の能力に感銘を受けやすいのだ。植物の行動を時間や手間ばかりかけて観察しても、偏見に満ちた動物的感覚に訴えることはできないが、それを人工的に加速すれば、動物的感覚に訴えることが可能になる。

私たちの感覚に訴え、植物の行動をわかりやすくするには、数時間にわたり連続して植物の写真を撮影し、それを短い動画にまとめるタイムラプス撮影技法を利用すればいい。つる植物が、根づいた地点を中心に、支持物を探して回旋運動をしているとしても、肉眼ではその動きに何時間も注意を集中するのは難しい。だが、茎の先端が円を描いているわずか数分間の映像であれば、十分に認識できる。このテクノロジーは、ダーウィンがガラス板を用いて観察していた時代からほどなくして生まれた。リュミエール兄弟が映写機を発明した直後の一八九八年から一九〇〇年にかけて、ドイツの植物学者ヴィルヘルム・ペッファーが「タイムラプス映像」を収集し、植物の動きに関する画期的研究を始めたのだ。[14]そのコレクションには、高速で震えながら開花するチューリップ、葉を畳んでは開くオジギソウ、発芽した種子から広がる根、重力に反して円を描きながら上に伸びていく茎など、魅力的な映像がある。植物の行動を視覚化する技術は、それに注意を払うようになるはるか以前からすでに存在していたのだ。

これらの技術をきっかけに、いまでは植物が自然ドキュメンタリー番組の主役を務めるようにもなった。以前には考えられなかったことである。サー・デヴィッド・アッテンボローが手がけた番組の多くは、数時間か数日、あるいは数カ月に及ぶタイムラプス撮影を駆使し、私たちに馴染み深い動物の映像と同じぐらい魅力的に、これまで人目につくことのなかった植物の生態を紹介している。このテクノロジーを使えば、熱帯雨林の林床で数日かけて行なわれる種子の発芽が、震えるように揺れ動く数秒間の生存競争になる。季節ごとの枝葉の形や色の変化が、幻覚的なざわめきの映像になる。肉眼では気づきにくいもの、ほとんど目につかないものでさえ、即座に満足できる魅力的なものになる。ＭＩＮＴラボでは、個々の動きに焦点を絞ることで、その効果をさらに高めている。シリンダーの中央に植物を入れてその上にカメラを設置し、一分ごとに一枚写真を撮り、それを一秒ごとに二四コマの割合で再生する。すると、わずか一秒の動画で、植物の二四分間の活動を観察できる。つまり、数時間を数分に圧縮することが可能になる。赤外線を使えば暗闇のなかでも記録できるため、二四時間ずっと植物を観察することも可能だ。

だが、植物の動きは常に加速しなければならないというわけでもない。その動きを確認するために、減速しなければならない場合もある。ハエトリグサの葉を閉じる動作や、花粉を媒介する昆虫がわずかに触れた瞬間に雄しべの配置を変える動作は、人間の目で確認できないほど一瞬のうちに起きる。こういう場合には、一秒ごとに一〇〇〇枚から二〇〇〇枚の写真を撮影できる高速度カメラが必要になる。たとえば、カタセツム属のランは、花を見つけてやって来た何も知らない昆虫に、「花粉塊《かふんかい》」という粘着性のある花粉器官を投げつける。これは一瞬にして行なわれるため逃げる余裕はなく、昆虫は花にくっつけられた重い荷物を背負わされて飛び去ることになる。そのままその花粉を、受粉先となるほかの花へ運んでいってくれることを願っての戦略である。

この投げつけは、秒速三メートル（時速に換算すると一〇・八キロメートル）という驚異的なスピードで行なわれる。神経や筋肉のない生物にしては、信じられないほどの速さである。瞬きをしていたら見逃してしまう。いや、瞬きをしなかったとしても、花粉塊の短い飛行の軌跡を実際に目で見ることはできないだろう。これまでに記録された花粉塊の最高速度は秒速三〇三センチメートルであり、植物界全体を見ても一、二を争う速さの動きである。[15] ダーウィンが「あらゆるランのなかでもっとも注目に値する」と記したのもうなずける。[16]

しかしながら、これら知覚の変化を可能にする高性能なテクノロジーを使えば、知的行動を適切に計測できるというわけでもない。超ハイテク機器によって観察されているものの多くは、生物ではない。たとえば、一九九〇年代に地球上空の軌道上に設置されたハッブル宇宙望遠鏡について考えてみよう。工学技術の粋を集めたこの望遠鏡は、紫外線から近赤外線まで、幅広い波長域で高精細映像を撮影して、宇宙の奥深くの姿を垣間見せてくれる。まさに人間の知恵の大いなる業績と言えるが、それが記録しているのは無生物である。

テクノロジーを利用して、「行動」の背後にある知性を明らかにするような形で行動を把握するためには、そのテクノロジーをどう活かせばいいのかを考えなければならない。どのようなアプローチで調査を行なうべきかをよくよく考える必要があると主張しているのは、そのためだ。私たちは、何を把握する必要があるのかを考え、記録ツールが植物に及ぼす影響やそのツールの限界を十分に理解したうえで、適切な映像化ツールを利用するべきである。表面下で何が起きているのかを明らかにするためには、目的に沿って慎重に組み立てられた実験計画が欠かせない。

私たち人間と植物の間を取り持つどんなテクノロジーにも、何らかの欠点がある。サンプル抽出、記録、編集など、いずれのテクノロジーも、私たちの経験に何らかのバイアスを持ち込む。たとえばタイムラプス撮影は、一見動きのないものを、人間の目に見える動きに変え、成長を行動に変える。つまり、人間がほとんど知覚できないものを、人間の感覚系が楽に手の届くところに持ってきてくれる。だが、このテクノロジーにも注意や用心が必要だ。さもないと、ソーシャルメディア上の過剰に加工された写真のように、植物の行動に関するきめの粗い不完全な映像しか手に入らないことになる。私たちは、植物が数時間にわたり支持物を探す動作を追跡するには、一分ごとに一枚の写真を撮影する程度の観察頻度で十分だと思い込みがちだ。だがそれは間違っている。一分ごとに一枚の写真では、植物の行動の六〇分の五九を見失うことになる。というのは、植物の動作がすべて遅いわけではないからだ。

たとえば、インゲンマメを見てみよう。インゲンマメは実際に一時間ほどの時間をかけて、のっそりと旋回しながら周囲の環境を探っているかもしれない。それをタイムラプス撮影すれば、わずか数秒の動画に加工できる（一時間で六〇枚撮影されるため、一秒二四コマで再生すればそうなる）。だが、驚くほど素早く動く場合もある。ときにはこちらが仰天するような個体がいる。植物にも個体ごとに個性があり、すべてがまったく同じようにふるまうわけではない。

私が「ウサイン・ボルト」と呼んでいたインゲンマメは、まだ支柱に接触してもいないのに支柱を素早く「つかみ」、しっかりと捕らえることができた。この「つかむ」動作は、ふだんの反時計回りの回旋運動とは違ってきわめて速く、わずか数分で行なわれる。実際あまりに速いため、タイムラプス映像にも詳細は写っていなかった。これでは、インゲンマメがこのつかみをどのように行なったのかを知るどころか、何をしていたのかもほとんどわからない。タイムラプス映像は、これほど多くを見逃している。ホラー映画の主人公がポルターガイスト現象にもてあそばれ、家具を動かしているのが誰なのかを知ろうと隠しカメラを設置しても何もわからないように、まるでタイムラプス映像からつかみの画像が消去されてしまったかのようだ。

インゲンマメはカメラの有無にかかわりなく、すぐそばで思いがけない不可思議なことを成し遂げている。だが私たちは、一枚一枚の写真の連続的な流れが連続的な時間を表しているのだという偽の現実にとらわれてしまう。実際、私たちが使っていた装置は、この短時間の動作をとらえてはいなかった。このような場合には、タイムラプス撮影よりも肉眼のほうがはるかによく、わずか数分で終わるつかみの動作を把握できるのである。

## 植物を動物に仕立てあげる

数年前、インド南部のテランガーナ州の州都ハイデラバードで、奇妙なヤシの木が短期間ながら話題になった。そのヤシの木は朝になると、カウンターに突っ伏す酔っぱらいのように幹を傾け始める。時間がたつにつれてゆっくりと、ますます急勾配に傾いていき、夕方になるころには、樹冠の葉が地面につきそうなほどになる。ところが不思議なことに、暗くなると幹を起こし始め、深夜になるころにはまた、何ごともなかったかのように直立して、三メートルほどの高さに戻るのである。地元の住民は、毎日行なわれるこの不思議なふるまいを見て、何か超自然的な力が作用しているのだと考えた。そして、この木を通じて聖なる存在と交信できると思い込み、その周囲に群がって祈りを唱えるようになったという。

そのころ、インド南部にあるオスマニア大学のある教授が、地元の住民にこのヤシの木の異常な運動を科学的にどう説明すればいいのかと、私をはじめとする多数の学者に助言を求めてきた。傾いては戻るヤシの木が礼拝の対象になっている状況を危惧していたのだ。

するとある学者が、植物生理学やこのヤシの木の異常な状況に基づいて、こんな説明を提示した。昼間は太陽熱による蒸発で水分を失い、張りがなくなるために、幹が柔らかくなって樹冠が垂れ下がる。だが夜になると、そばの泉から水を吸い上げ、水分が行き渡るため、直立姿勢を保てるようになる。また幹が、寄生虫や毎日の屈曲によりダメージを受け、いっそう柔らかくなっているおそれもある、と。だがこの説明はシンプルさに欠けており、地元の住民をとうてい納得させることはできなかった。住民にしてみれば、植物は動かないものだった。そんな植物が動くのだから、超自然的な精霊か何かが動かしているに違いないと思ったのだ。

私はと言えば、このヤシの木の屈曲の物理的原因にはあまり興味がなかった。むしろ、ヤシの木の動作を超自然的なものと解釈する住民の考え方のほうが、はるかに興味深かった。過去にも、同じような動きをするヤシの木が観察されており、さまざまな説明がなされていた。たとえば、二〇世紀前半のインドの博学者サー・ジャガディッシュ・チャンドラ・ボースは、ベンガル州のナツメヤシが毎日行なう屈曲運動を「ファリドプルの祈るヤシ」として記録し、その運動の原因を、重力への反応と気温への反応が複雑な相互作用を起こし、植物内の電気信号を周期的に変化させているのではないかと考えた。ボースはのちに、植物が環境を探索してそれに反応しているという仮説を立て、植物生理学の先駆的時代を切り開いた。

すでに述べたように人間は、動く能力と知性とは密接なつながりがあると考えている。そのため、動いていないように見える植物を、知性のある存在とはなかなか認めようとはしない。反対に、無作為に動く物体に壮大な意図を見出そうとする傾向は、異常なほど強い。この傾向は、二つの目と一つの口に見えなくもない線や形の集まりを顔と見なす傾向に似ていなくもない。そもそも人間には、明白な「行動」に注目する傾向がある。これは、実験心理学者のフリッツ・ハイダーとマリアンネ・ジンメルが一九四四年に行なった研究により証明されている。[17] 二人は三四人の学部学生を対象に、二次元図形の白黒動画を見せた。一分半にわたり三角や円が動きまわる動画である。そしてそのあとで被験者に、動画のなかで「何が起きていたのか」を筆記させた。すると大半の学生が、テレビドラマの粗筋のようなものを書いた。それぞれの図形が男性あるいは女性であるかのように描写し、その図形に、目標や計画、周囲の図形の行動に反応する能力を付与していた。図形が、物語の登場人物になっていたのである。[18]

ハイダーとジンメルは次いで、三七人の学部学生を対象に同じ実験を行ない、今度はそれぞれの図形の性格を描写させた。すると、図形が生命を持つだけでなく、関係や感情を持つに至った。図形はそれぞれ、「勇敢」であり「臆病」であり「卑劣」だった。二つの円が互いのまわりを回るのは、喜びの表現となった。円が長方形の輪郭のなかに隠れたときには、その外周をうろつく攻撃的な三角を怖れているからだと考えられた。人間の頭のなかでは、モノクロの図形でも動きを追加すれば、人間のように見なされるのである。

この想像力には重要な意味がある。それがあるからこそ、私たちはいまあるような社会的存在でいられる。他人の心的世界について仮説を立て、他人の行動の意味を解釈できる。だがこの想像力は、人間とは異なる方法でこの世界に存在している生物を理解する際には判断を誤らせる蜃気楼を生み出す。植物は生きているが、動物ではない。植物が相手では、顔を見て心の内を理解することはできない。植物の主観的な経験を植物の身になって理解するには、それなりの努力が必要になる。

だがそこには、努力を始めたとたんにその努力を台なしにしかねない重大な落とし穴がある。植物を理解したいのなら、植物を擬人化することも、あまりに動物中心的なアプローチをとることも避けなければならない。私たちは、ハイデラバードのヤシの木の例でも見たように、植物にしてはあまりに活動的に見えるものを、植物を超えた存在と解釈しがちだ。また図形の実験で見たように、ほぼどんなものでも擬人化してしまう。自分のなかに見ているものと、周囲の世界で見ているものとの間に類似点を見出し、見慣れたものから見慣れないものを、近くのものから遠くのものを類推するのが、人間の本性なのである。

人間の経験をほかの生物に投影し、無生物の世界に精神を付与するこの人間的傾向により、これまでの歴史を通じて、多種多様な神話やアニミズム的宗教が生み出されてきた。私たちはどうしても、自分自身の内的・主観的経験を、世界を理解するための第一の基準点として利用してしまう。[19] だが、類推により世界を知ることはできない。こうした仮定は、データに基づいていない。それは単に、自分自身を外部の世界に投影したに過ぎず、それが正しいことを証明するのはきわめて難しい。最悪の場合、間違いや誤解をもたらすおそれもある。対象となる生物が人間からあまりにかけ離れている場合は、なおさらそうだ。

人間には両極端がある。まったく関係のない生物に自分自身を投影する擬人化傾向と、人間とほかの生物との間に存在する連続性を認めようとしない人間中心的傾向である。たとえば、ヘビをペットとしてかわいがっている飼い主は、えさをあげることでヘビが「喜んでいる」と想像する。だがこれは、飼い主自身が食べ物により気分が高揚するからだ。ヘビにこの種の感情があるのかどうか、実際のところはわからない。ヘビの表情を読むのは、イヌの表情を読むよりもはるかに難しい。だがその一方で、私たちは擬人化を怖れるあまり、ほかの生物の感情を一切認めようとしない場合もある。

ダーウィンは、一八七二年に発表した著書『The Expression of Emotions in Man and Animals（人間および動物における感情の表現）』のなかに、誰かの脚に体をこすりつけているネコの図版を掲載し、そこに「愛情にあふれるネコ」という説明書きを添えた。この記述は、二〇世紀の心理学者たちから擬人化だとの批判を受けた。だがダーウィンなら、人間だけが感情を持っているという前提そのものが人間中心的だと反論したことだろう。ダーウィンは、そのような「愛情あふれる」行為はネコの内的状態と関係しており、周囲の生物に何らかの効果をもたらすことを意図していたに違いないと主張した。つまり、心的状態やその表現は、社会的動物同士の相互交流に欠かせないものだということだ。[20]このように擬人化の亡霊や疑似科学批判により、ほかの動物の感情能力の研究が長らく妨げられてきたが、この流れは変わりつつある。[21]

この諸刃の剣は、植物の知性の研究になるとさらに鋭利になる。植物は、即座に擬人化しにくいのは確かだが、人間からかけ離れたよくわからない存在でもある。それを客観性を維持したまま観察するのは、きわめて難しい。第二部でも紹介するように、わがMINTラボの研究にもさまざまな批判がある。二〇一三年には、著名なライターのマイケル・ポーランが《ニューヨーカー》誌の記事のなかで、植物生理学者のリンカーン・テイツの以下のような主張を引用している。

つる性のマメを「知的」と表現するのは、「データの過剰解釈、目的論、擬人化、哲学的思弁、乱暴な推理」のおそれがある。MINTラボの研究者は「アニミズム」に傾斜している、と。テイツはさらにこう問いかけている。マメが支柱を知覚できるとするなら、それはどんな感覚様相によるものなのか？　この植物は周囲を探索するアプローチをどう制御しているのか？　これらの側面は、見る人によっては「知的」だと擬人化されやすいのではないか？

これにはまったく同感である。私たちは、植物の賢さを調査する際にはきわめて慎重にことを進め、過剰な期待を避けなければならない。結局のところ、これは科学なのだ。どんな内容の科学的探究にも、その動機となる期待（知りたいという思い）は必要だが、科学を確固たる知識の基盤にするためには、慎重さも必要だ。だから植物の知性に関しては、私は喜んで立証責任を担う。そのためには十分に自制して、インゲンマメやネナシカズラ、トケイソウの巻きひげの進路探索スキルを、目標へと方向づけられたものと過剰解釈するようなことは避けなければならない。だがその一方で、動物中心的になってもいけない。テイツらはこう主張している。「成長する根や巻きつくつるのタイムラプス映像は、時間を加速して植物を動物のように見せかけているだけで、意識や意図が存在する証拠にはならない」[22]。この解釈は、一般に広まっている誤解の典型と言っていい。知性や意識は、人間の知覚尺度で検知できる種類の反応（素早い動作など）と分かちがたく結びついているという誤解である。

だが、そのような結びつきはない。行動の速さは、知性が存在する証拠にはならない。私たちは何も、タイムラプス映像を使って植物を動物のように見せようとしているわけではない。ただ単に、時間を圧縮して植物の行動を知覚しやすくしているだけだ。つまり、植物の行動を支える知性を明らかにしようと、それを目に見える形にしたのである。このタイムラプス映像により、それまでわからなかった、複雑なパターンや柔軟性を備えた植物の行動が明らかになっている。それはいわば、鳥の飛行など、動物の素早い動きを撮影してスロー再生し、その動きをきちんと目で確認して理解するのと同じである。逆説的ではあるが、動物中心的な態度はこのように、動物中心主義批判をあおるだけだと思われる。[23]

これらをすべて踏まえると、どういうことになるのか？　私たちは、周囲の環境を探索しているつる植物のタイムラプス映像を見ると、それが計画的に行動しているように見える。つる植物は物体の表面に触れると、それが利用するにふさわしいものかどうかを調べ、ふさわしいものでなければ離れる。そして細かく位置を調整し、必要があればそのサイクルを繰り返す。私たちはこのプロセスを見て、植物が意志を持ち、行動の計画を持っているかのように直感的に解釈する。これはもちろん、擬人化された見方だ。しかしこの直感は、私たちが見ている植物の映像に対する自然な反応である。植物は、脅威や機会に満ちた複雑な環境のなかで進路を探索しなければならず、そのためには機敏に反応して柔軟に行動するだけでなく、先を読んで予測することも必要になるからだ。これを調査する方法はさまざまある。たとえば、タイムラプス映像を使えば、植物の行動を観察できる。植物の生理機能を調べれば、生化学的・発達学的に植物がどう機能しているのかを部分的に把握できる。しかしそれだけでは、根本的な筋書きはつかめない。[24] 植物の行動には、明らかな意味があり、知性がある。それを理解するには、慎重に確立された植物科学に認知科学や哲学を組み合わせた別のアプローチが必要になる。ＭＩＮＴラボでの研究の価値はそこにある。[25]

観察方法に十分注意すれば、植物の行動観察から知性が存在する証拠を引き出せる。この植物への実験を計画するにあたっては、その調査のガイドとなる理論的枠組みとして、動物認知研究の枠組みを借用したい。植物を切り刻み、その詳細な生理機能を理解するだけでは、植物の知性は理解できない。また、植物の行動を見ているだけでは、何が起きているのかを推測できない。ここで、動物の行動の知的基盤を明らかにする実験装置を開発してきた数十年に及ぶ研究を無視するのはばかげている。それに、植物と動物の認知には、有益かつ妥当な類似性がある。しかしだからと言って、私たちは植物を動物に仕立てあげたいわけではない。

## ただ見るだけでなく理解する

この章では、病臥中の聡明な博物学者が部屋の窓台で育てていた植物を観察するところから、高性能カメラが研究室で一連のタイムラプス映像を生み出すところまでを描いてきた。

テクノロジーはこのように進歩してきたが、植物の知性を理解するには、私たちが持つあらゆる見方を利用する必要がある。植物を単に見るだけでなく理解する方法を学びたいのであれば、慎重に確立された科学とは別に、一九世紀にダーウィンが植物を相手に築いたような個人的つながりを維持することも欠かせない。いまこの瞬間に目の前にある植物について教えてくれるのは、肉眼だけだ。テクノロジーは計り知れない価値を持つ補助ツールになるが、やはり限界があり、扱い方に注意しなければならない。

私たちはまた、植物研究を長らく支配してきた分類や術語体系へのこだわりを捨てるべきだ。ラベルづけや抽象的なグループ分けをしたところで、個々の植物の知性についてわかることはあまりない。

そうではなく、具体的な特性を持つ個々の植物やその世界とのつながりを築く必要がある。アニミズムに陥ることなく、植物が生きていることを認めるとともに、擬人化に陥ることなく、人間中心的な知性の考え方を放棄しなければならない。まったく新たな領域の生物に認知研究を偏見なく適用するこの分野が発展すれば、私たち人間の認知についても、新たな客観的視点に立って考えざるを得なくなる。そうなれば、植物が成し遂げている驚異的な行為の背後で実際に何が起きているのかを明らかにできるに違いない。

# 第三章　植物の賢い行動

## ルート・ブレインストーミング

ＭＩＮＴラボでの研究に没頭するはるか以前、私はスペイン南部の村サンホセの即席の上映会場で珍しい映画を見た。そのときは、友人の植物科学者二人、フランティシェク・バルシュカとステファノ・マンクーゾが一緒だった。そこで週末に開かれる植物の「頭脳」に関する意見交換会に、私が招待した小グループのメンバーである。

私たちはその会合を、やや謎めかして「サンホセ・ルート（根）・ブレイン（頭脳）ストーミング会議」と呼んでいた。このグループのメンバーが、植物の頭脳は根にあるという仮説を好んでいたからだ。フランティシェクはダーウィン同様、植物の情報処理が根の先端で行なわれていると固く信じ、ボン大学細胞・分子植物学研究所で数年にわたり、この仮説の研究を続けていた。私たちは、それぞれの関心や専門知識を組み合わせることで、この仮説がどのように発展していくのかを見てみたかったのだ。

議論は夕方まで続いた。夕闇が近づくと、私たちは燃料補給のため海辺のバーに出かけ、そこで一杯飲んだ。ステファノはつい最近、フィレンツェの植物神経生物学国際研究所で、元気旺盛な複数のインゲンマメのタイムラプス撮影を行なっており、その貴重な映像をＵＳＢスティックに入れて持ってきていた。幸運にも私はいつも、携帯用の小型プロジェクターを持ち歩いているので、私たちはそのバーのなかに即席の上映会場をつくることにした。

バーテンダーは快く手を貸し、私たちのために壁面空間を空けてくれた。やがて、グラスやアルコールが並んだ暗い棚の間の明るく照らされた壁に、そこをうねうねとはい上がっていくインゲンマメの幻影のような映像が映し出された。そのインゲンマメは、一生懸命支柱を探しているようだった。私たちはすっかり夢中になり、大いに困惑しているほかの客をよそに、このタイムラプス映像を何度も繰り返し見た。ほかの客は、どこからどう見ても風変わりに見えるこの三人が、なぜこの映像に熱狂しているのかよくわからないようだったが、少なくとも私たちは興奮に沸いていた。インゲンマメの活動には明らかに、目に見えるよりはるかに多くの意味があった。

翌日、私たちは浜辺に出かけ、濡れた砂の上に棒で実験計画を描き始めると、どこまでも広がる微粒子のキャンバス上に、三人のアイデアがあふれ出た。先走る思いを抑えながらも、話をしながら心に浮かんだことを砂に記しているうちに、インゲンマメの行動を観察する新たな方法が、いくつも眼前に展開された。浜辺は一時的に、巻きひげや茎、その運動に対する仮説を示す矢印や線でいっぱいになった。そのすべては、次の上げ潮に押し流されてしまったことだろう。

だがフランティシェクやステファノはインゲンマメの「動作」を知り尽くしていたが、そのころの私には何かがもの足りなかった。[2] 植物の先端の巻きひげと垂直な茎の間には「運動帯」があり、そこで円を描くような動き（ダーウィンの言う回旋運動）など、運動の性質を精緻に制御している。[3] 回旋運動は、パターン化された自動運動などではない。植物は、巻きひげの動きを調節できる。この運動帯の細胞は、油圧ポンプのような役目を担い、茎の片側を拡張させたり収縮させたりする。荷電粒子が波のようなパターンを描きながら細胞間を動きまわると、それに伴って水分が移動し、細胞の膨張具合が変わる。これにより、茎の両側面の相対的な長さが伸びたり縮んだりして、巻きひげを動かすのである。[4] これはいわば、応援のパフォーマンスで行なわれるウェーブのようなものだ。液体による細胞の膨張と収縮の波が滑らかに、リズミカルに生み出される。この波は、植物自身が制御しているに違いないのだが、当時はその背後に何があるのかをようやく想像するようになったばかりだった。

ダーウィンは、一般的な観賞植物であるセロペギアが支柱をはい上がっていく洗練された動きを調べ、それをもとに『よじのぼり植物　その運動と習性』（訳注／邦訳は渡辺仁、森北出版、一九九一年）でこれらの動きを説明した。そのなかでこの植物の動作を、絶えず弧の形を変えながら振られるロープになぞらえている。そうしているうちに、「再び棒に接触し、再びそれをよじ登り、再びそこから身を乗り出し、反対側へ垂れさがる」のである。[5] だが私たちには、インゲンマメの動きは、支柱を狙って投げ縄を投げるカウボーイか、釣り糸を前後に振って次第に目標とする場所へ毛ばりを近づけていくフライフィッシングの釣り人のように見えた。インゲンマメは、最初にその先端を前へと投げかけたあと、支持物に到達するまでその動作を続ける。後ろへ振る動作が終わるところで一瞬止まったのち、すぐにもう一度前方へのアプローチを始める。その動きはすべて、支柱を探し、それに狙いを定め、最終的にそれを「つかむ」という目的を持っているかのように見えた。

その週末に見たステファノのタイムラプス映像や、三人で交わした白熱した議論は、何年たっても忘れることはなかった。それが、ＭＩＮＴラボでの最初の研究へとつながった。このラボで実験をもとに、これらのアイデアを探究することにしたのだ。当初は、セロペギアの動作を研究の対象にしようかと考えていた。ダーウィンがビーグル号での航海の途中でセロペギアに出会ったのではないかと思い込み、ダーウィンと同じその記念碑的植物を研究するというアイデアが気に入ったからだ。ダーウィンは実際、カナリア諸島のテネリフェ島に立ち寄っていた。カナリア諸島には、数百種確認されているセロペギア属の植物の一部が幅広く分布している。そのため、研究室に簡単にその苗を持ち込めたのではないかと思ったのだ。

ところが残念なことに、よく調べてみると、ダーウィンは同島のサンタ・クルス港に上陸さえしていないことがわかった。コレラの蔓延により、二週間にわたり洋上に隔離されたため、船長が上陸しないでその島を離れることにしたのだという。[6] こうして私たちは結局、新たな段階の研究の対象としてインゲンマメ（*Phaseolus vulgaris*）を採用することにした。インゲンマメの回旋運動は比較的単純だが、セロペギアの回旋運動はそれよりはるかに複雑なのだから、なおさらである。

私たちはタイムラプス撮影を駆使して、インゲンマメの苗の研究を始めた。苗の成長を目で確認できるようにするためだが、苗の成長とは言うまでもなく、苗の「行動」でもある。二〇一六年には、五〇センチメートル離れた場所に置かれた支柱を探すようにしながら成長するインゲンマメをタイムラプス撮影する特注のブースを設置した。[7] そこで撮影した映像を図案化し、数時間の運動を一枚の画像に圧縮すると、一目でそのすべてが確認できた。それは、特筆すべきパターンを示していた。[8] インゲンマメは支柱に到達するまで、描く弧を次第に大きくしながら、周囲の空間を旋回していたのである。

かいつまんで説明すると、つるの先端はおおよそ螺旋を描くように動き、つるが伸びるに従って、その動きが徐々に円形から楕円形へとシフトしていく。映像のなかで、インゲンマメは二一回旋回しており、一周ごとの平均所要時間は一一七分だった。最初の一周が最短の九八分、最長では一五四分である。この運動パターンは、見かけよりもはるかに複雑である（それだけ興味深くもある）。しかもあるときには、つるが螺旋運動の後半半分を飛ばして中央を横切り、直接支柱を探しに行った。こうして私たちはとうとう、植物の行動を実際に目にすることができたのである。

## 適応から認知へ

ＭＩＮＴラボでは、植物がどのように支持物に到達するのかを理解することに興味があった。つまり、植物がどのように目標へ方向づけられるのか、ということである。このような目標指向の行動には、そのすべてを調整できる精緻な細胞機構が必要だと思われる。すると、こんな疑問が湧き上がってくる。この機構とはどんなものなのか？　単なる自動的な仕組みなのか、それとも、動物に見られるような複雑な情報処理を伴うものなのか？　歴史的な偏見に縛られる状況を打破するためには、先入観にとらわれることなくこの研究に取り組む必要がある。私たちはまだ、そこで何が見つかるか予想できるほど、この領域のことを知ってはいない。

ＭＩＮＴラボでの研究を批判する人たちは、よくこんな主張をする。こうした観察をしても、みごとに適応していることがわかるだけだ。つまり、行動と呼ばれるものは、刺激に対する自動的な反応に過ぎない。驚くほど多様な色や形を持つランの花は、昆虫をあざむいて花粉を運ばせるため、きわめて精巧につくられているが、これは自然淘汰の結果であって、認知能力がもたらした成果ではない。インゲンマメなどの実験対象が見せている動作は、いかなる意味においても認知に基づく行動とは言えず、そう解釈することはできない、と。

それに対して、私たちならこう反論するだろう。それは間違っている。この行動は反射反応だけでは説明しきれない。それ以上の何かがあるはずだ、と。だが、それを証明する責任は私たちの側にある。そのため、この複雑な問題を少しずつひもといていくことにしたい。インゲンマメは想像以上のことをしているという私の主張について、読者を納得させることができるかどうか試してみよう。想像以上のこととは要するに、つる植物もほかの植物も、単にみごとに適応しているだけでなく、認知作用に基づく能力を備えている、ということだ。

両者の立場を区別するにはまず、適応と認知の微妙な違いについて理解しておく必要がある。つまり、適応だけでは説明できない認知とはどんなものなのか、ということだ。[9] というのは、言うまでもなく認知にも適応性があり、それがあれば植物も環境に適応して生きていけるからだ。[10]「適応」

はよく、特定の入力情報に対する自動的な反応と言われる。ある特性が進化の過程で大いに有利だったために、その特性が遺伝子に書き込まれているのである。

したがって、適応は「受動的」だ。その反応を引き起こすためには、刺激がなければならない。また、常におおよそ同じ反応を繰り返す。ガレージドアの開閉を制御する動作感知装置のように、適応的行動は、環境のなかの特定の条件に対して、特定の仕方で反応する。そこにはあまり柔軟性はない。遺伝子に組み込まれた仕組みがあるだけだ。そのため、情報処理能力はほとんど必要ない。膝蓋腱《しつがいけん》反射がいい例だ。膝を叩くと、そこの神経回路が閉じているために、その刺激信号が脳に達する前に脚が前方に跳ね上がる。計算処理がいらないため素早く反応し、何かにぶつかったときに倒れるのを防いでくれる。だが、この動きを意識的に制御したり修正したりはできない。

一方、認知的行動は、適応性も備えているが、それだけではない。「未来」の環境の変化に合わせて最適化できる「予測性」がある。また、多種多様な要素に対して、多種多様な方法で反応できる「柔軟性」がある。そして、環境や自身の状態にただ反応するだけでなく、それを変化させる「目標指向性」もある。これらの性質を実現するには、「膝蓋腱反射」のような反応をはるかに超える能力が必要になる。さまざまな情報源から集めた情報を、根から茎の先端まで各部位で利用するとともに、そのすべてを「統合」して協調的な反応を生み出さなければならない。[11] 認知能力はさらに、生涯を通じた学習によりこれらの性質をさらに向上させ、未来の行動をよりよい方向へ変えていくこともできる。植物の場合であれば、成長や素早い動作、あるいは周囲の生物に影響を及ぼす化学物質の放出などを通じて、このような認知に基づく行動を実現していると考えられる。

チャールズ・ダーウィンとその息子フランシスは、『植物の運動力』（訳注／邦訳は渡辺仁、森北出版、一九八七年）のなかでこう述べている。「植物の機能に関するかぎり、幼根の先端ほど驚くべき構造はない」。この「幼根」とは、発芽した根の先端部分を指す。それは成長していく過程で、光や重力、物理的障害物など、外部世界のさまざまな要素と出会い、地下を伸び進んでいくためにそれらとどうかかわっていけばいいのかを選択している。ダーウィンはそれをこうまとめている。「たいていは二つ、あるいはもっと多くの誘因が先端に同時に作用し、おそらくは植物の生活における重要性に応じて、一方の誘因が他方に勝利する」。この誘因間の争い、およびその結果として生じる行動にこそ、植物の認知を解明する糸口がある。[12]

## 歩くヤシ、共食いするイモ虫

植物におけるこの二種類の行動を明確に区別するため、単なる適応的行動の事例から、認知的と思われる行動の事例まで、順を追って紹介していこう。ごく単純な行動から複雑きわまりない行動まで、どんなレベルの行動にも驚くべき事例が存在する。その背後に何があるのかを知るためには、それぞれの事例をよく観察することが必要だ。

単なる適応のなかにも、信じられないほど興味深い事例がある。南アメリカの湿潤な熱帯雨林のなかに、ウォーキング・パーム（「歩くヤシ」、*Socratea exorrhiza*）と呼ばれる植物がいる。[13]すらりとしたやせ型で、幹の平均直径がわずか一二センチメートルしかないにもかかわらず、およそ一五～二五メートルの高さまで成長する。倒れないのが不思議なくらいだ。

このヤシの木はきわめて珍しい根を持っている。支柱のような根が幹の基部から下へ四方八方に張り出し、幹を地面から浮かせているのである。その姿のせいで、このヤシの木はまるで、湿地をクモのような足取りで歩いていこうとしているかのように見える。一九八〇年には実際に、このヤシの木が「歩いて」いるという論文が発表された。位置を移動したいときに新たな根を前へ伸ばし、「後ろ」の根は腐るままに任せることで、文字どおり地上をゆっくりとはうことができる、というのだ。[14]だが、この見解には証拠がない。[15]

ウォーキング・パームは実際のところ、歩きまわってはいない。その「脚」のような根はむしろ、その驚くべきバランスを維持するためのものだという可能性のほうがはるかに高い。あっという間に高所にまで伸びるひょろ長い幹をこうして支えることで、頑丈な幹をつくることにエネルギーを注がなくても光を手に入れられるようにしているのだ。さらに、この根があれば、丸太や倒木で覆われたでこぼこの地面でも根づくことができる。要するにこの根は、ウォーキング・パームにとって重要な問題を解決している。太くて頑丈な幹をゆっくりとつくりあげる手間をかけることなく、過密な森林で手っ取り早く光を手に入れているのである。

植物の適応のなかには、これとはまったく違う形で、栄養を手に入れる問題を解決している事例もある。大半の植物は、太陽エネルギーを使って光合成を行ない、グルコースなどの分子を合成している。そのため、ある程度は自給自足できるのだが、通常は根の部分で菌類と密接な関係を築いている。それにより植物は、土壌からほかの栄養素を吸収して、日光による食事を補完している。

ところが、ごく一部の植物は、こうした仕組みをまったく採用していない。いわば、その両方の栄養を一網打尽にしているのだ。この植物は、菌類と樹木の根がつくりあげた実り豊かな菌根ネットワークに侵入し、そこから栄養資源を引き出すだけで、自ら光合成をしてそのネットワークに貢献することはない。

二〇一五年には京都大学白眉センターの末次健司のチームが、日本の亜熱帯地方にある屋久島で、同様の植物を発見した。この植物は、ふだんは地下に留まっているが、まれに繁殖のため、つぼみをつけた長さ五センチメートルほどの赤い茎を地上に送り出す。それ以外のときはずっと地下に身を隠し、樹齢を重ねた屋久杉と菌類との共生関係のなかへ入り込み、栄養素を吸い上げる。「*Sciaphila* yakushimensis」（この属名は「陰を好む」を意味する）という適切な学名を与えられたこのヤクシマソウは、いわばゲリラ植物であり、一般的な植物が担う光合成の仕事を回避した寄生生物である。[16]

周囲の生物をマインド・コントロールできるよう適応した植物もいる。たとえばトマトは、イモ虫などの捕食者に攻撃されると、複数の化学物質を生成する。[17] ウィスコンシン大学統合生物学部のジョン・オロックらは、この化学物質がどのようにトマトを保護しているのかを検証した。[18] すると、それがトマトの捕食者に忌まわしい効果を及ぼしていることがわかった。捕食者が共食いをするようになるのだ。この化学物質によりトマトは、イモ虫には耐えられない味になる。しかもこの物質は、近隣のトマトにも同じ化学物質を生成するよう促す働きがある。そのため食べるものがなくなったイモ虫はやがて、トマトの葉の代わりに、ほかのイモ虫を攻撃するようになる。これには二重の利点がある。イモ虫がふだんの草食から肉食へと変化するだけでなく、捕食者の総数も減少することになる。

この種を越えたマインド・コントロールには驚かされるが、これはまだ「単なる」適応に過ぎない。昆虫の攻撃で損傷を受けた植物が、共食いを誘発する化学物質を放出してそれに対応するのは、草食生物と植物との熾烈な軍拡競争の結果として、進化の過程で遺伝子に植えつけられた行為だ。大鎌のような口部や消化能力を発達させた昆虫に対して、植物は細胞による防護や化学兵器で対応した。ウォーキング・パームや略奪的なヤクシマソウと同じように、こうした反応に認知能力は必要ない。

## 目を見張る予想能力

植物の行動のなかには、表面的には単純な適応反応に見えるが、よく調べてみるときわめて複雑なものがある。植物が雨や日の出の時間など環境の変化を予想できれば、事前に準備をしてその機会を最大限に利用できるようになり、長期的な利益になる。

実際、アフリカの熱帯地域の植物は、雨季が到来する「前」に葉を茂らせ、来るべき成長期をフルに活用しようとする。[19] また、これまでも光を求めて成長するインゲンマメなどのつる植物を見てきたが、なかには昼の間ずっと、移動する光源（太陽）を追跡し続ける植物もある。日光浴を好むこの性質は、向日性と呼ばれる。向日性の植物の場合、その葉や茎が、日の出から日没まで空を移動していく太陽を、信じられないほどの正確さで追跡する。

たとえば若いヒマワリは、茎の上部を傾けて東から西へと移動する太陽を追いかけ、その方向から前後一五度以上それることはない。だが成熟して花が開くと、花に当たる日光を最適化するため、東を向いたまま動かなくなる。気温の低い午前中に日光を浴びることで花の温度が高まり、その結果、花に集まる送粉者も増えるのである。*[20]

＊ほかにも、太陽を追跡する植物は無数にある。なじみのある植物ではワタがそうだ（同じアオイ科にはほかにもたくさんある）。ダイズやアルファルファも、向日性の植物としてよく知られている。

ところで、植物が自分に当たる光の方角をもとに太陽を追いかけるというと、簡単な作業に思えるかもしれないが、植物は曇りの日でも太陽を正確に追跡できる。また、若いヒマワリを夜の間に一八〇度回転させておくと、新たな太陽の方角へとその動きを修正するのに数日かかる。それを考えると、植物は周囲で起きていることにただ反応しているのではなく、太陽の動きに関する内部モデルを持っており、それに合わせて動いていると思われる。

植物の夜の行動を見ると、事態はさらに謎めいてくる。若いヒマワリなど、向日性の植物の多くは夜のうちに、翌朝に日が昇る方角へと葉や花の向きを変える。これは、昼間の動きをたどり直す行為とはまったく違う。太陽からの手がかりがまったくないのに、昼間の二倍のペースでそれを行なう。前述したラヴァテラ（コーニッシュ・マロウ）を思い出してほしい。この小さな植物は日の出の方角を予測し、事前にその方角に葉を向け、日光を遮った環境においても数日間それを繰り返してはいなかったか？　これは、葉が昼の間に浴びる日光を最大化しているという点では、適応的行動と言えるが、葉が太陽に反応して向きを変えているわけではないという点では、予測的行動とも言える。この植物は、日の出を「予測」して準備しているのである。

ラヴァテラがこれを実現している手段の一つが、遅延反応という仕組みである。これは、光合成により蓄積されたデンプン粒を利用して、太陽の方角に「マーク」をつける。植物が日光にさらされると、光合成により糖が生成され、それがデンプン粒に変換される。朝には、植物の一方から光

が当たるため、このデンプン粒が茎の一方の側に蓄積する。昼になると、光が上から降り注ぐため、デンプン粒は均等に蓄積する。やがて夜になると、光合成を行なえないため、デンプンが分解されてエネルギーに利用される。だが、日の出のときに光が当たる側には、それだけ多くのデンプン粒が蓄積されているため、夜が終わるころになってもそこにデンプン粒が残っている。それが、茎の各側面にある細胞の水分量の調節に影響を及ぼし、その結果、日が昇る前から日の出の方角へと茎が傾くのである。[21]

ラヴァテラなどの植物が、夜のうちに日の出の方角へと向きを変えるのは、常に幸先のよいスタートを切ることが大切だからだ。昼の間に行なう光合成を最大化できれば、生存に大変有利になる。日照がさほど多くない地域であればなおさらだ。それはいわば、しっかり授業の準備をして、時間どおりに登校する生徒のようなものである。これらの植物はそうすることで、夜の間に光合成の準備に必要な代謝反応を行なうとともに、昼の間にできるかぎり日光を吸収することができる。

このように日の出の方角や時間を予測しているということは、植物はある程度、何らかの形で環境をモデル化できるということだ。実際、曇りの日でも花が太陽を追跡できる仕組みは、概日リズムと関係している。概日リズムとは、植物の「外部」の周期的変化に合わせて、植物の「内部」の変化のタイミングを調整するための体内モデルである。植物は光や温度などの主要な手がかりをもとに、この体内時計を正常に運行している。その際には、正確な時間を刻むことが鍵となる。

この体内時計により植物は、周囲の状況に同期し、変化にただ反応するだけでなく、事前に変化の準備をしている。実際、外部で起きる変化に合わせて体内機能を作動させたり、環境との相互作用をしたりできる植物は、概日リズムの遺伝子を不活性化され、このサイクルに問題を抱えて生きている植物よりも、はるかに効率よく暮らしている。[22]

では、環境の変化やそのタイミングを予測することが、植物にとってなぜそれほど重要なのか？　このような疑問に答えられれば、植物の能力をもっと受け入れられるようになるかもしれない。なぜなら、この疑問に答えようとすれば、植物には受動的ではない能力があると考えざるを得なくなるからだ。この疑問については、いくつもの考え方がある。実際、イスラエルのネゲヴ・ベン＝グリオン大学の植物生態学者アリエル・ノヴォプランスキーと私とでは、強調するポイントが異なっている。

まず私は、急速に変化する複雑な「環境」を重視した見解を採用している。ペースの速い生物の世界では、植物に誤った判断を下している余裕などない。状況があっという間に変わってしまうこの世界で、その行動を少しでも適応性の高いものにするためには、未来を考慮することが欠かせない（これは移動できる生物にも言える）。これから数時間後、あるいは明日、数週間先の環境に合わせて生きていくためには、予想する必要がある。根は、資源がある場所を予測しながら成長していかなければならない。茎は、日光が当たる方角、季節の変化、未来の成長のために必要なミネラルや栄養素の有無を予測しながら成長し、進む方向を変え、つぼみをつけ、花を咲かせなければならない。実際に花は、過去の経験から類推し、送粉者が訪れそうな時間帯に合わせて、花粉の生成や配置を行なうことさえできる。[23]

一方アリエルは、「植物」のゆったりとした生活のペースを重視した見解を採用している。植物は何をするにも時間がかかり、間違うとやり直しがきかない。正しい選択をするチャンスは一度しかない。そのため、最初の段階できちんと状況を把握しておくのがいちばんいい。アリエルの見解によれば、移動できる動物には、このようなプレッシャーはない。動物の場合、進む方向やえさを探す場所を間違えたとしても、すぐに引き返してまたやり直せばいい。だが植物の場合には、多大なエネルギーを使って間違った方向に成長し、目的地にたどり着いても栄養素も水も光も見つからないとなると、大変な問題になる。[24] したがって、植物の成長や行動のもとになる情報は、未来に関する情報でなければならない。少しでもよい生活を送るためには、「予測」しながらの成長が欠かせない。

とはいえ、急速に変化する環境を強調しようが、ゆったりとした植物の生活のペースを強調しようが、たどり着く結論は同じだ。その結論とは、植物は予測をする必要があるということだ。植物が、環境の変化にできるだけ早く反応できるように進化したとしても不思議ではない。それなら、植物が動物と同じように、情報を利用して学習や予測をしない理由などあるだろうか？

## 複雑な問題に対処する

光が現れる方角や時間は、植物が気にかけている無数の要素の一つに過ぎない。植物も動物同様、複雑な世界で暮らしている。そのため、微妙な差異を明らかにするさまざまな方法で情報を収集し、それを利用して行動を導いていく必要がある。その際、環境に対してみごとに自動応答する適応があれば、共通の問題に効率的かつ簡単に対処できる。資源を満載した宿主に侵入する、光のほうに向かって成長する、捕食者を避ける、真っ直ぐに立つ。これらはすべて適応である。
だがこれでは、動的に変化する多様な環境に合わせて行動を微調整できるような柔軟性は生まれない。それを生み出すには、数々の情報源からの情報を集めて統合し、それを利用して行動を制御することが必要になる。そうすれば、もともと植物は成長や発達を自由に変更できるため、信じられないほどの柔軟性を実現できる。[25]
この統合と柔軟性という二つの重要な側面について、もう少し詳しく見てみよう。私たちは植物のことを、何かの方向へ、あるいは何かとは反対の方向へ伸びていく生物だと考える傾向がある。実際、光や水の方向へ、あるいは重力とは反対の方向へと伸びていく。だが実験で証明されているように、生物環境や非生物環境には、植物が反応する要素がほかにも無数にある。植物は、光スペクトルの五つの領域だけでなく、昼の長さや季節の変化にも反応する。そのほか、湿度、振動、塩分濃度、有効栄養素の時間的変化、土壌中の微生物、近隣の植物との競争、捕食、風、気温など、さまざまな要素に反応する。[26]植物は始終、これら多種多様な要素の要求を手際よくさばいており、ときにはそれらの間で優先順位を決めなければならない。あらゆる条件に合わせることはできないからだ。絶えず変化する複雑な環境のなかで、できるだけよい暮らしをしようとするほかの生物たちと一緒に暮らしているのだからなおさらである。

実際、植物の葉の裏側では始終、このトレードオフが展開されている。葉は、太陽の光を吸収するだけの器官ではない。たいていは葉の裏側に、気孔と呼ばれる小さな穴があり、そこを通じて水蒸気などの気体が葉に出入りしている。気孔は、必要に応じて開けたり閉めたりできる。その何よりも重要な役目は、晴れた日には気孔を開き、光合成に欠かせない原料である二酸化炭素を葉の細胞に供給することだ。しかしそこには解決の難しい問題がある。植物がより多くの二酸化炭素を必要とする晴れた暑い日には、葉に当たる太陽熱により植物内の水分もそれだけ多く蒸発してしまう。そのため、より多くの二酸化炭素を取り込もうと気孔を大きく開けておくと、そこから水蒸気も出ていってしまうことになる。土壌中に水が豊富にあり、それを根から吸い上げられるのであれば問題はない。しかし乾燥した状況では、重篤な脱水状態になりかねない。この両者のバランスをとるため、気孔は葉の内部の二酸化炭素濃度にも、根からのストレス信号にも敏感に反応する。この根からの信号伝達は、アブシジン酸というストレスホルモンを通じて行なわれる。[27]

気孔はこれらの信号のさまざまな強度に応じて、植物が危機的なほど干上がることなく、必要なときにできるだけ多くの二酸化炭素を供給できるように、開閉を微調整するのだ。この信号伝達が、一種の記憶を形成する場合もある。植物は一定期間日照りを経験すると、将来の気孔の開閉を制御するため、動物にも見られるある信号伝達分子を利用する。γ－アミノ酪酸（ＧＡＢＡ）である。これが、旱魃の激しさを記憶しておくかのように植物の細胞内に残る。[28]このように個々の細胞のレベルでさえ、植物の生活上のさまざまな要求に対して、慎重なかじ取りが求められているのである。

植物全体の視点から見ると、資源は限られているため、効率よく利用しなければならない。そのため植物は、周囲の環境のさまざまな側面を絶えず監視してその情報をまとめ、力強く生きていく絶好の機会を手に入れられるように、物理的成長や生理的反応を制御している。こうした活動のなかには、動物的と見なされている行動と変わらないものもある。たとえば植物は、自己を認識し、自分の縄張りを守ろうとする。周囲の土壌に関する体内地図をつくって根の成長を管理しており、資源の豊かな土地を探し求め、障害物があれば、それに出会う前に回避する。[29] これらの能力はある程度、身体各部の相対的位置を検知できる能力に基づいている。これは、動物が持っている「固有受容感覚」に似ている。身体の各部が空間内のどこにあるのかを示す感覚である。[30]

植物には、「地上」部と「地下」部という異なる領域があるため、これらの情報をすべてまとめるには、その両者の間で通信を行なう必要がある。つまり、地下部の根と地上部の枝葉との間でやりとりを行ない、植物が絶えず収集している信号を統合して、より完璧な周囲の世界像をつくりあげなければならない。植物は、微細な根毛や、成長過程にある枝や茎を伸ばし、たどり着いたその端であらゆるものを感知する。この情報をほかの部分にも伝えることで初めて、競合する資源要求すべてのバランスをとり、効果的に反応することが可能になる。

たとえば植物は、近隣の植物の行動に応じて、成長資源をどこに投じるべきかを判断している。近隣の植物が生えている場所があまりに近すぎると、光が遮られてしまう。そのため、密集状態のなかに生えている植物は、なるべく早く高みにまで成長して光を手に入れようと、根の成長よりも茎や幹の成長に資源を投じる必要がある。では、植物はどのようにして密集状態にあるかどうかを知るのか？　その指標の一つが、物理的接触である。ある植物の枝葉が、近隣の植物の枝葉に接触すると、その情報は、根に至るまで植物の体全体に伝わる。すると、その根が化学物質を放出し、近隣の植物に密集状態にあることを伝えるのである。

近隣の密集具合に関する情報が植物の判断にどんな影響を及ぼすのかは、植物に選択肢を与える実験により確認できる。植物の成長ルートを二又に分岐させ、植物がどちらのルートを選ぶのかを調べるのである。たとえばある研究では、トウモロコシの苗を「Y字形迷路」に入れ、その根の成長を観察した。このY字形迷路は、Y字を逆さまにしたような形の容器で、二又に分かれた各通路の底には、異なる溶液が入っている。一方の通路には、葉が近隣の植物に接触していたトウモロコシが育っていた溶液が入っており、密集した生育状況を再現している。もう一方の通路には「接触していない」トウモロコシが育っていた溶液が入っている。

するとほとんどの苗が、「接触していない」溶液のほうへと根を伸ばす選択をした。どうやら「接触していた」溶液には、成長ルートとしての魅力を大きく損なうような何かがあるらしい。また、選択肢を与えられず、「接触していた」溶液に入れられた苗は、根よりも茎の成長に多大な資源を投じていた。これはその苗が、競争相手よりも先に成長する必要性を感じていたことを示唆している。[31]

植物は始終このような情報伝達をしている。それが、近隣の植物の開花活動に影響を及ぼすこともある。たとえば、ブラッシカ・ラパ（*Brassica rapa*）という植物は、人工的に昼の時間を長くした状態に置くと、早く開花するようになり、根にある貯蔵機関の成長にエネルギーを投じなくなる。逆に、昼の時間を短くした状態に置くと、なかなか開花しなくなり、栄養器官へのエネルギーの貯蔵に多くの資源を投じるようになる。

ところが、昼の時間を短くした植物のそばに、昼の時間を長くした植物を植えると、妙なことが起こる。昼の時間を短くした植物が早めに開花を始め、エネルギーの貯蔵に目を向けなくなるのだ。これは昼の時間を長くした植物が昼の時間を短くした植物に、根から放出される化学物質を通じて、日光が豊富に降り注いでいるらしいことを伝えたのだと思われる。外的な兆候がないにもかかわらず、自分の情報に従って行動するよう相手を促したのだ。[32] このように、根における情報のやりとりは、植物の地上部の活動にも影響を及ぼす。つまり植物は、体内各部で収集している情報を統合し、全体的な戦略を考え出すことができるのである。

# 流れのなかで成長する

植物の環境の一面だけをとらえ、植物がそれにどう反応するかを調べるだけでは、植物の行動に関してあまりにも単純化したとらえ方しかできない。それと同じように、ある状況下での植物の反応が、あらゆる場面にあてはまると思い込んではいけない。

植物は一定の場所に根づく。これはつまり、周囲の変化に対処できるようにならなければならないことを意味する。動物は緑豊かな牧草地に移動できるが、植物にはそれができないため、状況をあるがまま受け入れるしかない。捕食者や寄生虫からも逃れられないため、それらがやって来れば対処するほかない。[33] したがって、植物が環境のなかのさまざまな要素を監視・予想しているとすると、それに応じて信じられないほどの柔軟性が求められることになる。成長の仕方、繁殖などのタイミング、身を守る方法など、あらゆる点においてである。

そのため植物は、根の成長方向に障害物を感知すれば、重力に従って下へ向かう根の本来の性向に逆らうこともできる。乾燥や軽い寒気にさらされたときに、旱魃《かんばつ》や霜から身を守る能力もある。休眠していた間の経験に基づいて、茎や幹の成長の仕方を変えることもできる。土壌が湿っているときには葉を太陽に向け、土壌が乾いているときには葉を太陽から背けることも可能だ。動物同様、トレードオフの判断をしているのである。

植物の「行動」と言ってもいろいろある。[34] 第一に、インゲンマメのように、成長パターンに不可逆的な変化をもたらして、ゆっくりとした長期的な「動き」を実現する。第二に、ハエトリグサの葉や葉裏の気孔のように、さまざまな細胞の水分量に可逆的な変化をもたらして、短期的な動きを実現する。さらには、花などの特殊な器官や組織をつくったり、トマトの例で見たように、生成する化学物質を変えて生理を様変わりさせたりもする。そのため、植物の行動を考えるときには、これらすべてを念頭に置く必要がある。動物の「行動」とはわけが違うのだ。[35]

一般的に動物では、どんな行動をしたところで、実際の成長パターンが、その動物の遺伝子に組み込まれているパターンから大きく逸れることはない。ところが植物の場合、どの方向に進むべきか、いつ枝を伸ばし、支持物をつかみ、花をつけるべきかなど、成長や動作のなかで行なわれる判断が、その植物の形や姿を決めることになる。いわば植物の細胞の硬直性が、植物の形状の不確定性により相殺されている。これを科学用語で「表現型の可塑性」という。[36]

つまり、ある種について物理的に観察できるあらゆる姿が、表現型となる。動物の場合、どんな状況で成長したとしても、物理的にはほぼ同じ姿になる。ところが植物になると、ある環境の個体は、それとは異なるほかの環境に置かれていた個体とは、物理的にも行動的にも同じものとは言えない。植物は、環境との複雑なかかわりに応じて姿を形づくる。この柔軟性は以下の例が示すように、認知的行動と呼んで差し支えないものに支えられている。すなわち、適応性や柔軟性に富んだ、目標指向の予測行動である。[37]

## 植物のコミュニケーション

学習、記憶、競争行動やリスク感応行動、あるいは数に関する能力など、認知プロセスに支えられていると思われる植物の行動は無数にある。[38]たとえば記憶は、学習を前提とした、生存に欠かせない能力である。数々の例が証明しているように、植物はかつて出会ったことのあるものに対して、それまでの経験から導き出した反応を示す。以前に草食生物や寄生虫に攻撃された経験があれば、それらに対する防御態勢を整えるのが早くなる。気温や化学環境が変化すると、それは五〜一二世代先の植物の行動にまで影響を及ぼす。[39]

認知的な基盤を持つと思われる複雑な行動のなかでも特筆すべきなのが、複数の経路を通じて絶えず行なわれている植物同士のコミュニケーションである。植物は、周囲の同種の植物だけでなく、ほかの種の植物との間でも、香りという無言の言葉を交わし合う。花や実はもちろん、葉や茎、根も香りを放つ。樹木であれば、樹皮を通じて外気に香りを送り出す場合もある。ほとんどの植物が、化学的対話というこの芸当を身につけており、さまざまな目的のために多種多様な揮発性物質（揮発性有機化合物）を合成しては、体中のあらゆる部位から空気中に放出している。テルペノイド（主にイソプレーン）やベンゼノイドなどの化合物を精巧に混ぜ合わせたこの揮発性有機化合物は、貴重な情報を伝える役目を果たす。つまりそれぞれの揮発性物質が、植物の語彙の構成単位となっていると考えればいい。植物は、多種多様な有機化合物をレゴ®ブロックのように組み合わせた「言葉」を利用している。[40]総計一七〇〇種以上もの揮発性物質という豊富な語彙を使って、コミュニケーションを行なっているのである。[41]

植物の行動は、交わされたメッセージにより劇的に変化する。[42]揮発性物質の微妙な差異が特定のメッセージとなって伝わり、大きな違いをもたらす。たとえば、刈ったばかりの芝生からは、特徴的な「緑のにおい」がする。これは、芝の葉が傷ついた結果である。揮発性有機化合物による遭難信号を通じて、近隣のほかの芝草に危険が迫っていることを伝え、防御態勢をとるよう警告しているのである。

ときには、種が異なる植物同士で警告し合うこともある。ヤマヨモギ（*Artemisia tridentata tridentata*）とタバコ（*Nicotiana attenuata*）の関係がいい例だ。空気が届く範囲のところに被害を受けたヤマヨモギがいると、タバコは草食生物による影響を受けにくくなる。親友であるヤマヨモギが多数の揮発性有機化合物を放出してくれるため、その警告を受けたタバコが、防虫剤を生成する仕組みを作動させるからだ。[43] 早期の警告や迅速なコミュニケーションには、状況を一変させる効果がある。

これらのメッセージは、植物の世界の垣根も超える。すでに述べたように、トマトは化学物質を生成して、それにより自らを常食とする草食生物の頭脳を混乱させ、共食いに向かわせる。そのほか、攻撃されると「護衛」を招集する植物もいる。化学物質を空気中に放出して、脅威となる草食生物を食べてくれる肉食昆虫を引き寄せるのだ。ライマメ（*Phaseolus lunatus L.*）は攻撃を受けていなくても、テルペノイドを生成してチリカブリダニ（*Phytoseiulus persimilis*）を招集し、迷惑な存在であるハダニ（*Tetranychus urticae*）を寄せつけないようにしている。[44] また、蜜を分泌する腺を備え、アリを引き寄せている植物もいる。やって来たアリは、蜜をもらう代わりに、草食生物を追い払う歩哨の役目を果たしてくれる。[45]

こうして絶えず展開されているコミュニケーションを見ると、植物には何らかの社会的知性があると思われる。動物における社会的知性の基本的要素の一つが、同種の動物の認識である。同種であれば遺伝物質を共有しているはずであり、敵になるよりも味方になる可能性のほうが高いからだ。

これについては植物も、空気中に放出する揮発性有機化合物のほかに、根からにじみ出る化学物質を利用して会話を行ない、相手を識別している。Y字形の迷路にトウモロコシの苗を入れた実験を思い出してほしい。そのほか、異なる種の植物との間で地下資源の奪い合いになると、同種の仲間との奪い合いよりも攻撃的になる植物もいる。オニハマダイコン(*Cakile edentula*)は、異なる種の植物と一緒に鉢に植えると、そばに同種の仲間しかいない場合に比べて根の総量を大幅に増やし、資源獲得競争に勝利する可能性を高めようとする。[46]

地上部で、相手が同種の仲間かどうかを「見分ける」植物もいる。生物学のモデル生物として広く利用されているシロイヌナズナ(*Arabidopsis thaliana*)は、近隣の植物に反射した光の波長を独自に分析して、同種の仲間かどうかを判断しているらしい。この植物は、同種の仲間と一緒に育てられているときには、ほかの種の植物と一緒に育てられているときよりも、はるかに多くの種子をつける。同じ仲間のなかで暮らしていると生活が楽になり、それだけ多くのエネルギーを繁殖に投じられるからだと思われる。[47]

植物は、自らが行なう選択のリスクも評価できる。これは、資源が限られているときにはきわめて重要になる。豊かな土壌であれば植物の成長は促進されるが、根が気にかけているのは水や栄養素だけではない。「(植物の成長に欠かせない)窒素の濃度が低いほうがよく育つ」(訳注/窒素は植物の成長になくてはならない要素だが、多すぎると徒長して害虫や環境変化に弱くなる)と言われるが、問題はそれほど単純ではない。植物は、捕食や競争の脅威にさらされながら豊かな土壌を探索する行為を最適化するために、リアルタイムで変動する無数のパラメーターに絶えず目を光らせ[48]、慎重に費用対効果分析を行なったのちに、貴重な代謝資源をどこに投資すべきかを判断している。[49]

たとえばエンドウマメの根は、環境に応じて弱気になることもあれば、強気に出ることもある。エンドウマメの根を二つの容器に分けて育て、どちらへ成長していくべきかのリスク判断をどのように行なっているのかを確認できるようにした実験がある。この実験では、一方の容器には一定量の栄養素を入れ、もう一方の容器では、利用できる栄養素の量を変化させた。すると、栄養素を一定量入れた容器から十分な資源がエンドウマメに供給されている場合には、栄養素の量が変化する容器のほうへわざわざ根を伸ばそうとはしなかった。[50]

つまり、エネルギーの投資先について弱気な判断を下し、信頼できる安全な選択肢を選んでいた。ところが、栄養素を一定量入れた容器の栄養素を極端に少なくすると、エンドウマメは賭けに出て、栄養素の量が変化する容器のほうへ根を伸ばしていった。つまり、必要に迫られて強気の判断を下したのである。エンドウマメは、リスクをとる必要がどれだけあるのかを何らかの形で判断し、それに基づいて、どのような戦略を採用すべきかを「判断」したのだと言える。[51]

## 記憶するエンドウマメ

植物の知性に関する研究のなかでもきわめて刺激的な分野が、最近になって著しい成長を見せ、植物には学習能力も記憶能力もあることを明らかにしている。個々の植物は、周囲の環境に関する新たな情報を取得し、その情報を保持し、それを利用して未来の行動を制御することができる。だがこれは、まったく新たな考え方というわけでもない。序章でも紹介したあの内気なオジギソウは以前から、植物の学習を解き明かそうとする植物学者の研究対象だった。[52] 実際、一八世紀からすでに植物学者は、その感受性や折り畳み反応に魅了されていた。

その一人がルネ・L・デフォンテーヌである。デフォンテーヌは、容易に再現できる実験を行なった。オジギソウを移動する荷車に載せたのである。最初オジギソウは、荷車が揺れると葉を畳んだが、しばらくするとまた葉を開き、荷車の動きに慣れたかのように見えた。だが、荷車が少しの間停まっていたのちに再び動きだし、揺れが再開されると、オジギソウはまたしても急いで葉を畳み、またこの動きに慣れてくると葉を開いた。[53] その後の一八七三年には、ヴィルヘルム・ペッファーが、オジギソウはあまりに頻繁につつかれると、やがて反応しなくなることを証明してみせた。[54] これらはいずれも、きわめて単純な学習が行なわれていることを示している。これを「馴化《じゅんか》」という。大して重要でもない刺激が頻繁に起きた結果、その刺激への反応が鈍化し、最終的には無視されるようになる現象である。

二〇一四年、『Thus Spoke the Plant（植物はかく語りき）』の著者であるモニカ・ガリアーノが西オーストラリア大学の研究仲間と共同で、オジギソウの馴化の性質を調査したところ、この馴化には複雑だが興味深い二つの側面があることがわかった。[55] 第一に、あまり光の射さない環境にあるオジギソウは、光が豊富な環境にあるオジギソウに比べてかなり早く馴化が起こり、触れても葉を畳まなくなる。あまり光が射さない環境では、葉を畳むと光合成をする貴重な時間を失ってしまい、それだけ損失が大きくなる。そのため、葉をかじる草食生物に過剰に反応するのはあまり得策ではなくなる。一方、光が豊富にある環境では、草食生物に過剰に反応するだけの余裕があるため、捕食の前兆になりそうなあらゆる兆候に反応するようになる。第二に、オジギソウの馴化はすぐには消えない。最大二八日続いたケースもある。オジギソウは長期記憶を持っているらしい。[56]

モニカらはさらに、植物のより高度な学習へと調査を進めた。動物にしかできないと思われているような学習である。動物は、「古典的条件づけ」あるいは「パブロフの条件づけ」と呼ばれる学習をする。被験体がふだんは反応を示さない中性刺激であっても、被験体が自然に反応する刺激と組み合わせる「訓練」を十分に行なえば、被験体はその中性刺激に反応するようになる。実際、パブロフのイヌは、ベルの音とともにえさを与える訓練を繰り返した結果、ベルの音を聞いただけでよだれを垂らすようになった。十分に訓練が行き届いてさえいれば、えさを用意しておかなくても、被験体の反応を引き出せる。モニカらは、エンドウマメもこれとまったく同じように学習できることを発見した。

この実験ではエンドウマメを、先に述べたトウモロコシの根の実験と同じY字形迷路に入れた。ただし今回は、Y字そのままの向きに迷路を置き、茎をどちらに伸ばすのかをエンドウマメの苗に選択させた。[57]そして二又に分かれた一方を選ぶと、そちらに伸びた「報酬」として、光合成の燃料となる青い光を与えた。すると、やがて苗は青い光がなくても、最後に青い光が来た方向を選ぶようになった。ところが、青い光に先立って小さなファンで風を起こす作業を数日間行なうと（苗はそれ以前、風に反応することはなかったが、それを感じることはできた）、興味深い現象が発生した。苗は、青い光が最後に現れた方向とは反対の方向からファンの風を感じると、そちらの方向に引き寄せられ、最後に青い光が現れた方向に茎を伸ばすという自然な反応に逆らうようになったのだ。十分に訓練されたエンドウマメの苗にとって、ファンは「ごちそう」を意味するものになったのだと思われる。[58]

ダーウィン自身も観察を通じて、発芽した植物が学習することを論証した。若い苗の葉の光に対する反応は、過去に光にさらされた経験に応じて変わると述べている。[59]確かに、植物が個々の経験に基づいて柔軟に行動できれば、かなりの強みになる。それを考えれば、これまで動物的行動と見なされてきた能力が植物にもあることがわかったところで、さほど驚くべきことではないのかもしれない。

たとえば、土壌中の栄養素を探し求めている植物について考えてみよう。根を成長させるにはコストが伴う。それでも、根を伸ばす価値があると思われる場所を見つけられるのであれば、利用可能な資源をフルに活用できる可能性が高まる。この問題を研究していたラッェルらは、光の強度と土壌中の利用可能な栄養素とを関連づけるようノイチゴ（*Fragaria vesca*）を「教育」することに成功した。この実験では、ある個体群には、強い光と豊かな土壌とを関連づける訓練を施し、別の個体群には、弱い光と豊かな土壌とを関連づける訓練を施した。そして訓練が終わったあとに、両方の個体群を、光の強度と土壌の豊かさとが結びつかない環境で育てた。すると、土壌の豊かさには変わりがないのに、「強い光」の訓練を受けた個体群は、光が強いところに重点的に根を伸ばし、「弱い光」の訓練を受けた個体群は、陰になったところに根を伸ばすようになった。[60] これはつまり、個々のノイチゴはその生涯を通じて、環境のなかで必要なものを見つける方法を学んでいけるということだ。実験で使用された手がかりは自然界にはないものなのに、新たな点と点を結びつけることができたのである。

だが、こうした最新の研究にもかかわらず、植物が学習するという考え方そのものを認めようとしない傾向はいまだ根強い。従来の常識では、動物が学習するのに対し、植物は適応を発達させてきたと言われている。実際、植物が学習すると言われるより、軟体動物や魚が学習すると言われるほうが、はるかに受け入れやすい。第二章で取り上げた《ニューヨーカー》誌のマイケル・ポーランの記事には、植物生理学者のリンカーン・テイツとの対談の一部が掲載されている。そのなかでテイツは、オジギソウやその馴化に関する最新の研究に言及して、「学習」というよりも「馴化」や「脱感作《だつかんさ》」といった言葉を使ったほうが適切なのではないかと主張している。しかし、『ペンギン心理学辞典』で「馴化」の説明を見ると、「学習を通じて不必要な活動が徐々に行なわれなくなること」「刺激の反復により次第に反応が減退していく非連合学習の一形態」とある。

確かに、植物の学習を支持する研究がやや断片的である点は、認めざるを得ない。MINTラボの研究ではいまだ、古典的条件づけに関するモニカからの発見を再現できていない（いまも調査中である）。植物にも古典的条件づけは可能だと主張するこのような研究がある一方で、そんな条件づけは存在しないこと、あるいは結果があいまいなことを証明しているような研究も無数にある。[61] 最近では、熱ストレスによるシロイヌナズナの条件づけに成功したとの事例が報告されているが、これもまた独立した再現検証を待っているところである。[62]

植物の主観的世界がどのようなものかがようやく理解され始めたばかりの現段階において、疑いを抱かせない方法で植物を訓練し、その学習を検証するのは容易なことではない。そればかりか、すでに述べたように、植物は周囲の環境によって姿を大きく変える。実際のところ、滅菌された実験室のなかで植物の能力を検証などできるのか？　私たちは、植物が自らを完全に表現している生態学的に豊かな環境のなかで、そのような研究を実現する方法を見つけていく必要があるのかもしれない。現在私たちが進めている研究は、きわめて刺激的な可能性に満ちている。

第二部

# 植物の知性を科学する

星が輝く理由を教えてくれ
ツタがはい上がる理由を教えてくれ
——フレッド・モウアー＆ロイ・L・バーチ「あなたを愛する理由」

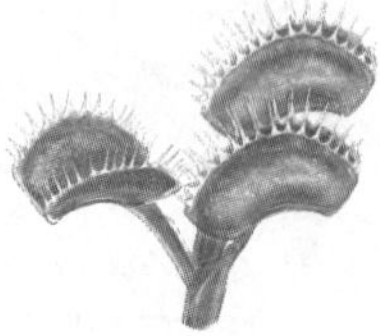

# 第四章　植物の神経系

二〇一八年六月、私はニューヨーク植物園の入場券を求める列に並んでいた。その際、暇をつぶすため、サー・J・C・ボースの『The Nervous Mechanism of Plants（植物の神経機構）』を拾い読みしていたところ、すっかりこの本に夢中になってしまった。とりわけ次の一文に目を奪われたのだ。「植物にはいかなる形の神経節も確認されていないが、生理学的事実によりそのような組織の存在が実証される日が来ないとも限らない[1]」

私は列がゆっくりと前進していく間、この本を手に植物や神経節について考えた。ボースの言葉は現代を予言していたのかもしれない。[2]確かに、植物に頭脳のような構造は確認されていないが、ボースがこの本を執筆した当時でさえ、植物の内部構造に関する驚くべき事実が明らかにされていた。それが、一部の植物学者の想像力に火をつけた。植物は、私たちが知っているよりもはるかに複雑な内的世界を持っているが、私たちにはそれが見えないだけなのかもしれない。植物科学はいずれ、動物の神経系に似た植物の系を明らかにすることになるのか？　植物は「灰白質」ではなく、独自の「緑質」を持っているのか？

やがて入場券を手に入れて植物園に入ると、信じられない幸運が待ち受けていた。「ハワイの光景」と題された、小規模だが珠玉のような展覧会が開催されていたのだ。アメリカのモダニズム画家ジョージア・オキーフによるハワイ諸島の風景や植物の絵画展である。そのなかでもすぐさま私の注意を引いたのが、『パパイヤの木』という作品だった。[3]いましがたボースの本で、パパイヤの主幹の顕微鏡写真を見たばかりだったからだ。

そこには、管状の「維管束《いかんそく》」組織の配置が図示されていた。この組織が、植物全体に栄養豊かな樹液や水を運ぶのである。私は先ほど、そこに付箋まで貼っていた。そのすぐあとでオキーフの作品を見たことにより、私がこの本から吸収したアイデアに生命が吹き込まれ、私の想像のなかで活動を始めたらしい。私はその作品を見ながら、幹を貫くように伸びる管で構成された、微細な網目のようなネットワーク組織をのぞき込んでいるような気分になった。ボースは「植物は神経系により、組織された全体として行動できる」と述べていたが、この組織がもしかしたら、植物の内部情報伝達系の基盤になっているのかもしれない。その瞬間、私の目の前には、この「組織された全体」を驚異的な筆さばきで描写した絵画と、その細部を示した微視的写真とがあった。自身が置かれた環境のなかで繁茂している植物と、それを可能にしている生理学的秘密である。

神経を持たない生物の神経系について語るのは、やや見当違いではないかと思われるかもしれない。だがずいぶん前から知られているように、植物は組織から組織へと電気信号を送ることができる。一五〇年前にはすでにチャールズ・ダーウィンが、ハエトリグサのような食肉植物の反応の背後には、何らかの電気化学的な情報伝達があるのではないかと考え、ハエトリグサを「もっとも動物に似た植物」と記している。[4] だがダーウィンには、植物内の電流を計測する手段がなかったため、ユニバーシティ・カレッジ・ロンドンの生理学者サー・ジョン・バードン＝サンダーソンに自分の見解を伝え、葉の表面と裏面との電圧差を計測してもらった。その後の一九三〇年代には、淡水性の藻類であるシャジクモやフラスコモの巨大な細胞に微小な電極を差し込む実験が行なわれ、その細胞の興奮がどのように生み出されるのかが明らかになった。これが、神経のような電気インパルスが最初に記録された瞬間である。[5]

ボースもまた、主にオジギソウを対象に、植物の電気生理機能の詳細な研究を行ない、電気インパルスが「興奮の伝播」により葉の折り畳み動作を引き起こすと述べている。これらの研究により、植物内部の信号伝達や、その結果として起こる適応的な行動反応には、動物の仕組みに似た電気的プロセスが関与していると真剣に考える必要があることが明らかになっていった。

現在では、植物の電気的活動はきわめて簡単に実証できる。ハエトリグサの葉の表面に導電性の

ジェルを塗り、電極でその表面の電圧変化を測定すれば、表面の感覚毛に触れることで電気信号が生み出されること、その電気インパルスが罠全体に素早く広がり、罠を閉じる動作を引き起こすことを確認できる。*だが電気的な信号伝達は、驚くほど素早い動作が可能なこれらの植物種だけの特徴ではない。それは、ほとんどの植物に見られる。どんな植物も、同じような方法で生理的プロセスを制御している。光、重力、接触いずれもが、電気的反応を引き起こす。同じことは、気温や水資源、塩分ストレスの突然の変化にもあてはまる。さらには、病原体、除草剤などの化学物質、あるいは切断、損傷、燃焼も、植物を電気的に発火させる。動物にかまれたとき、葉や実をとられたときも同様である。ハイビスカスの花は、授粉という親密な行為に

＊ハエトリグサと電極線、増幅器を用意し、電圧の上昇を記録するソフトウェア（Backyard Brains〔https://backyardbrains.com〕がいい）をダウンロードする。そして、罠の外側に導電性のジェルを塗って電極線を取りつけ、罠を繰り返し刺激する。すると、電気インパルスが植物全体に広がり、罠が閉じる。そのすべてを画面上で確認できる。

さえ電気信号を生み出す。花粉を媒介してくれる昆虫が訪れると、それにより花の基部にある子房の呼吸数が増加する。[6]

生体内の電気的な情報伝達について考える際には、動物の神経系が行なう高速な伝達を想像しがちだが、植物は独自の目的に沿った伝達の仕組みを進化させてきた。植物は、ネットワーク化された特殊な種類の細胞の信号伝達能力を利用して、体内の各系を調整している。それを行なっているのが神経系ではないという理由からこの情報伝達に目を向けないというのは、視野が狭いと言うほかない。基本に立ち返り、神経細胞が実際に何をしているのかを考えてみてほしい。神経細胞は電荷を生み出し、それを伝えている。細胞間および細胞伝いに起きる電気信号の変化や「活動電位」の発火という形でやりとりを行なっている。『オックスフォード英語辞典』によれば、「活動電位」を生み出すのは、細胞膜に沿った「電気インパルスの移動に関連した電位の変化」とある。

このように細胞膜を伝って電圧変化が移動していくのが、神経系の情報伝達の本質である。だが、以前からよく知られているように、これは神経系の専売特許ではない。それは動物のほかの組織にもあてはまる。たとえば動物の筋細胞は、組織全体に電気の波を広げることができる。心臓が収縮する際には、心筋組織全体に電気インパルスが広がっている。それを考えると、植物に神経細胞がないというのは、植物が電気的な情報伝達を利用していない理由にはならない。

植物の細胞には、動物が電気インパルスの伝達に利用している神経細胞のような構造がない。それではどうやって、ある細胞から別の細胞へと情報を伝えているのか？　神経細胞を持たない植物では、電気信号が維管束系を伝って移動する。維管束系とは、根から茎や幹へと伸びる管の束で形成された輸送ネットワークである。これは、二種類の導管で構成されている。水を上部へ運ぶ木部と、糖などの溶解物質を運ぶ師部である。この維管束系が、動物の神経系と同じように、短距離・長距離を問わず電気情報を運ぶ幹線道路の役割を果たしている。動物の神経系が電気信号を運ぶ電気配線に似ているように、植物の維管束系もまた、植物の各機能の制御や調整を目的に、電気信号という形で植物全体に情報を伝達する緑のケーブルだと言える。[7]

植物が持つこの電気回路は、動物の神経系と同じように、電気発火を起こすさまざまな事象により作動する。その一つが活動電位である。ところが一般的に見ると、植物の活動電位について語られることはほとんどない。学生や研究者が参考にしているリンカーン・テイツとエドゥアルド・ザイガーの古典的名著『植物生理学』（訳注／邦訳は西谷和彦・島崎研一郎、培風館、二〇〇四年）でさえそうだ。だが現在では、植物の活動電位が動物の活動電位とほぼ同じ発火パターンを持ち、維管束系沿いに長距離を移動することが知られている。[8]　早くも一九六三年には、発火によりカボチャの細胞の電圧が急上昇したとの報告がある。[9]

植物がこれらの信号により情報を収集し、各構造の調整をしているのは、知的な目的を達成するためだ。つまり植物の「神経」系とはいわば、不規則に配置された無数の架け橋により相互接続された、統合的な興奮性ネットワークなのである。ボースは維管束組織が最大二〇層から成り、それがマトリョーシカのような入れ子状に配置されていることを突き止めた。パパイヤを観察して、幹の層は放射状につながり、「複雑な網目状の構造」を形成していると記している。それは、オキーフがモデルにしたパパイヤにもあてはまる。

もちろん、植物の維管束系も動物の神経系も電気信号を伝えることに変わりはないが、信号の扱い方は異なる。動物の神経系は、自由な動きや行動を調整できるよう進化しており、点Aから点Bへと狙いを定めて正確に信号を送る。植物も、草食生物の攻撃、光や気温の変化、機械的な刺激や塩分ストレスなど、さまざまな信号に応じて行動を調整していかなければいけない点では同じだが、植物の行動は一般的にゆっくりしているうえに、もっと全身的なものである。光合成や呼吸の変化、あるいは遺伝子の発現を引き起こす場合もある。そういう相違はあるものの、パパイヤが持つ、神経にも似た、高度に枝分かれした興奮性の器官は、機能的に見れば、階層的に組織されてはいるが全身に拡散された頭脳と呼んでもいいのではないか？　現段階ではまだこの疑問にはっきりとは答えられないが、この考え方はきわめて刺激的な可能性に満ちている。[10]

## 植物の神経化学物質

進化の跡をたどってみると、体内の信号伝達の起源について、きわめて有力な手掛かりが得られる。それは、植物と動物双方の進化の歴史の奥深くに埋め込まれている。細胞間の信号伝達が最初に現れたのは、動物の体内に何らかの「神経学的」構造が形成されるはるか以前、最初期の多細胞生物のなかである。それが、驚異的としか言いようがない能力を生み出す場合もある。たとえば粘菌は、私たちとはまったく異種の生物グループに属する単細胞生物で、かつては菌類と見なされていたが、現在は原生生物界に分類されている。多くの核ときわめて幅広いスキルを持つ大きな細胞塊を形成するため、「ブロブ」（「どろっとした液体の塊」の意）とも呼ばれる。この細胞塊は、迷路やアルゴリズムなどの問題を解くことも、分子の好き嫌いを記憶することもできる。融合している粘菌相互の間で情報を伝達し合っているからだ[11]。

このように、単細胞生物でさえ情報を伝達する必要があるのなら、多細胞生物になって分業による効率化や環境への共同反応が欠かせないものになれば、情報伝達の必要性はますます高まる。それに、この細胞間の会話に使われる信号伝達分子の多くは、植物にも動物にもいまだに存在する。共通の祖先が初期の細胞間交流のために使っていた分子が、現在まで受け継がれているのである。

化学物質や電気がもたらすメッセージの本質的な性質は、どの生物でも変わらない。それが、オークの木の成長、オジギソウの葉を畳む動作、クラゲ（神経系と呼ぶべきものが存在しない動物）の膜のリズミカルな収縮運動、最速の陸棲哺乳類であるチーターの驚異的な疾走などを制御している。植物と動物は、共通の祖先を持ち、類似の構造を数多く備え、遺伝子を発現させる同じ仕組みを持ち、同様の代謝機能を備えているのと同じように、ある程度同じ言語を使って情報を伝えている。これは驚くべきことではない。動物にとって高速かつ長距離の電気信号伝達にエネルギーを費やす価値があるのなら、植物にとってもその価値があるとは言えないだろうか？

そんな価値がなければ、それが進化に対する重荷となり、ずいぶん前に植物の細胞の機能から排除されていたことだろう。電気信号の伝達には、生物学的なコストがかかる。そのため、それを利用する組織が維持されているということは、それが進化の過程で有益な役割を担っていたからにほかならない。私たちはそれに気づいているのに、いまだに「神経」という名称にこだわり、植物の「神経生物学」を認めようとしない。その証拠に、動物では神経細胞間の電気信号の伝達にかかわる化学物質を神経伝達物質と呼ぶのに、植物では「生物学的媒体」と呼んでいる。だが植物の体内に存在するアセチルコリン、カテコールアミン、ヒスタミン、セロトニン、ドーパミン、メラトニン、グルタミン酸塩、ＧＡＢＡといった化学物質は、動物が生成しているものと変わらない。[12]

たとえば、現在動物の神経系の重要な要素と考えられているGABAを見てみよう。これはアミノ酸の一種で、電気信号の刺激に対する神経細胞膜の感受性を低下させる役目を果たす。一九五〇年代に、哺乳類の脳およびザリガニの脳で主要な役割を果たしていることが発見され、動物の生化学的ツールの一つとして認識されるようになった。だがそれまでは、「動物」の分子とは見なされていなかった。一八八三年に最初に合成された当時は、植物や菌類の代謝産物だと考えられていた。動物研究では、神経細胞におけるGABAの役割に重点が置かれているのに、植物では以前から、代謝におけるGABAの役割（pHの調整など）ばかりが研究されていたのだ。

それでも過去数十年の間に、植物の信号伝達にGABAが重要な役割を果たしていることが、注目されるようになってきた。[13] 実際、植物でもGABA受容体が発見され、GABAが信号伝達分子の役割を果たしていることが確認された。植物はそれを生成しているだけでなく、細胞を通じてGABAを検知し、その影響を受けている。たとえば、昆虫などによる損傷に対して迅速な防御を促進する役割があることが、ようやく理解されつつある。[14] GABAが単なる植物の代謝産物などではなく、一定の機能を備えていることは間違いない。「それが植物の信号伝達分子として機能している証拠はない」と主張している植物生理学者もいるが、[15] 分子が示す現実を変えることはできない。

またグルタミン酸塩は、動物の記憶機能において重要な役割を担っているが、これは植物においても、葉が損傷を受けた際に並外れた機能を発揮する。これもGABAと同じアミノ酸の一種で、やはり植物の生成物として以前から知られていた分子である。だが二〇一八年、ウィスコンシン大学マディソン校のサイモン・ギルロイを中心とするチームが、グルタミン酸塩が植物にとっていかに重要な物質であるかを明らかにした。[16]このチームは遺伝子操作により、細胞内のカルシウム濃度が上昇すると明るく輝く分子を組み込んだシロイヌナズナを生み出した。このシロイヌナズナを刃物で傷つけたところ、その傷口から光のさざ波が広がっていく様子が見て取れた。これは、損傷を受けていない場所へ、カルシウム放出の流れが伝わっていったことを示している。

さらに調査を進めると、グルタミン酸塩がその現象を生み出していることがわかった。それがカルシウムによる電気活動の波を起こし、防御モードに入るよう細胞に信号を送っているのだ。この結果を見ると、グルタミン酸塩は「哺乳類」の神経伝達物質だが、植物の体内においても遭難信号を迅速に伝えているようであり、その作用は動物における作用と大して変わらない。実際、動物のグルタミン酸塩受容体をコードしている遺伝子は、植物の受容体をコードしている遺伝子と酷似している。シロイヌナズナにはそんな遺伝子が二〇ある。グルタミン酸塩はそのほか、光への反応の形成、根の成長の制御、窒素がある土壌の検知などに関与している可能性がある。[17]つまり、GABAやグルタミン酸塩といった分子は、動物・植物を問わず、細胞間の信号として機能し、細胞の行動や、細胞の成長や発達の仕方を制御している。これは、植物の行動においてはことのほか重要になる。というのは、植物の行動は、細胞の成長や発達に基づいているからだ。[18]

このように、植物の電気信号の原理についてはは理解が進みつつある。では前章で紹介した、エンドウマメを使ったモニカ・ガリアーノの実験で見られたような、学習の可能性についてはどうなのか？　動物の場合、刺激を相互に関連づけられるようになることが、ずいぶん前から知られている。以前は何の反応も示さなかった刺激でも、ある反応を自然に誘発するほかの刺激と組み合わせると、それと同じ反応を示すようになる。これを「古典的条件づけ」という。

とはいえ、動物の古典的条件づけの原理が神経学的に解明されたのはつい最近の話だ。二〇二〇年、フランドル生命工学研究所のセバスティアン・ハスラーを中心としたチームが、ある発見をした。ネズミにえさをやるときに、これまでに経験したことのない刺激（この場合は新たなにおい）を与えると、すでになじみのあるにおいを与えた場合に比べ、においとえさとを関連づけるスピードが速くなる傾向があるという。ハスラーらはその原因を、新たなにおいによりドーパミン系が作動したからではないかと考えている。

人間の場合でも、ソーシャルメディアのアプリから通知が来るとドーパミン系が作動して、誰もがスマートフォンに釘づけになる。実際、ハスラーらがネズミにドーパミン阻害薬を与えてみると、新たなにおいによる学習のスピードは、なじみのにおいによる学習と同じぐらい遅くなった。さらにほかの研究では、複数の刺激に反応して発火する神経細胞は、時間がたつにつれて行動にまとまりや同期をもたらすようになる。その結果、それらの刺激が神経学的に相互に関連づけられるようになるのだという。つまり「条件反射的な反応」は、ドーパミンや協調的な神経細胞の反応によるのかもしれない。[19]

こうして動物における古典的条件づけの理解が深まると、植物において学習がどのように行なわれているのかを調べるための道筋も見えてくる。ドーパミンは植物のなかにもかなり高い濃度で存在する。それなら、Y字形迷路に置かれたエンドウマメが茎を伸ばす先を学習したモニカ・ガリアーノの実験を振り返り、こんな思考実験をしてみることも可能だ。ドーパミンに刺激され、感覚刺激に反応して発火した神経細胞が同期することで動物の学習が行なわれるのなら、同じ原理が植物にも適用できないだろうか？　植物が感覚刺激に反応して電気信号を送るのなら、植物もまた、学習を引き起こす協調的な反応を生み出せるのではないか？　モニカが誘因として利用した青い光と風に対して、エンドウマメが同時に信号を送れるのなら、風だけに反応してそちらの方向へ成長することも学習できるのではないか？[20]　モニカの実験の結果はいまだ再現できていないが、この分野の研究がきわめて刺激的なのは、そこに未回答の疑問が無数にあるからだ。

動物中心的な生命観を放棄すれば、さまざまな新事実が明らかになる可能性がある。

## 神経をめぐる争い

植物に「神経系」があるのかという問題は、数十年前から熾烈な論争を巻き起こしている。学界でしか見られない、抑制された凶暴性に満ちた論争である。

私自身、数年前に初めてこの論争に巻き込まれたときには、その異常さに度肝を抜かれた。その経験のなかでも最たるものは、一一月のどんよりと曇った寒い日に起きた。私はその日、エディンバラから電車に乗り、グラスゴー大学の著名な植物生理学者に会いに行った。現地に一時間ほど早く到着したので、哲学大学院の中世風の優美な尖塔を眺めながら、キャンパス内をぶらぶらと散歩した。そこは、私にはきわめて思い出深い場所だった。数年前にそこで学位を取得したのだ。

哲学大学院の建物は、植物生理学研究棟の向かい側というか、すぐ隣にあった。私は、そこで勉強していた当時のある冬のことを思い出した。大学院生が集まってビールを飲んだり歓談したりする、すぐ近くの研究クラブの窓から外を眺めると、雪が激しく降っていてびっくりした。地中海沿岸育ちの私は、それまで雪を見たことがなかったからだ。それから二五年後に、そこから数メートルしか離れていない研究棟を訪れることになろうとは、当時は思いもしなかった。

私はグラスゴー行きの電車に乗る前に、どんな話をすればいいのかをじっくりと考えてみた。そしてやはり、植物の神経系に関する最新の論争について話をすることにした。根っからの生理学者である相手の教授は、植物の運動を分子特性や構造特性に還元する考え方を頑なに支持していた。植物が行動するという考え方を嫌い、植物「心理学」という分野にまるで心を開こうとはしない。

それでも私は、生産的な議論をする方法が見つかるのではないかと期待していた。このテーマに関しては、それぞれの知的立場から離れようとしないさまざまな派閥による論争が、一〇年も続いている。そのためこの会談では、哲学出身で植物学者としての教育を受けていない私やその仲間たちなら、さまざまな専門性を交配させた新たなアプローチでこの知的膠着状態を打破できるのではないか、ということを示したかった。偏見を捨てればきっと、さまざまな派閥が和解を果たして協力し、新たな情熱をもってこの分野を探究できるようになる。狭い分野への専門化を促す圧力がますます高まり、限定的な見方・考え方にますますきつく縛られるようになりつつある世界で、私はその間をつなぐ懸け橋の重要性をひときわ強く感じていた。雑種系の学者である私はいまも、過剰に狭いピンポイントな視点により、豊かな可能性が最初から絶たれてしまうことを深く憂慮している。

だが残念ながら、この会談では望んでいたような懸け橋をつくることはできなかった。この会談から間もなく、主要な植物生理学者のグループが、私たちの研究を攻撃する論文を発表した。その主張には、学術論文にはつきもののうわべだけの礼儀さえなかった。「植物の意識などという怪しげな概念は、この分野にとって有害であり」、「若く意欲的な植物生理学者に、植物科学に対する誤った考え方を植えつけることになる」とある。彼らに言わせれば、私たちの考え方は間違っているだけでなく、危険でもあるらしい。私たちのことを、尊重すべき科学を内側から解体しようともくろむ「連続憶測犯」呼ばわりしている。そのうえさらに、資金提供機関には私たちへの出資を、学術誌には私たちの論文の掲載を拒否するよう呼びかけ、私たちの「無数の憶測や空想」を科学的議論から締め出すよう訴えている。[21]

歴史を振り返ってみれば、植物生理学者が私たちをおとしめようとするのは、はなはだしい皮肉である。わずか数百年前には、植物生理学もやや非常識なものと考えられていたからだ。植物学者のユリウス・ザックスが初めてプラハ大学で植物生理学の講師職についたのが一八五六年、この分野が根拠のない空想ではなく科学だと見なされたのは、それからさらに六〇年後のことである。

だが、こうした公の場での中傷や、出版社や資金提供機関への呼びかけほどひどいことはないと思っていた私たちの考えは甘かった。私たちを批判する最初の論文が発表された直後に、さらなる論文が追い討ちをかけた。[22]この論文は、植物の「生理・発達・適応反応」に影響を及ぼす「長距離の電圧信号」を取り上げていたものの、植物の電気信号伝達系についてあえて生理学的な言葉で説明を行ない、植物の行動や知性どころか「神経に似た系」と表現することさえ避けていた。

つまりこの論文の筆者たちは私たちの考えを、植物生理学という視野の狭い構造物のなかに押し込めようとしたのである。こうして数十年前からの縄張り争いが再開された。

## 名称が何だというのか？

「植物神経生物学」という名称に対して一部の学界が深い嫌悪感を抱いているのは、知的世界の細分化が進んでいる証拠なのかもしれない。さまざまな言葉の意味がきわめて狭く定義され、意見や見解は、それが専門的に扱われる空間を離れて飛び交う許可を与えられていない。これは憂慮すべき事態である。科学の歴史を振り返ってみればわかるように、このうえなく目覚ましいアイデアというものは、さまざまなアイデアを結びつけ、斬新な視点から問題を眺め、異なる考え方を関連づけるところから生まれる。名称への過剰なこだわりに、歴史的偏見という制限効果が加われば、生物に関する理解を深める複合的なプロジェクトに、利益よりも害を及ぼすおそれがある。ノーベル物理学賞を受賞したリチャード・ファインマンもこう述べている。「これまで解決できなかった問題を解決したいのであれば、未知の世界への扉を開けたままにしておかなければならない」

言葉の意味に対する懸念はきわめて根深い。偏見のないアプローチで植物の知性を研究している科学者のなかにも、それを「植物神経生物学」に関連づけることをためらう人がたくさんいる。たとえば、私の研究の基礎を築いてくれた植物生態学者のアリエル・ノヴォプランスキーはこう述べている。

植物神経生物学という言葉が、学界を憤慨させる興味深い要因になっているのは当然と言える。なぜなら、この言葉は確固たる事実に基づいていないうえに、必ずしも科学的な課題を進展させるのに役立っているわけでもないからだ。むしろ、植物やほかの「原始的」生物がすばらしいのは、「神経に基づいたいかなる組織系も使わずに多くのことを成し遂げている」点にある。[23]

同様に、ベストセラーとなった『植物はそこまで知っている』（訳注／邦訳は矢野真千子、河出書房新社、二〇一七年）の著者である植物遺伝学者ダニエル・チャモヴィッツも、《サイエンティフィック・アメリカン》誌のインタビューのなかで、こう語っている。*

こんなことを言うと一部の親友の気分を害するかもしれないが、植物神経生物学という言葉は、たとえて言えば人間花生物学という言葉と同じぐらいばかげている。人間には花がないように、植物には神経がないのだから！[24]

＊当時はテルアヴィヴ大学生命科学部の学部長だったが、現在はネゲヴ・ベン＝グリオン大学の学長を務めている。

植物神経生物学会の内部でさえ、異論に満ちている。二〇〇七年五月、スロバキアの高タトラ地方の中心にあるシュトルプスケ・プレッソで、同学会の第三回会議が開催された。それは、私が出席した初めての会議だった。その前年に、フランティシェク・バルシュカとステファノ・マンクーゾ、ディーター・フォルクマンが編纂した『Communication in Plants: Neuronal Aspects of Plant Life（植物内の情報伝達　植物の生活の神経学的側面）』を初めて読んで以来、私の想像力をとりこにしてきたこの新興分野の話が聞けるのを楽しみにしていた。

すると、その会議の最終日、「植物神経生物学」という言葉の是非に関する議論があった。その言葉を断固として支持する者から、それに激しく反対する者まで、さまざまな意見があがり、とても決議を採択できそうにない。同学会の運営委員会の委員長を務めていたワシントン大学（シアトル）のリズ・ファン・フォルケンブルフが、当時を回想してこう述べている。*

私たちの研究分野の名称として植物神経生物学を選んだのは、学界を挑発・刺激するためだった。だが、もっともだと思われるさまざまな科学的理由により、この名称は学界を分断する論争を引き起こした。組織委員会は当初、名称を変更しない判断を下した。（中略）しかし「植物神経生物学」という言葉に語弊があるのも確かだ。（中略）そこで会員の同意を得て（中略）

＊植物神経生物学会および改名後の植物信号伝達・行動学会の創設メンバー兼会長でもある。

二〇〇九年、学会の名称も機関誌に合わせ、「植物信号伝達・行動学会」に変更した。[25]

どうやら、そういうことに落ち着いたらしい。[26]

二〇一八年に《ネイチャー・プランツ》誌に掲載された植物の知性に関するチャモヴィッツの解説が、この界隈の正統的な考え方を代弁している。そのなかでチャモヴィッツは、「植物は外部のさまざまな信号をとりまとめて環境に適応しているとともに、その適応度を高めている」と述べたのちに、こう続けている。「これが知性の証拠と言えるかどうかは、知性という言葉の意味次第である」。だが、植物の知性の定義を確定することに、どんな実用的意味があるというのか？　ほかの学術分野が発展してきた経緯を見れば、定義を確定しようとする試みなどさほど役に立たないことがわかる。たとえば生物学はいまだ、「生命」の意味について意見の一致を見ていない。[27]「知性」も、それと何が違うのか？　別の言い方をすれば、「動物」の知性に関する研究にも、同じ理屈があてはまるのではないだろうか？　いまはまだ動物の知性を明確に定義できていないため、その定義について合意が得られるまで動物の知性に関する研究を保留する必要がある、などと主張するのはばかばかしく思える。科学はそのような形で進展するわけではない。

とはいえ、名称にこだわっても役に立たない一方で、名称が重要な意味を持つ場合もある。名称はそれにつながる理解をもたらし、特定の枠組みを提供し、考え方に影響を及ぼす。たとえば、植物の細胞内の化学物質や電気的活動に関する生理機能を表現するために、やや冗談めかして、きわめて緩い比喩的な意味で「神経生物学」という言葉を使うこともできる。あるいは、植物神経生物学という概念を文字どおりに受け取り、植物という生命のなかでそれらのプロセスが果たす「役割」（電気信号により植物の身体各部から送られてくる情報の統合）に重点を置くこともできる。私としては、「神経生物学」という言葉を神経細胞とあまりに結びつけすぎるのは間違っていると主張したい。しかしそうすると、動物と植物の信号伝達系は「構造」的には違うのに「機能」的には類似しているという点が覆い隠されてしまう。その結果、「植物神経生物学」に正面から取り組むことで生まれる力強い発想がどうしても失われてしまう。

だが、神経細胞のない生物の神経生物学にまつわる不安を払拭する方法が一つある。それは、「神経生物学」の意味をもっと包括的なものに改めることだ。ニューヨーク大学医科大学院の著名な神経科学者ロドルフォ・リナスは、実際にそうしている。リナスはスペインのコンピューター科学者ミゲル＝トメと共同でこう主張している。「植物神経生物学」を「動物神経生物学」と同一視してはならないが、「神経系の定義」を、「機能を基準とする」定義へと「拡大する」ことは可能だ、と。[28] つまり、どんな細胞や組織が神経系の機能を果たしているのかではなく、神経系がどんな機能を果たしているのかを基準に、神経系を定義するのである。そうすれば、同じ名称を使うために植物を緑の動物に仕立てあげる必要もなくなる。

動物と植物に共通するほかの重要な機能に目を向ければ、この考え方がいかに適切かがわかる。動物の機能は、系と呼ばれる組織や器官に分化している。酸素を取り込んで二酸化炭素を排出する呼吸器系、水や栄養素を吸収する消化器系、体内各部に重要な成分を運ぶ循環器系、電気信号を迅速に伝達する神経系などである。これらの「機能」は植物にもある。ただしその機能は、動物とはまったく異なる形で組織され、動物よりも体内に広く分散している。たとえば、葉裏の気孔でガス交換を行ない、葉で太陽エネルギーを吸収してエネルギー豊富な分子をつくり、維管束組織で体内各部に糖や水、栄養素を運んでいる。

確かに、ここで問題になっている「植物の神経系」は、これらの機能と比べるとやや理解しにくいかもしれない。だが生理学者でさえ、植物の外部および内部の環境から情報を収集する多種多様なセンサーや、植物全体に電気信号を伝達するネットワークが存在することを認めている。さらにすでに見たように、最新の研究により、維管束系が糖などの分子を運ぶだけの器官でないことが明確に証明されている。[29]

GABAやグルタミン酸塩など、植物の「神経化学」に関する最新の詳細な研究により、植物の奇跡的な全体像が形成されつつある。その像はいまだ部分的ではあるが、多大な力強さを秘めている。動物の神経系は、入ってくる情報を統合し、その生物全体に調整された反応を引き起こすが、これは「植物の神経系」にもあてはまる。[30] 木部と師部から成る維管束は神経細胞ではないが、神経細胞と同じような特徴を持っている。私たちはそこに目を向けて、その可能性を徹底的に探究することもできれば、そこから目を背け、硬直した歴史的な思考の枠組みのなかに留まり、意味に関する議論ばかりを続けていくこともできる。

## マーヴェリック（異端）な考え方

「自分のしていることがわかっているような人間は、科学の最先端にはいない。つまり、科学の最先端にいる人間は、自分のしていることがわかっていない」[31]

これは、ノーベル生理学・医学賞を受賞したコロンビア大学のリチャード・アクセルが、二〇〇九年のインタビューで語った言葉である。科学的探究においては大胆さが必要なことを完結に表現している。既存の枠組みにとらわれず、分野の狭間に立ち、地平線の向こう側へ思考を向けることによってのみ、現在の考え方の制約から逃れ、私たちの世界観を革命的に変化させることができる。

だからこそ、少なくとも私は、マーヴェリック（異端）な思考を貫きたいと思う。

この言葉は、歴史上の人物に由来する。一九世紀、アメリカのテキサス州にサミュエル・A・マーヴェリックという技師兼牧場経営者がいた。この男は、当時コネティカット州にいた大半の牧場経営者とは違い、自分の飼っている牛に焼き印を押さなかった。するとその牧場の牛はやがて、この自由思想の持ち主にちなんで「マーヴェリック」と呼ばれるようになった。私は何も、自分がそれほど学術的な制約を受けていないと言いたいわけではない。むしろボースのような人物のほうが、はるかにそう言われるにふさわしい。だが、科学知識の新たなフロンティアを探索する際には、ぜひともそうありたい。

純粋に還元主義的な生物学にも大きな価値はあるが、生物を理解する手段としては明らかに限界がある。ノーベル生理学・医学賞を受賞したハンガリーの生化学者セント＝ジェルジ・アルベルトが、その理由を次のようにうまく説明している。さまざまな分野の学者に発電機を見せたら、その学者たちはみな、それぞれに異なる限定的な視点でそれをながめることだろう。化学者であれば、それを酸で溶かして構成分子にまで分解するかもしれない。分子生物学者であれば、それをばらばらにして、構成要素を詳細に描写するかもしれない。だがそこへ、発電機には「目に見えない電気」が流れており、解体するとその流れが止まってしまうなどと言う者が現れれば、その学者たちから、「おまえは生気論者（訳注／「生気論」は、生物には非生物を支配する機械論的原理とは異なる原理が働いているとする見解を指す）だと叱られる」に違いない。それは、「FBIの捜査員に共産主義者呼ばわりされるよりも深刻な」結果をもたらす、と。そう述べた当時は、赤狩りの全盛期だった。[32]

植物を、単なる機械的な物体に還元することはできない。生物を単なる物質に還元すれば話は簡単になるが、「知性」は生理学では明らかにできそうにない。私たちはよく、複雑な生体プロセスを、非生物的なものなどになぞらえて理解しようとする。生物の世界を機械にたとえれば理解しやすくなるように見えるため、目をカメラに、神経を電気回路に、植物の師部《しぶ》系を一連のパイプにたとえたりする。だが実際のところ、それらはまったく別物だ。確かに、ものごとを考えやすくすれば対処や調査も簡単になるため、そのようなたとえが何らかの発見を促すことはあるかもしれない。しかしそれはまた、私たちを限定的な考え方に閉じ込めるおそれもある。私たちは、簡単には見えないものを無視してしまわないよう注意しなければならない。

したがって、植物がなぜ動くのかを完全に理解したいのなら、一つの分野に縛られてはいけない。生理学には心理学が必要だ。アメリカの著名な心理学者エドワード・C・トールマンも二〇世紀半ばにこう述べている。「心理を生理で説明するには、まずは説明すべき心理がなければならない」[33]。植物神経生物学では作業仮説として、植物の体内における情報の統合や伝達は部分的に神経のようなプロセスを伴うと考えている。なぜなら、電気的な信号伝達はおそらく、植物全体を統合し、知覚と行動を結びつける役割を果たしていると思われ、植物を理解する際にそれを無視することはできないからだ。

生理と行動は分かちがたく結びついている。どんな生物でも、一方が他方に影響を及ぼしている。植物では特にそうだ。細胞や信号が行動を生み出す。その行動に適応的な価値があるからこそ、その細胞や信号はいまあるように進化している。[34] それなら、それぞれを専門とする分野が補完的に協力し合い、双方の理論的枠組みが持つ力を利用して、仕組みと結果の両方を理解すべきではないだろうか？[35] 私たちはまず、「植物神経生物学」などという学問が存在するのかというようなうんざりするような言い争いを棚上げにして、偏見に縛られずに分野間で協力し合う新たなアプローチを採用する必要がある。

この分野横断的な取り組みの中心には、認知神経科学の考え方がなければならない。この分野は、物質と機能の橋渡しをして、神経系の重要な構造や信号を、それらが認知活動にどう関連しているのかという視点から考察する。そのため、この分野そのものが分野横断的であり、多種多様な学派の思想を利用している。植物の生理を、環境との相互作用においてそれがどんな役割を果たしているのか（植物が寒さや捕食にさらされたときに示すストレス反応など）という観点から見るだけでは、植物の全体像は把握できない。確かに、生態系に関する考察もなく生理の研究などできない。だが、その結びつきだけに縛られていては、本書ですでに述べた単なる適応の域を出ない。そこには、植物がどこで選択をしているのかを解明する余地がなく、観察したあらゆる事象を膝蓋腱反射と同じ領域に閉じ込めてしまう。具体物を越え、神経と師部の相違を超えた思考で、生物による知的な「情報処理」を研究したときに初めて、認知のまったく新たな世界が開ける。

リチャード・ファインマンはこう述べている。「科学とは、専門家でさえ何も知らないと考えることだ」。これはつまり、過去の支配的な考えにやみくもに従うのは危険だ、ということを意味している。科学は、人間の思考を構成するほかのいかなる領域よりも、知識は覆すことが可能であり、絶えず覆すべきだと教えてくれる。だが、これまでも自然界に関する古めかしい考え方のせいで、私たちとは大きく異なる生物（特に植物）を新しい視点で理解しようとする試みが制限されてきたのに、いまではその問題がいっそう悪化しているかもしれない。二〇一四年には、三〇人の学者が《ガーディアン》紙に公開書簡を発表した。そのなかで彼らは、科学文化が向かっている方向に深い憂慮を示している。ますます学問の焦点が狭まるとともに、資金を調達するための迅速な論文発表にとりつかれているという。そこには、二〇世紀の学界に革命をもたらしたファインマンのような独立独歩の思想家が生み出した途方もない思考に見られるような、独創的で分野横断的な才気が現れる余地がほとんどない。いまこそ、科学にもう一度マーヴェリックな思考を注入すべきときなのかもしれない。それは、植物神経生物学の領域に限った話ではない。

第五章

# 植物は思考するのか？

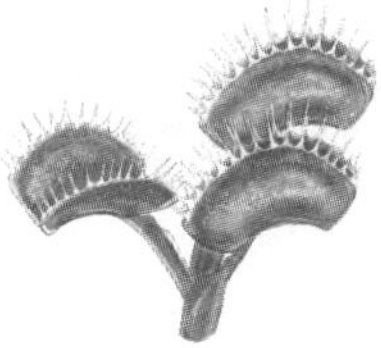

## 自分の思い込みが見える

芸術のことなどほとんど知らない人でも、モナ・リザの話なら聞いたことがあるだろう。パリのルーヴル美術館に鎮座し、よく見ようと近づいてくる来場者に謎めいた笑みを投げかけている。一六世紀初頭に博学者レオナルド・ダ・ヴィンチにより描かれたこの女性の絵は、間違いなくルネサンス芸術の一大傑作と言える。だが、彼女がそれほど有名になり、人々の心をとらえて離さないのは、まるで生きているように見えるからとか、美的性質を備えているからというだけではない。「モナ・リザの笑み」が何世紀も人々を魅了してきた理由の一端は、その表情がはっきり読めない点にある。芸術史上において、彼女の笑みほど議論された話題はない。モナ・リザがその表情を明らかにせず、ほのめかしているに過ぎないからだ。この謎を詳しく調べてみると、私たちが周囲の世界を知覚する方法について基本的なことがわかる。それはまた、ほかの生物が周囲の世界を知覚する方法についてもヒントを与えてくれる。

このあいまいさは、絵そのものに埋め込まれているだけではない。彼女が幸せそうに見えるか、楽しそうに見えるか、悲しげに見えるか、ぼんやり考え込んでいるように見えるか、それ以外の表情に見えるかは、それを見ている人々の心持ちと大いに関係がある。私たちはモナ・リザのなかに、自分が予期しているものを見る。

というのは、認知研究により明らかになりつつある事実によれば、私たちが表情をどう解釈するかは、その表情を見ているときの自分の感情に強い影響を受けるからだ。たとえば被験者に、気分を高める映像とともに無表情な顔を見せると、その表情を楽しそうだと解釈する傾向が高まる。一方、気分を低下させる映像とともにまったく同じ表情を見せると、しかめっ面をしているように解釈する傾向が高まる。[1] つまり、見る側の感情の状態が、周囲の人々から読み取る感情を決める。それは、周囲の人々が何の感情も示していない場合にも言える。モナ・リザはそれを見る者に疑問を投げかける。だがダ・ヴィンチの絶妙な名人芸により、その疑問に対する回答は注意深く隠されている。その結果この女性は、スフィンクスのようにあらゆる人々を当惑させる。彼女が表している

図4　ダルメシアン（R・C・ジェイムズ撮影）

ように見える感情は、それを見る人々が経験している感情に応じて変化する。

　これは、一時的な感情に限らず、この世の具体的なものにもあてはまる。周囲の環境に対する解釈の仕方は、これから出会うと予想されるものにある程度影響を受ける。いまここでそれを検証してみよう。ロナルド・C・ジェイムズが撮影した有名な写真（図4）を見て、[2]そこに何が写っているかを考えてみてほしい。いくらその写真を解明しようとしたところで、白と黒が無造作にばらまかれているようにしか見えないかもしれない。だが、写真の中央の少し上のあたりをよく見てほしい。そこに、鼻先を下にして、正面に背を向けているダルメシアンの姿が見えるはずだ。

　一見無造作な黒い染みのなかに一度ダルメシ

アンの姿を見つけると、その写真に対する解釈の仕方はすっかり変わってしまう。あなたの脳はいまや、そこにイヌがいることを知っているため、その姿をすぐに探し出す。イヌの形を思わせるものがほんのわずかあれば、それを知覚できる。というよりむしろ、そうなるともはや、その写真のなかにイヌの姿を見ないではいられなくなる。でたらめに見えていたものがそう見えなくなり、新たに生み出された秩序に脳が縛りつけられる。

この種の実験は、目の錯覚のようなもの、あるいは、隠れた映像を知覚へと導く一種の逆ロールシャッハテストだと思われるかもしれない。だが、事実はまったくその反対である。

これは、私たちの内部で感覚データがどのように解釈されるのかを示している。ダルメシアンがいるという「予期」があるからこそ、それまで何の意味もない模様にしか見えなかったもののなかにダルメシアンを見出すよう心が準備される。私たちは普通、流れ込んでくる感覚データをもとに、受動的に視覚映像を形成していると思い込んでいるが、そうではない。知覚は、データに基づいているわけではない。[3]私たちの脳は、外部の世界からの情報が処理されるまで、何もしないで待っているだけの怠け者ではない。もしそうなら、写真のなかにイヌがいるという知識があったところで、それが写真の解釈に影響を及ぼすことはない。むしろ知覚の大部分は、予期に基づいている。「予測」が、これから経験することに影響を与えている。私たちの脳は絶えず、これから出会うものを先読みして、その出会いの性質を判断する。

そう言われると、少々不安になるかもしれない。大半の人は、抽象的なことを理解する際に、自分の抱いている見解や偏見の影響を受ける場合があることは認識している。だが、見たり触れたりできるこの世界に関する知覚が、実際に存在しているものと同じではなく、感覚器官に入ってくる生情報を素朴に解釈しただけのものでさえないと言われると、直感的には理解しにくい。だが、この世界における私たちの経験は、私たちが思っているよりはるかに個人的なものなのである。

こうした予想を利用するのは人間だけではない。二〇二一年、イェール大学の研究チームが、まだ目も見えず毛も生えていない生まれたばかりの子ネズミと、目が開いたばかりの子ネズミの脳波を測定した。すると、子ネズミの目がいまだ薄い膜で覆われている間も、網膜から電気的活動が波状に現れていた。これは、成長して周囲の環境を動きまわれるようになった子ネズミに見られる電気的活動のパターンと一致している。つまり子ネズミは、目が見えるようになる前から、周囲の世界の経験を「夢」見ているということだ。このパターンは、子ネズミが成長して目が開くようになると、より成熟した新たな回路に置き換わる。

だがこの子ネズミは、目が見えないころに夢見ていたイメージのおかげで、突然奔流のように流れ込んできた視覚情報を解釈し、独り立ちしたときにすぐに活動をスタートできる。実際、この研究チームが目の見えない子ネズミの網膜細胞の活動を阻害すると、そのネズミは目が見えるようになってからも、動く映像を解釈したり、周囲の環境を探ったりするのがきわめて困難になった。子ネズミは、実験的に手を加えられていなければ、自分がすでに想像していた世界に足を踏み入れることができる。その世界はすでに、網膜や精神に組み込まれているのである。[4]

哺乳類がこの世界に対処する際に、このような内部モデルが中心的役割を果たしているのなら、ほかの生物についても同じことが言えるかもしれない。第四章で見たように、神経細胞のネットワークや脳がなくても「神経系」が存在しうるのなら、予想するのに大脳新皮質は必要ないとも考えられる。インゲンマメがフライフィッシングのように巻きひげを周囲に投げかけて支持物を探しているときには、ただ情報を収集したりそれに反応したりしているだけでなく、それよりもはるかに高度なことを行なっているのかもしれない。

## 奔放な思想家

自分にとっては意外にもずいぶん前の話になるが、私は一九九〇年代に、グラスゴー大学で哲学博士号の口頭試問を受けた。スカイプやズームが登場するはるか以前の時代だったが、この口頭試問がインターネット接続されたビデオを通じて行なわれることもあり、私はすっかり怖気づいていた。しかも試験官の一人は、すでに先見の明のある哲学者として名を馳せていたアンディ・クラークである。[5]

私は当時、大学内に流布していたこの教授の論文の査読前の原稿を入手していた。ロックスターのような風貌をした哲学者仲間デヴィッド・チャーマーズとの共著となるこの論文はのちに、一九九〇年代にもっとも多く引用された哲学論文となる。[6]この二人は、頭蓋に縛られた偏狭な認知の考え方に風穴を開け、心というものを潜在意識の深みにまで、および周囲の世界にまで広げた。

周囲の世界とは、私たちがかかわり合う物体や、私たちが出会うほかの人間の心などである。クラークとチャーマーズによれば、認知作用には、私たちが思考のために使うツールも含まれるという。ペンや紙、ワープロ、計算機、美術材料などは、内的世界と外的世界との間、思考と行為との間を途切れなくつなぐのに欠かせないものである。「自己」とは、どこかに収容された限定的なものではなく、ネットワーク化されたものであり、神経細胞と、非生物の領域から生物の領域にわたるものとで構成されている。

この理論は、最初に発表された当時はかなりのセンセーションを引き起こした。だがスマートフォンなど、心を拡張させるテクノロジーが日常生活に欠かせないものになっているいまでは、もはやアンディの思想もさほど面妖なものには見えない。[7]私たちは、電子機器やインターネットに記憶をエクスポートしている。また、簡単な計算をスマートフォンの計算機に任せたり、ルート検索をグーグルマップに任せたりするなど、かつて脳が実行していた機能をアプリを使って処理している。そう考えると、私たちの思考はますます、神経細胞とマイクロプロセッサー双方の電気的活動を伴うものになっている。

口頭試問を受けた当時は思いもしなかったが、私はそれから二〇年後、二〇一六年から一七年にかけてエディンバラで在外研究を行なった際に、アンディとオフィスを共有する機会に恵まれた。ぜいたくにも同じ部屋で働きながら、アンディの言う拡張された心について考え、拡張認知に関するアンディの思想を探究し、これらの思想から発展させた「予測符号化」という革新的テーマについてさらに多くを学んだ。アンディは、この世界に対する脳のかかわり方についてこれまでの考え方を一新し、脳は受動的に情報を受け取るだけの存在ではなく、これからの経験を予想して絶えず活動している「予測マシン」だと主張した。

脳は、見えないものを夢見ている子ネズミとは違い、過去の経験や感覚を利用して予測を行ない、時間とともにそれを精緻化させていく。新たに入ってきた情報を、すでに獲得していた予想と結びつけることで、いま経験しつつあることを即座に理解することが可能になる。感覚に受動的に反応する「ボトムアップ」処理に対して、脳が経験に積極的な影響を及ぼすこの仕組みは「トップダウン」処理と呼ばれる。[8]

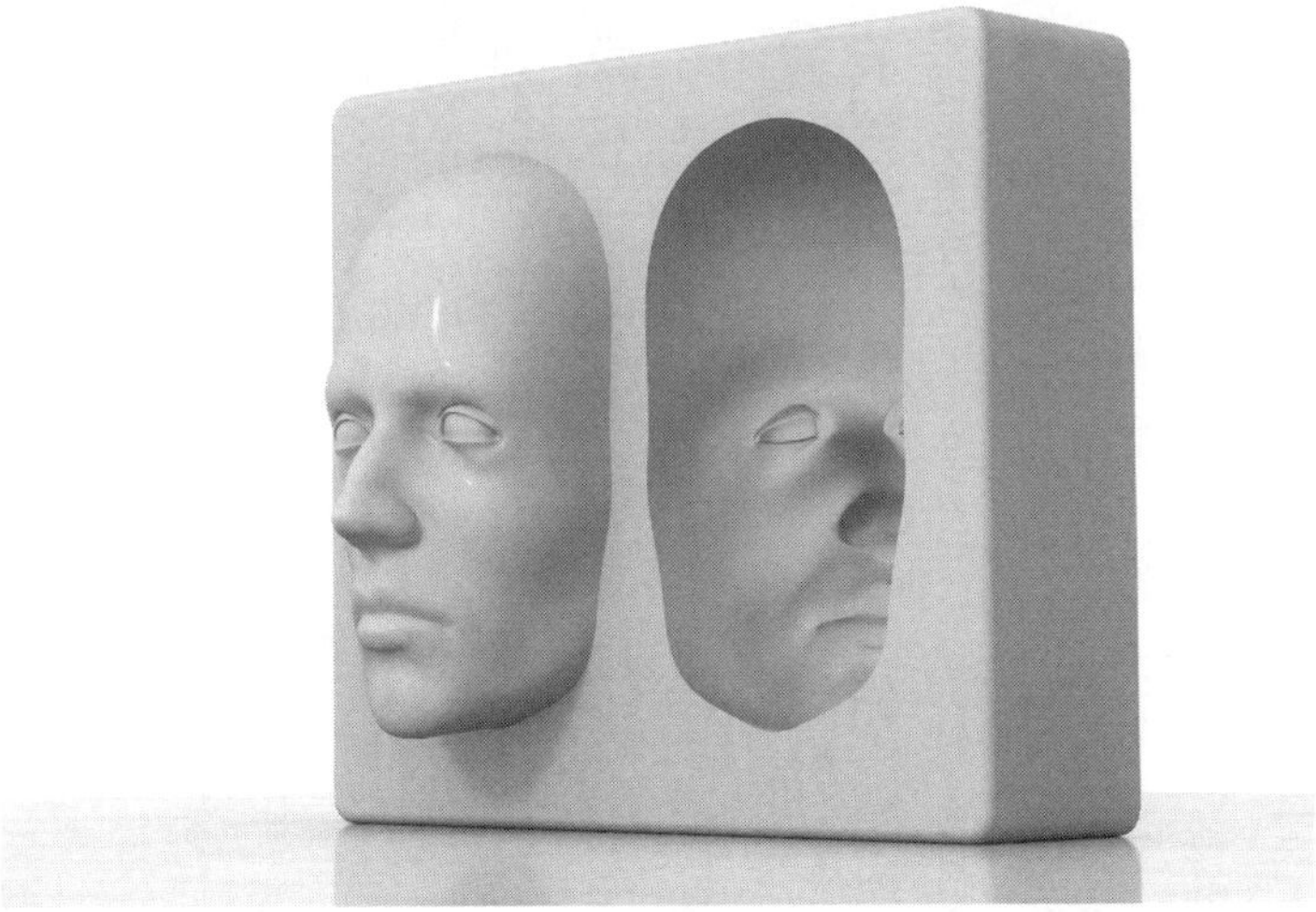

図5

前章で紹介したグラスゴー大学での会談を終えてエディンバラへ帰る途中、私はあのオフィスでアンディと交わした会話を思い出し、この会談の相手とアンディとではかなりの違いがあることに気づいた。そして、分野という狭い領域を超え、本当の意味で「奔放」に思考するためには何が必要なのかに思いを巡らせた。アンディはその思想にふさわしく、学究面だけでなく、自分でつくりあげた環境にも創造性を発揮していた。

アンディのオフィスには珍しいものや変わったものが無数にあったが、そのなかに、自身の理論を完璧に証明するものがあった。それは「ホロウフェイス（くぼんだ顔）」である（図5）。人間の顔の三次元モデルを、凸面ではなく凹面にしたものだ。あらゆる角度から顔面を見ることに慣れた目や心が、このくぼんだ顔を真正面から見ると、視覚的な距離感が普通の顔とは完全に反転しているはずなのに、脳は凸面の顔を予測するため、凹面の像なのに凸面の像だと解釈してしまう。いわば、脳の予想を利用した、触知可能な目の錯覚である。そのため、視点を片側に移動させると、顔の一部が地のスペースに隠れて見えなくなってしまう。

私はアンディのそばで仕事をする間、この錯覚について思考を巡らせた。突き出て見えた顔が突然引っ込んで見えるよう視点をずらしながら、自分の視覚系を繰り返し驚かせて楽しんだ。するとそのうちに、自分も奔放に思考するようになり、こう考えるようになった。脳がこれから出会うものを予測し、私たちの経験の生成に役立てているのなら、同じことが植物にもあてはまるのではないか？　植物も同じように先を見越し、予想を利用して知覚経験を形づくっているのではないか？

私は、この革新的な思想家の興味を引くのではないかと思い、アンディにこのアイデアを提案してみた。するとアンディは興味は示したものの、自分がこのプロジェクトにふさわしいパートナーだとは思っていないようだった。人間の頭脳の神経配線が生み出す一時的な産物こそが目下の研究課題であり、植物の神経系という異質の世界に足を踏み入れるつもりはなかったのだ。その代わりアンディは私に、ユニバーシティ・カレッジ・ロンドンの理論神経科学者カール・フリストンを紹介してくれた。アンディが世界一論文の被引用数が多い哲学者であるように、フリストンは世界一論文の被引用数が多い神経科学者だったが、それも当然だった。

アンディが予測符号化という観点から説明している生物学的現象について、フリストンは数学的な見方を採用し、生物が予想を利用して知覚と行動の双方を制御する方法を次のように説明していた。[9] 知覚からの入力データが予想と一致しない場合、脳は「不意打ち」を経験する。この不意打ちは、驚き（予期しないものに出会ったときに経験するもの）と理論的に結びつく事象の「確率」に関連する、数学的に定義可能な概念である。しかし脳は、悪い意味での驚きを好まないように不意打ちも好まないため、一般的にはその経験を最小化しようとする。

フリストンの考察によれば、脳が不正確な予測を最小化しようとするという見解は、自身が命名した「自由エネルギー原理」から導き出される。[10] 脳は絶えず、この世界のあり方と、脳が所有しているこの世界のモデルとの相違を管理している。この相違が大きくなればなるほど、その生物の身体内の「自由エネルギー」は増すが、脳が環境から抽出するサンプルを変えるか、脳が所有するモデルを修正すれば、それを最小化できる。この二つを組み合わせ、両者をうまく利用すれば、脳が所有するこの世界のモデルと一致しないように見えるところへピンポイントに焦点を合わせ、それを調整していける活発な予測マシンを手に入れられる。

このフリストンのアプローチは、「行動」に基づく推論と「知覚」に基づく推論とに分割して考えるとわかりやすい。つまり私たちは、自分が持っているモデルに周囲の世界を合わせているか（行動的推論）、モデルを修正して周囲の世界に合わせているか（知覚的推論）のどちらかである。私たちのほぼすべての行動には、両者が少しずつ関与している。

このフリストンのモデルを使えば、認知とは、脳から感覚器官へ、あるいは感覚器官から脳へという相反する二つの情報の流れが入念に組み合わされた所産だと言える。その結果生まれる経験は、内的な予想の力と、入ってくるデータが持つ矯正的な影響力とが融合したものとなる。私がフリストンとの議論のなかで、この二つの情報の流れが植物にも存在し、植物はこの世界の内部モデルを形成していると同時に、それを使ってこの世界の探索の仕方を制御しているのではないかという持論を展開すると、フリストンはそのアイデアを進んで受け入れてくれた。そして大変うれしいことに、その後も緊密に協力して研究を進め、二〇一七年には連名で「Predicting Green（予測する植物）」という論文を発表することができた。植物はこれらの情報の流れを利用して行動を形成しており、それが植物に認知をもたらしている可能性があることを解説した論文である。[11]

## 驚きに対処する

一つの思考実験として、自然界で見かける三種のものについて考えてみよう。テンチ（淡水魚の一種）と、雪の結晶と、デイジー（キク科の植物）である。この三つのうち、仲間外れはどれだろ

う？　テンチとデイジーは生物系に含まれるが、雪の結晶はそこに含まれない。では、テンチとデイジーは共通して持っているが、雪の結晶に欠けているものとは何か？

その答えは恒常性である。恒常性とは「同じ状態」を意味する。テンチとデイジーはどちらも、外部環境の変化や体内の仕組みがもたらす不安定な影響に対処して、体内環境を調整する生理的能力を備えている。それにより、体内環境を一定とは言わないまでも、少なくともある程度は安定させておくことができる。そのような体内環境には、体温、水分レベル、pHなど、生体に影響を及ぼす体内のあらゆる状態が含まれる。それに対して雪の結晶は、氷点以上の温度に触れると溶けてしまう。そして何より、それに対してなす術がない。

テンチの場合、体内の安定を維持する能力はホルモンや神経で制御されており、それにより何らかの方法で生理や行動を変え、変化に抵抗する。デイジーの場合、維管束系のホルモン活動および「神経とは別の」活動が、同じ役割を果たしている。いずれの場合も、自分自身を居心地のいい安全な領域に留めることにより、内部にダメージを与えかねない変化を避けている。

この観点から見ると、動物と植物、あるいはほかのいかなる生物との間にも、明確な違いは事実上認められない。デイジーもテンチも、利用できる過去のあらゆるデータを使い、自分が暮らす世界や、その周囲で起こる出来事を理解している。そこから外部環境が「これから」どうなるかを予想し、それに従って行動して、危険な状態や過度にストレスの多い状態を避けている。この世界のモデルを構築し、それにより入力データの意味を理解し、その使い方を制御しているという点では、植物も動物も同じだと考えられる。

テンチが自分の遺伝子を子孫に残したいのなら、既存の予想に従って、驚きをもたらしそうな状態を避けたほうがいい。淡水魚が驚くような状態とは、たとえば、乾燥が激しかったり塩分濃度が高すぎたりして生きていけない状態である。そのためテンチは、自分の周囲の環境を把握してそれに従って行動し、驚きの経験を最小限に留めようとする。塩水にどっぷり浸かってしまったら、哀れなテンチはどうするだろう？　淡水まで泳いで戻って環境のサンプルをとり直し、今後の入力データを予想や身体的な欲求と一致させようとするかもしれない。フリストンの用語を借りれば、このときテンチは、行動的推論を利用していることになる。あるいはテンチは、自分が所有する「この世界のモデル」を修正して、周囲の世界の状態と一致していない内部状態を調整しようとするかもしれない。過剰な塩分の作用に何らかの方法で抵抗し、それに耐えられるようにするのである。こちらは知覚的推論にあたる。だがそんな生命を脅かす環境では、そのような妙技はおそらく不可能だろう。それには進化レベルの変化が必要になり、とても個々のテンチの手には負えない。

植物も、塩分を避けるという点では淡水魚と変わらない。土壌中の塩分濃度が高いと、根が強いストレスを受け、タンパク質の合成など、多くの主要なプロセスが阻害される。そのため植物は、塩分ストレスを防ぐためにできるかぎりのことをする。たいていの場合は、塩分の高い状況に陥るのを避けようと、安楽な場所を示す内部モデルに一致する土壌を探す。つまり、予想に従おうとするのである。とりわけ根は、塩分を避ける行動を示す場合が多い。先に述べた実験で、エンドウマメの根が栄養豊かな土壌に出会ったときに示した反応とは逆である。繊細な根の先端は、まだ未踏査の土壌に踏み込むと、これまでの土壌との塩分濃度の相対的変化を記録し、塩分濃度の低いほうへ移動していく。そうすれば、新たな居心地のいい土壌へと至る可能性が高いからだ。

ここで重要なのが、塩分濃度の相対的変化である。根は、塩分濃度の絶対的な数値よりも、塩分の相対的な減少傾向に引き寄せられる。相対的な減少傾向は、前方にもっと居心地のいい土壌がある可能性を示唆しているが、絶対的な数値は、その土壌がいまのところは大丈夫だということを意味しているに過ぎないからだ。しかし一方向を探索している根が、ますます塩分が高くなっていく土壌しか見つけられないようであれば、驚きの状態が収まることはない。すると植物は、見当違いの努力をしていたと結論し、その方向への探索をあきらめ、別のルートでより塩分の少ない楽園を目指そうとする。[12]

それとは対照的に、塩分ストレスに耐えられる技を身につけた植物もある。進化の過程で、受け入れられる居住領域を示す内部モデルを調整する能力を手に入れたのだ。植物も人間と同じように、驚きに対して実に多様な反応を示す。一部の種は、成長において重要な茎の先端から、あるいは大切な光合成能力を持つ葉の先端から、過剰な塩分を活発に排出し、塩分により葉が役に立たなくなって成長が妨げられるのを防いでいる。また、過剰に取り込んだ塩分を相殺するため、水分を保持している種もある。たとえばマングローブは、きわめて塩分の多い環境でも長期にわたり何の問題もなく生きられる。これは、体内に水を保有しているからだ。ハマアカザは敵を受け入れ、葉にたまった塩分を特殊な腺に貯蔵する。そこで塩を結晶化させ、無害化しているのである。[13]

さらにいくつかの種は、ストレスがあまりに高まると、衝撃を受けたウェイターがグラスを載せたトレイを落とすように、単純に葉を落としてしまう。このように、ストレスに対する生理的反応らしきものは、心理に支えられている。生理的反応により生き永らえてはいるが、その反応は、予想と経験との不一致が引き起こす驚きをきっかけにしている。

## 予測マシン

植物がフリストンの言う二つの戦略（知覚的推論と行動的推論）を組み合わせれば、不意打ちを最小化できる可能性はかなり高まる。植物は絶えず知覚と行動を繰り返し、この二つのモードの間を行き来している。それにより常に予測を調整したり環境を修正したりして、環境と予想とを一致させている。この二つの戦略は、それぞれを検出したり両者を区別したりするのが必ずしも簡単ではない。だがここでもチャールズ・ダーウィンは、この問題に光を投げかけてくれる。『よじのぼり植物』のなかでこう述べているのである。

植物は運動力を持たないという点で動物とは区別される、というあいまいな主張がよくなされている。だがそれよりむしろ、植物は自身に役に立つときしか、この力を獲得したり発揮したりしないと言ったほうがいい。地面に固定され、空気と雨から食料を手に入れられる植物の場合、それは比較的まれにしか起こらない。

ここに、植物の認知的行動を正当に評価すべきもう一つの理由がある。塩分を避ける行為は、環境を予想する能力があることを示唆している。植物は環境を調査し、主要な情報を収集する。出会うものと予測が一致しないときには特に、それを熱心に行なう。それらが一致するときには、驚きは少なく、植物はリラックスできる。だが不一致があると、さらに調査を進め、予測に一致する場所を探索するよう駆り立てられる。植物がそうするのは、当面の驚きを避けるためだけではない。「未来」に予想される驚きを少なくするためでもある。植物は先にあるものを予期している。いかなる変化をも絶えず監視し、それをきちんと把握して、世界がこれからどうなっていくのかを予測している。[14]

そのため植物も動物と同じように、何らかの行動を起こす前に、環境に関する内部モデルを利用する必要がある。つまり、ある種の「シミュレーション」を行なっているはずである。その際、植物の知覚は、入力データそのものよりも、この世界に関する予想に左右される。太陽がどう動くか、塩分の濃度はどの程度か、宿主にはどの程度栄養素が詰まっているか、といった予想である。情報は内側へも外側へも流れるが、ダルメシアンの実験で見たように、支配的なのは内部モデルから外側への流れであり、それが全体的な知覚を生み出すからだ。植物はまず予想から始め、次いでそれを、入ってくる感覚情報と照合する。私たち人間と同じように植物も、自己修正能力を持つ予測マシンなのである。

植物が、反対方向に流れる推測と修正の組み合わせを維持するためには、何らかの高度な処理装置が必要になる。植物はどんな種類のハードウェアを利用しているのか？　幸運にも人間などの哺乳類は、大脳皮質という階層状に配列された処理装置を備えているが、植物に大脳皮質はない。だが、大脳皮質がなければならないというわけでもない。空港にある反対方向に向かう二つの動く歩道のように、内側へ向かう通路と外側へ向かう通路との間に非対称的な機能がありさえすればいい。すでに述べたように、植物における電気的な情報伝達は、植物の輸送系である維管束を通じて行なわれる。そこが植物の神経系となって、電気信号を両方向へ送っている。

この通路もやはり、階層状に配列されている。オキーフの絵画に描かれたパパイヤの幹を見ると、その内部が高度にネットワーク化され、維管束を構成する細い管が無数に結びついているのがわかる。これらのネットワークは層状に配置され、哺乳類の層状の大脳皮質と同じように機能する。

私たちは一つの作業仮説として、予想が深部から外側へと流れ、表面の感覚層へと向かう一方で、感覚器官が生み出した電気信号が外部の層を通過しながら内側へ移動し、それらの層と相互作用を果たすのではないかと考えている。電気通信で使用されている高速の光ファイバーケーブルと同じように、この維管束系が植物の知覚と行動を結びつけている可能性がある。だが、この生体ケーブルのなかで実際に何が起きているのか、それがどのように働いて植物を意外な環境に驚く予測マシンに仕立てあげているのか、という点についてはまだ答えは出ていない。物理的なネットワークが存在することは確認できるが、まだその働きを十分には理解できていない。

## 植物は思考するのか？

植物心理学の種は一〇〇年以上も前にまかれているのに、それを正当に評価しようとする動きはあまりに遅い。一八七〇～九〇年代のエディンバラの住所氏名録によると、一八八三年ごろ、エディンバラで私が借りていた家に、ヴィクトリア朝の民衆を描いたシェトランド州出身の女性作家ジェシー・サクスビーが住んでいたという。私はそれを、フィリップ・スノウという人物から受け取った手紙で知った。スノウは、サクスビーの伝記を執筆しているライターだった。[15] かつてジェシー・サクスビーがそこで暮らしていたことを「現在の居住者」に伝えるとともに、その家が現在どうなっているか見せてほしいとの要望が認められていた。だがあいにくその日は、その家の賃借期間の最終日だった。在外研究の最終日でもあり、荷物を車に詰めているところだった。

私はこの手紙を読むと、途方に暮れた。その一方で、ジェシー・サクスビーについても、フィリップ・スノウ自身についてもさらに知りたくなった。そこでノートパソコンを開くと、手紙に記されていたメールアドレスにすぐさま返信した。するとメール交換が始まり、やがていろいろなことが明らかになっていった。ジェシー・サクスビーは、この家を去ってシェトランド諸島に隠遁したころには、ガーデニングに夢中になっていたらしい。野山の植物を集めて庭に植え、シェトランドの草花について無数の記事を執筆していたという。フィリップはまた、老婦人となったジェシーやその五人の息子の写真も送ってくれた。

フィリップによれば、ジェシーには、「若いころに植物学の教授をしていた」トーマス・エドモンドストンという兄がいた。それを聞いて、私の関心は決定的なものになった。この人物は、一八五〇年代半ばに南北アメリカ大陸の西海岸を探検したヘラルド号に植物学者として乗船しており、その後『Flora of the Shetland Isles（シェトランド諸島の植物相）』という小著を執筆していたという。私はすぐに、デズモンドとムーアが執筆したダーウィンの伝記を読み返し、ダーウィンとエドモンドストンがいつかどこかで会っているのではないかと空想した。

フィリップはそれに対してこう記している。

トーマスはペルーのスア湾（訳注／現在はエクアドル領）までしか行けませんでした。そこでたまたま銃弾を受け、わずか二〇歳で亡くなったのです。（中略）ダーウィンはおそらく若きトーマス・エドモンドストンと会ってはいないと思いますが、注目すべきことに、シェトランド諸島の博物学者だったその父ローレンス・エドモンドストンとは文通をしていました。実際、トーマスの早すぎる死の知らせを受け、父親にお悔やみの手紙を送っています。

こうした期待外れもあったが、さらなるメールのやりとりにより、こんな事実も明らかになった。ジェシーの末子であるチャーリー・アーガイル・サクスビーが、一九〇三年に『シェトランド諸島の植物相』の第二版を編纂するとともに、自身でも『Do Plants Think?（植物は思考するのか？）』という論文か書籍を執筆していたのだ。私は早速インターネットを調べ、『プリマス協会およびデヴォン・コーンウォール自然史学会議事録（一九〇六～〇七年）』に掲載されていた一六ページの抜き刷りを見つけた。そこにはこう記されていた。

植物は思考するのか？――植物の神経学と心理学に関する思索
著者　C・F・アーガイル・サクスビー

この正式なタイトルをもとに、フィリップが英国図書館のウェブサイトでその書籍のハードコピーを見つけ、二〇一七年九月下旬に私のもとへ送ってくれた。植物心理学は、二一世紀のいまでもきわめて風変わりな学問に見えるが、一九〇六年以前からすでに真剣に考察されていたのだ。私は、フィリップの書いた伝記が出版される一世紀近く前に、あのエディンバラの家の玄関前に座っていたサクスビーの写真を見ながら、私たちが再び（一つの可能性として）植物心理学とつながるまでにどれだけの時間がかかったのかと考えた。アーガイルの論文は大部分が思索に基づいているが、私たちの研究は、植物心理学に関する思索を、実験で検証可能な科学的仮説に変えることにある。

## マインドウェア

私はこれまで、生理学では生体がどのように機能しているのかを説明できるだけだという点を強調してきた。生理学には、それを包括する心理学が必要だ。分子が実際に機能するための、より高次の枠組みである。認知科学において動物を考察するのと同じ視点で植物を考察することなく、生理学だけに頼っていては、植物のふるまいや行動を予測することはできない。

人間以外の動物においても、その行動を心理学的に評価する道のりは、過去四〇〇年以上にわたり困難を極めた。一六三〇年代にはフランスの偉大な哲学者ルネ・デカルトが、人間などの動物の行動を包括的に説明する生理学的基盤の構築に取り組んだ。そして、食肉解体業者から手に入れた動物の各部位の解剖・研究を通じて、人間の身体が、筋肉の仕組みから脳の働きに至るまで、機械的に機能しているという詳細な生理学理論を発展させ、人間などの動物の行動の大半はこの機械的な機能で説明できると主張した。デカルトによれば、大半の行動は心とは何の関係もない。危害を避け、有益なものに惹きつけられる基本的な仕組みがあれば、それで十分だという。

こうした仕組みは、本能や具体的な「記憶」に基づいている場合が多い。たとえば人間は、燃えるように熱いものから本能的に手を引っ込める。イヌは、叩きのめされているときによくかかっている音楽を聞くと、それだけで尻込みする。このデカルトの理論では、心は知性と同じである。動物は知性を持たないため、本質的に複雑な自動機械のように機能する。その感覚は、音や光や接触が脳に直接もたらす作用と変わらない。したがって、複雑な認知は必要ない。この生理学に支配された心理学では、動物のいかなる知覚力や感情も否定される。動物は機械なのだ。このデカルト学派の世界では言うまでもなく、「植物」が何らかの知覚力を持つという考えは、ばかばかしいにもほどがあるということになる。[16]

だがデカルトからおよそ二〇〇年後、自称機械論者のヘルマン・フォン・ヘルムホルツが、感覚の働きに関する理論を引っ提げて、心理学の領域へと足を踏み入れた。[17] ヘルムホルツはこう主張している。感覚の作用とは確かに、感覚器官や神経への物質的な作用であるが、それが外部世界のものに対する「認識」を生み出す。見たり、聞いたり、においをかいだりするのは、それを意識することだ。というのは、そこには当然、自己の外側にある何かの概念が伴うからだ。心はこの入ってきた感覚データをもとに、この世界にある何かの存在を推測する、と。

同様に、一九世紀フランスの生理学者クロード・ベルナールも、呼吸や消化、体温調節などの機能がどのように行なわれるのかという具体的事象にとらわれてはいたものの、やはり生物と環境との関係を理解するには心理学的視点が重要だと訴え、動物の中枢神経系がその知覚と行動とを結びつけていると主張した。ベルナールはいまだ生理学を基本とし、心理的現象も最終的には生理で説明できると考えていたが、これは実質的に、デカルト学派の機械的な世界観からの離脱を意味している。そこから類推すれば、植物の場合も維管束系が植物の知覚と行動を仲介しているという仮定が成り立つ。生理が心理の手助けをしているというわけだ。

やがて二〇世紀に入ると、生理学一辺倒の学者たちも心理学の台頭に苦戦することになる。たとえば、著名な実験心理学者のドナルド・ブロードベントは、生理学と心理学との関係をひっくり返した。それまで心理学は、生理学の下位に置かれ、身体各部の機能の研究を延長したものに過ぎないと考えられていた。ところがブロードベントは、心理学理論には独自の価値があり、生理学的な土台は必要ないと述べるだけでなく、生理は心理的機能の「なか」に位置づけて理解するべきだと主張した。こうして心理学は徐々に、生理学がその意味を見出すための包括的な枠組みへと変貌を遂げていった。その後間もなく、哲学者のジェリー・フォーダーも同様に、心理学と神経生理学とは密接な関係にあるものの、心理学は神経生理学に還元できない「固有の学問」だと述べている。[18]

だが、心理学の正当な評価だけではまだ不十分かもしれない。生理学が示す物質的な仕組みと、実験心理学が示す記述的理論との間には、次のような問題が残されている。感覚データを行動に変える際に、実際に何が行なわれているのか？　この疑問に答えるには、新たな思考法が必要だ。

このテーマを探究する一つの方法となりそうなのが、二〇世紀後半の科学者が提唱した計算理論である。たとえばデヴィッド・マーの研究は、計算論的神経科学や人工知能の発展に多大な影響を及ぼしている。マーの主張によれば、神経細胞がどのように組織され、脳内でどのように機能しているのかを説明したところで、視覚などの感覚がどのように知覚を生み出すのかを明らかにはできない。データをどう収集するか「だけ」でなく、それをどう操作しているのかを解明する必要がある。たとえば、網膜上で収集された二次元画像は、脳内でこの世界の三次元モデルに変換される。[19]だが、その物理的な仕組みを解明したとしても、それは脳という「コンピューター」のハードウェアでしかない。それだけでは、プログラムの仕組みを説明できない。コンピューターチップの仕組みを理解しても、コンピューターの機能がわかるわけではないのと同じである。

つまり、その作業にかかわるアルゴリズムや「ソフトウェア」を理解することが重要になる。私たちは、ハードウェアを構成する要素は理解しているかもしれない。だが、それを組み合わせて全体として機能させる方法を指示するものがなければ、最終結果のモデルを生み出すことはできない。

これを植物にあてはめて考えると、生理学的な視点だけでは植物を理解できないと結論できる。生理学はハードウェアを提供しているだけであり、それがどのように機能しているのかを示してはくれない。だがその一方で、植物の行動を観察し、空想的な植物心理学を生み出すだけでは、やはり植物を理解できない。植物を動物と同じように、感覚データを外部世界の表象に変える複雑なアルゴリズムを備えた情報処理装置と見なすべきだ。そのためには、もっとよく理解しなければならないことがいくつかある。

第一に、「植物の視点」から見て、支持物や栄養素の探索といった作業を規定する要因が何なのかを知る必要がある。アルゴリズムを作動させるためには、アルゴリズムに何を入力すればいいのか？　それは、人間の視点から推測できるような自明なものではないかもしれない。第二に、植物が「感覚」からのデータと外部世界に関する「予測」とを統合する際に行なっている一連の情報処理過程を解きほぐす、という難しい作業に取り組まなければならない。そして第三に、それらが植物の行動にどうフィードバックされるのかを解明する必要がある。

知覚するとは、感覚的な経験から意味を生み出すことだ。その意味は、知覚主体の周囲の世界のありさまや、いま起こった出来事の原因につながるものでなければならない。このプロセスにより初めて、生物は自身に有益な行動を形成することが可能になる。それなら支持物を探すインゲンマメは、回旋運動を行ない、周囲の環境に関する内部モデルと外部から収集するデータとの間を行き来しながら、目標を最終的につかむ方法を微調整しているはずである。

だが現段階である程度わかっているのは、インゲンマメが支持物を探す理由や、その運動の生理的な仕組みだけだ。これら二つの要素がどう結びついているのか、どのようなプロセスにより「目標」が「行動」になるのかは、まだわかっていない。したがって、ハードウェアと表面的なソフトウェア、すなわち神経科学と心理学を理解するとともに、それらを結びつけているものも理解する必要がある。その際には、マーのような情報処理に基づくアプローチが重要な鍵を握ることになるかもしれない。私たちは、植物が思考しているのではないかと考えている。だが、生理と行動との関係を明らかにしなければ、植物の清らかで謎めいた姿の背後に目を向け、植物がどのように思考しているのかを理解することはできない。

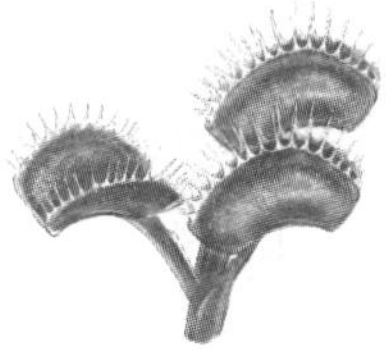

# 第六章　生態学的認知

## 植物のソフトウェア

私はいつも、植物の知性を表現する挿絵を大変おもしろく拝見している。図版担当の編集者にとってこのテーマは悩みの種らしい。編集者たちが思いつく図柄を見ると、植物の思考がどのように理解されているのかがよくわかる。二〇〇五年には《トレンズ・イン・プラント・サイエンス》誌の三月号で、植物の知性が取り上げられた。見出しには、「植物の神経的な信号伝達　それは知的行動と言えるのか?」とある。

この号の表紙には、二本のヒマワリがチェスをしている絵が描かれている。眼鏡をかけた一方のヒマワリが、ぼんやりとした相手のヒマワリを負かしていい気になっている図柄である。植物だけを専門とする主要雑誌でさえ、人間的知性という固定観念に頼って植物の認知を表現している。それから一〇年がたっても、事態はあまり変わっていない。二〇一四年一二月に《ニュー・サイエンティスト》誌が、「利口な植物」と題して、植物の知性を再考する特集を組んだ。そのときの挿絵には、脳の形をした鉢植えの植物が、ロダンの有名な彫像『考える人』と対話している図柄が描かれていた。前屈みに座り、考え込むように手にあごを載せている、あのよく知られた男性像である。その小見出しには、「植物は考え、反応し、記憶する」とある。こうしたばかばかしい絵を見ると、知性に対する支配的な考え方がいかに視野の狭いものであるかがわかる。

私が数年前に本書の素材を準備し始めたころ、息子が親切にも、当初の仮題をタイトルに冠したこの本の表紙をデザインしてくれた。その際、息子は当然のごとく、植物の知性を表現しようと、自分にとって知性がもっとも発揮される場を利用した。つまり教室である。

私たちはいつも、たとえに頼っていろいろな考えを理解してきた。ほかの人の考えというのは、そのまま理解するにはあまりにつかみどころがないため、それを具体的に考えられるようにする手段が必要になる。知性を表現するために利用されるたとえは時代ごとに異なるが、たいていは当時の支配的テクノロジーが採用される。ポンプ、水時計、ぜんまい仕掛け、電話網などである。私たちはずいぶん前からそうして、人間や動物の知性を理解してきた。そしていま、植物の認知能力を

植物の認知力　次なる革命
著者：パコ・カルボ

受け入れようとする際にも同じことをしている。だがこの方法は、理解を容易にするだけではない。

　たとえは、思考を助けるツールになる一方で、そこから生まれる思考にどうしても影響を及ぼしてしまう。実際、私たちはいまや、このたとえるだけの状況からさらに歩を進め、まさにコンピューターを使って知性を模倣しようとしている。私は一九九〇年代後半、カリフォルニア大学サンディエゴ校のフルブライト客員研究員として、人工ニューラル（神経）ネットワークの興隆をじかに目撃する幸運に恵まれた。一九九〇年から二〇〇〇年までの一〇年間は、「脳の一〇年」と呼ばれている。* 人工ニューラルネットワークの開発者たちは神経科学者と協力して、ネットワーク内の「シナプス」を調節す

＊ 1990年代を「脳の10年」と命名したのは、アメリカ連邦議会である。神経科学界の指導者たちの推薦を受け、マサチューセッツ州選出の共和党下院議員シルヴィオ・コンティが発起人となり、1990年7月にジョージ・H・W・ブッシュ大統領がこの宣言に署名した。

ることで認知をモデル化しようとした。人間の脳の「機能」面にヒントを得て、生物学的な神経細胞を理論数学的な装置に、シナプスを数的な結合荷重に置き換えたのである。[1]

当然ながら、植物科学者がお気に入りのたとえもやはり、人間世界のインフラを支配するデジタルテクノロジーである。そのため植物の知性は、以下のような計算処理の物語になりやすい。植物に知性があるとすれば、それは植物が情報を処理しているからだ。人間がソフトウェアの手順に従うコンピューターとチェスをすることができるように、「利口な植物」は「計算処理」しているがために、ロダンの「考える人」と対話ができる。自然は植物のなかに、ある種の「ソフトウェア」を組み込んでいるに違いない。そのおかげで植物は、緑のコンピューターのようにふるまい、環境からのデータをふるいにかけ、それを処理して行動という出力を生み出すことができる、と。

もちろん、雑誌の編集者たちは、複雑な内部信号伝達系に愉快な視点をもたらそうとして、あのような挿絵を選んでいるのだろう。だがコンピューターというたとえは、文字どおりのものとして受け取られつつある。つまり、ソフトウェアに書かれたルールを理解すれば、認知の仕組みも理解できるという発想だが、それはデヴィッド・マーの計算論的な心の理論の核心でもある。

これは、ある程度は有益なたとえである。私自身も本書のなかで、「ハードウェア」や「ソフトウェア」という言葉を使ってきたのは、見てのとおりだ。その仕組みとはどういうものなのか、「計算処理」が何を意味しているのかをさらに詳しく調べようとするなら、現在のコンピューターの祖先にまでさかのぼるのがいちばん簡単だろう。

その一例が、ダーウィンと同世代のチャールズ・バベッジが考案した「解析機関」である。これは、純然たる理論的発明でしかない。この機関が実際につくられることはなかったからだ。バベッジは、ジョゼフ・M・ジャカールが繊維産業のために考案したジャカード織機からヒントを得た。ジャカード織機は、普通の織機と、それに取りつける数枚のカードから成る。これを使うと、布に模様を織り込む作業を自動化できる。カードに開いた穴が模様に対応しており、カードを一定の順に並べ、それを織機に読み込ませることで、一列ごとに特定のデザインが次々と織りあげられていくのである。

このカードの穴が、織機を操作するソフトウェア（一連のルール）に該当する。これにより、織工が絶えず注意を払う必要がなくなる。バベッジはこれを見て、それと同じ仕組みで計算機をつくれるのではないかと考えた。それが、歯車と軸から成る、パンチカードを使った蒸気駆動の複雑な「解析機関」である。[2]

この機関の能力は、そのソフトウェアであるパンチカードによる。数値を示す「定数」カード、列状に数値を配置する「変数」カード、割り算や掛け算などの行為を選択する「演算」カードである。この機関にはさらに、数値を保持するストアと、それを処理するミルがある。これは、現代のコンピューターのメモリと中央演算処理装置に相当する。つまりこの解析機関は、電子部品の代わりに機械部品を使った汎用コンピューターであり、その後に現れた力強いテクノロジーを支える原理を明らかにしている。カードの穴のパターンを変え、異なるカードの組み合わせを機械に読み込ませれば、この機関上で異なるプログラムを作動させることができる。ロマン派の詩人バイロン卿の娘で、史上最初のプログラマーとされるエイダ・ラヴレスは、バベッジの研究についてこんなメモを残している。「ジャカード織機が花や葉の模様を織りあげるように、『解析機関』は代数の模様を織りあげると言うのが、もっともふさわしいのかもしれない」[3]

だが、こうしたコンピューターを利用したたとえは、あまりに大きすぎる影響を与えてきたのかもしれない。それは思考が、チェスのなかで行なわれるような、厳格に管理されたデータ処理のようなものというイメージを与える。植物に認知能力があるのなら、環境を感知してそれに反応できるような、厳格な命令の手順に従っているに違いない、というわけだ。だがチェスは、一連の単純なルールで構成された「型どおり」のゲームである。コンピューターは、そのような明白なルールに基づいて、大量のデータを操作するのが得意だ。つまり、ここで重要なのは、コマの材質などではなく、ルールに従うことにある。チェスをプレイするのに、ボードは必要ない。スクリーンを使ってもいいし、数字や文字で代用してもいい。しかし、植物にとってルールは重要ではない。機械は

「花や葉の模様を織りあげる」ことはできるが、生物の器官を再現することはできない。

現在のスーパーコンピューターを見ると、バベッジの「解析機関」などはるかに見劣りがするが、それに感銘を受けるのもほどほどにしておいたほうがいい。情報処理にまつわる開発競争はいわば、一秒間に命令をいくつ実行できるかに集約されるが、それは生物の知性とほとんど関係がない。私たちは、信じられないほど複雑な精神生活を一片のソフトウェアに還元されてしまうと、どこか不安になる。本能的に、自分たちは複雑なプログラムを実行するだけの自動機械ではないと思っている。人工知能（AI）を不気味に思い、不安を抱く一因はそこにあるのだろう。

機械は確かに、私たちの脳に似た機能を果たしているように「見える」が、それを支えているのは単なる計算処理に過ぎない。機械は、人間をはるかに超える能力と人間にはるかに及ばない能力とを兼ね備えた、柔軟性に欠けた分身でしかない。

## 心は物質である

チェスをビリヤードと比較してみると、両者における行動が著しく異なることに気づくに違いない。チェスには、ルールに縛られた計算があるだけだが、ビリヤードには、認知と身体的行動との相互作用がある。ビリヤードの場合、戦略を練ればそれですむわけではない。ボールについて考えたことを、キューを使って実現する必要がある。つまり思考を、物質的領域にまでリアルタイムで拡張しなければならない。

私たちは結局、植物であれ動物であれその「思考」を、チェスのような型どおりのルールで表現することなど決してできないだろう。これは、ソフトウェアか生理的なハードウェアだけを見ていればすむ話ではない。植物などの生物が、触知できる相互作用のネットワークのなかにいる物理的存在であることを考慮する必要がある。おそらく植物の思考は、はるかにビリヤードに近いものだ。それなら、生態学的環境の物理的変化のなかで、それを理解しなければならない。

ルールを「もと」に行動を説明することと、行動をルールの「結果」と見なすこととの間には、どんな違いがあるのか？　ここで、ミツバチの巣のあの六角形の構造について考えてみよう。ミツバチはいったい、球形の蜜ロウの小部屋からどのようにしてあの六面構造をつくりあげているのか？どんなルールに従っているのか？　そう言われると、ミツバチ自身の能力だと考えたくなる。ダーウィンも、当初は球形の小部屋をミツバチがつくり変えているのではないかと考えたが、その変形の過程を観察することはできなかった。そして、自然全体を統一的な視点から見つめようとしたダーウィンらしく、ミツバチは自然淘汰の結果として六角形をつくるようになったと仮定した。

つまり、六角形の小部屋で構成される巣をつくる種が、生存・繁殖する可能性がもっとも高かったということだ。しかしながらミツバチは実際のところ、あの巣の六面構造を意図してつくってい

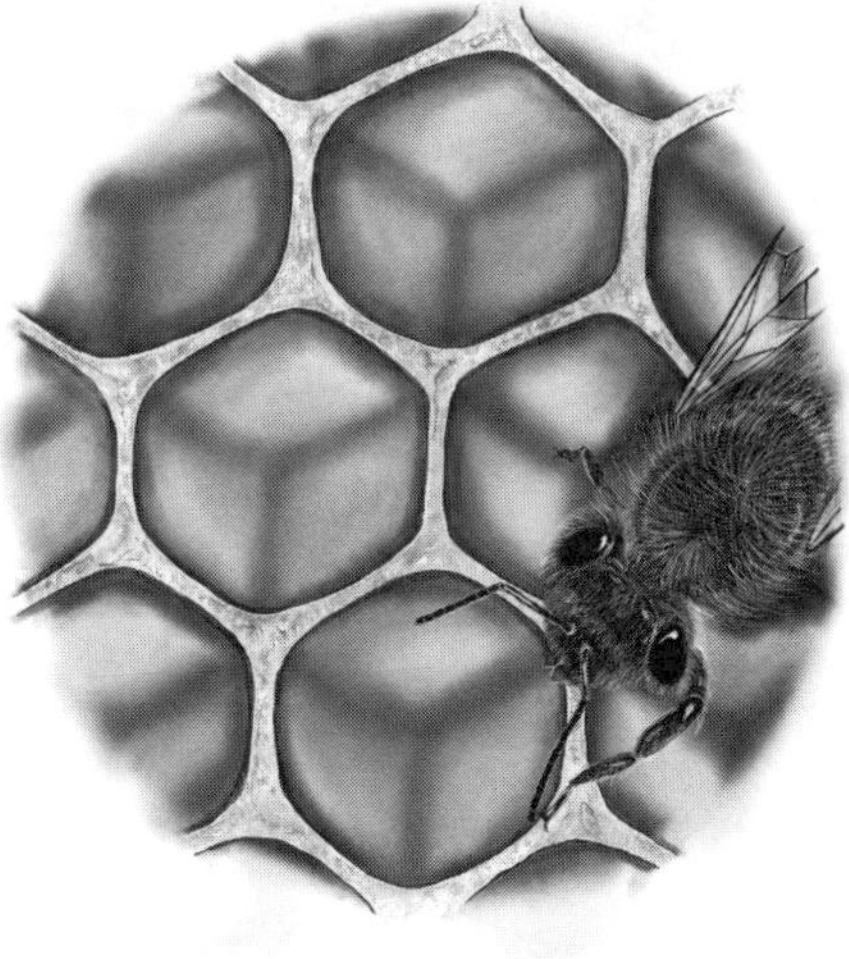

るわけではない。生来組み込まれたルールブックを参照しているわけではないのである。現在わかっているところでは、この六角形の小部屋は「物理法則」の結果であって、生物学的進化の結果ではない。ミツバチは、蜜ロウでつくった球形の小部屋を積み重ねていく。小部屋は重なれば重なるほど圧縮される。すると表面張力により、小部屋の壁が自然に六角形になる。六角形をつくるルールに従っているわけではないのだ[4]。

　複雑な六角形は、コンピューターに制御された3Dプリンターで生み出されたかのように見えるが、球形の蜜ロウの小部屋を積み上げるミツバチの本能と物理学の法則でも生み出せる。それなら、認知能力を理解しようとする際に、これまで本書で述べてきたように「ソフトウェア」に注目するだけでは不十分なのかもしれない。

すでにおわかりのように、コンピューターの活動は物理的世界とはほとんど関係がない。小さなマイクロチップであれ、部屋全体を占めるスーパーコンピューターであれ、スマートフォンであれ、AIロボットであれ、それは同じだ。一方、生物やその心は、それ自身の物理的形状や周囲の世界と密接に関係している。インコの脳をネズミに移し替えたとしても、同じようには機能しない。カブトムシの意識をペチュニアに移し替えることはできない。

ノーベル経済学賞を受賞したアメリカの計量心理学者ハーバート・サイモンは、浜辺を歩きまわるアリを使った画期的なたとえ話で、この依存関係をみごとに要約している。砂の上をやみくもに動きまわっているように見えるアリの行動を観察しているところを想像してみてほしい。単体で見ると、アリの歩みは複雑で一貫性がなく、推測できそうもないルールに導かれてでたらめにあちこちへ進んでいるように見える。だが、アリが歩きまわっている区域全体を見れば、アリが障害物を避ける以上に高度なことをしているわけではないことがわかる。一見複雑に見えるアリの動きは、環境の性質によるものであり、それがアリの行動を決定している。小さなアリはただ、自分にはなかなか通過できない砂丘のなかで道を探していただけなのだ。[5]

これは何も、あらゆる行動は単純だと言いたいわけではない。行動は、それが実現される環境のなかで理解されなければならない、ということだ。動物中心的で物質的な生理学で認知を定義すべきではない。だがその一方で、心は非物質的なものではない。アンディ・クラークとデイヴ・チャーマーズは、その「拡張された心」理論のなかで、頭蓋という制約を超えて外部の世界にまで拡張された認知、思考に利用されるツールなども組み込んだ認知のイメージを提示した。

植物の場合、もちろん頭はないが、根や茎、巻きひげ、吸枝で外部の世界へと拡張している。環境のなかへと器官を伸ばし、集団で生態系のインフラをつくりあげ、地下の細菌類や真菌類と交流し、葉の縁や茎のあちこちで捕食者と闘い、花で動物をおびき寄せ、その動物に生殖細胞の塊を付着させて遠くまで運ばせている。私たち人間の心がスマートフォンや鉛筆やレゴ®ブロックにまで広がっているとクラークが想像していたように、おそらくは植物の「心」も外部の世界にまで広がっている。「生態」心理学では、この考え方をさらに推し進め、生物の物理的性質や環境の物理的性質を、その生物の思考にとって「不可欠」なものと考えるが[6]、これはとりわけ植物にあてはまる。

ＭＩＮＴラボでは、植物の行動を制御するルールには注目していない。むしろ、植物と環境との関係が植物の行動にどう影響しているのかに目を向けている。心理学者のウィリアム・メイスもこう述べている。「頭のなかに何があるかではなく、頭が何のなかにあるのかを考えるべきだ」と。[7]

## 離れたところに橋を架ける

リュミエール兄弟は一八九五年、最初期の映画の一つである『ラ・シオタ駅への列車の到着』を製作した。この無声ドキュメンタリー映画は、ラ・シオタ駅に列車が入り、乗客がスタッカートを刻むような足取りで降車している姿を映し出している。ある報道によれば、一八九六年、動く映像にまったく慣れていない観衆の前でこの映画を初めて上映すると、スクリーン上を観客に向けて突進してくる列車を見て、数名が半狂乱になって悲鳴をあげ、会場の奥へ急いで逃げていったという。

これは単なる都市伝説かもしれないが、十分に真実味のある話である。私たちは現在、大半の人間がスクリーンを経験し、絶えず動く映像に慣れきった世界に暮らしているため、接近してくる列車に驚いたという話など、本当とは思えないかもしれない。だが、過剰な映画体験にまだ飽き飽きしていない一九世紀の観衆ならば、たとえ白黒映像であれ、高速で突進してくる列車を見て、きわめて原始的な衝動に駆られたとしても不思議ではない。

初めて映画を見たこの観衆はなぜ、二次元の映像にそれほど驚いたのだろうか？　観衆もおそらくは、スクリーン自体が近づいてきたわけでないことはわかっていたはずだ。実際、観衆に向かって突進してきたものは何もない。したがってこれは、周囲で起きていることをどう評価するかという問題になる。生物が環境とかかわり合う際に直面する問題のなかに、距離の判断がある。生物は基本的な生活を送るなかで、周囲の世界の物体に触れたり、それを避けたりする必要がある。そのためには、急速に変化することもある動的な環境のなかで、自身の身体とほかの物体とがどんな関係にあるのかを知らなければならない。

この問題は、動物と植物では異なると思うかもしれない。たとえば、林床に落下しないよう枝から枝へと正確に飛び移っていくタマリン属のサルと、根づいた位置からはい上がるための支柱を探して回旋運動をするつる植物とを比べてみてほしい。両者はどちらも、同じ課題に直面しているか、似たような解決策を利用していると言えるだろうか？　だが、実際に起きていることを検証してみれば、そう言って差し支えないことがわかる。

ここで、イギリスの宇宙物理学者サー・フレッド・ホイルが一九五七年に発表したSF小説『暗黒星雲』（訳注／邦訳は鈴木敬信、法政大学出版局、一九七〇年）を見てみよう。これは、巨大な黒いガス状の雲が地球のそばに現れる不気味な物語である。

架空の天文台が一定期間ごとに撮影した写真を見比べてみると、雲の見かけのサイズは次第に大きくなっている。厄介なことに、雲は地球に迫っているらしい。地球上の天文学者たちは、これらの証拠に基づき、雲はいずれ地球を覆い尽くすと推測する。だが、雲までの距離とそれが迫り来る速度がわかりさえすれば、その宇宙的ハルマゲドンが到来するまでの時間を計算し、何らかの適切な行動をとることができる。そこである天文学者が、雲が大きくなるにつれてそれに隠れて見えなくなった星からの発光スペクトルを利用すれば、雲が膨張する速度を計算できると考える。だが、そんなことをする必要はない。それよりもはるかに簡単な計算法があるからだ。残された時間を導き出すのに、雲が膨張する速度や現時点での距離を計算する必要はない。雲の見かけのサイズがどのくらいのペースで大きくなっていくのかを調べさえすればいい。

もっと単純なありふれたたとえを使って、その仕組みを考えてみよう。図6の二つのレンガを見てほしい。読者から見ると二つのレンガまでの距離はそれぞれ異なるため、カメラの代わりを務める網膜に投影される二つのレンガのサイズは同じにならない。遠くにあるレンガのほうが、近くにあるレンガより小さく見える。それでも読者は、後ろにあるレンガのほうが小さいとは思わない。読者はおそらく、どちらのレンガも同じサイズだと「知覚」する。知覚を研究する心理学者は、これを「大きさの恒常性」問題と呼ぶ。

「生態学」的に見ると、この大きさの恒常性はどう説明できるのか？　私たちの視覚系や脳は、距離の計算やレンガのサイズの推測といった無駄な作業を行なわない。そもそも、そんな情報を収集する術がない。私たちは、速度計や巻き尺を備えた機械ではないからだ。だがそれと同じぐらい有益で、網膜で直接利用できる情報がほかにもある。よく見ると、敷石に占めるそれぞれのレンガの

図6　大きさの恒常性の一例。二つのレンガの底面の面積は、それが置かれた敷石と比較してみると同じである。

割合が同じであることに気づくはずだ。

どちらのレンガも、それが置かれた敷石のおよそ三分の一を占めている。私たちの脳は、距離や、網膜に投影されたサイズに関係なく、レンガの幅と敷石の表面積との比率を手がかりに、どちらのレンガも実際には同じサイズだと理解する。私たちは、絶対的な長さや距離をもとに、知覚を形成しているわけではない。物体とそれが置かれた環境との「関係」を利用しているのである。

SF作家の想像力はときに、科学的な知見や予測をもたらすことがある。ホイルは少々「生態学」的な天文学者だった。ホイルが生み出した登場人物は、この感知された比率をもとに雲の動きを計算し、それが地球に達するまでの時間を解明した。ここでその雲を、自分に向かって飛んでくるバスケットボールだと仮定してみよう（図7）。自分の目とボールとの距離は、どんどん短くなる。時間$t$のときに、バスケットボールは距離$z(t)$のところにあり、一定の速度$v$で近づきつつある。その際、網膜に投影されるボールの像のサイズは$r(t)$であり、実際のボールのサイズに比例する。ボールが自分に近づくにつれ、その像は$v(t)$の速さで大きくなる。[8]

ここで、網膜に投影されたボールの像のサイズと、その相対的なサイズの変化率（顔面に近づいてくるボールの像の膨張率）との比を調べれば、必要なあらゆる情報が得られる。図7の二つの三角形は相似である。したがって、$r(t)$と$v(t)$の比は、$z(t)$と$v$の比とほぼ同じになる。この比を$\tau$（ギリシャ文字のタウ）と呼ぶことにしよう。これは、以前からMINTラボの研究に協力してくれていたエディンバラ大学の名誉教授デイヴ・リーが一九七〇年代に提唱した名称である。$\tau$は、物体と観察者との隔たりがどう変わりつつあるのかを相対的に示す値であり、この場合は、現在の移動速度での接触するまでの時間を示すものと考えられる。*

紙面上で物理学の問題を解いているのであれば、ボールが一定の速さで移動しているときにボールが距離を埋めるまでの時間は一般的に、距離を速さで割れば求められる。だが生物が環境を感知する場合には、網膜上で変化する像を利用してその比を確認しさえすれば、バスケットボールが顔面にぶつかるまでの時間がわかる。

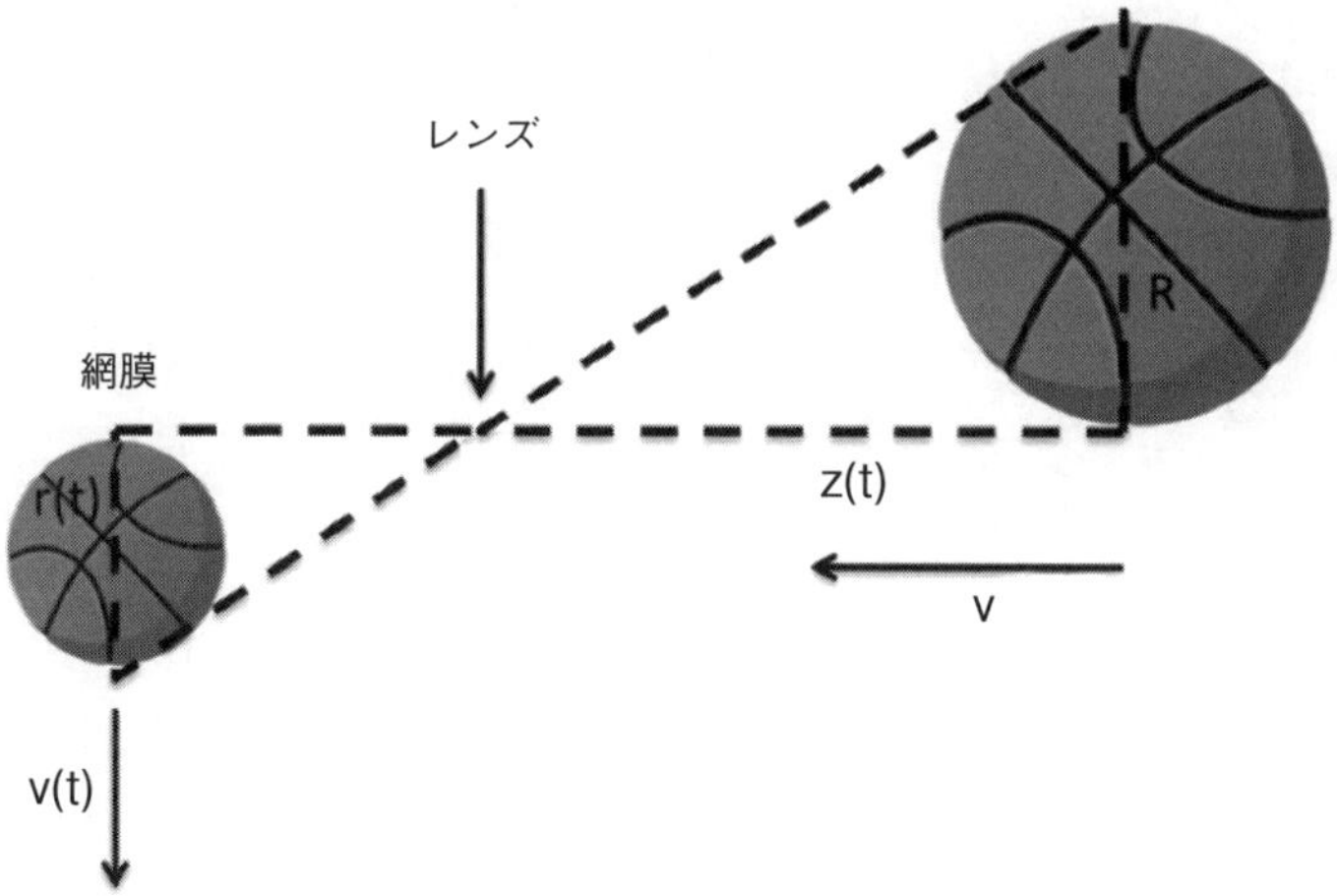


図７　幾何学的に見た接近するバスケットボール

このボールを、地球に接近する黒い雲に置き換えても、同じ関係があてはまる。ホイルの小説に登場するあの恐るべき雲の場合でも、雲が地球に接近する速度が一定であれば、$\tau$により接触するまでの時間がわかる。この$\tau$は、一定期間ごとに天文台が撮影した写真（これはいわば巨大な網膜に相当する）を比較すれば求められる。ある写真と、その次に撮影された写真とを見比べて、雲のサイズがどれだけ大きくなったかを調べればいい。像の膨張率から、その数値がわかる。

ホイルの小説では、あわてふためく天文学者たちが、最初の写真からその一カ月後に撮影された写真までの間に、雲の像が五パーセント膨張していることを突き止め、雲は二〇カ月後に地球に到達すると予測する。天文学者たちがそ

＊数学志向の読者のために言えば、$\tau$は網膜に投影された物体の像の膨張率の逆数である。数式で表せば、$\tau$ =r(t)/v(t) となる。

れにどう対処したのかについては、この小説を読む楽しみを奪うことになるので、ここでは語るのを控えておこう。

『暗黒星雲』はSFだが、生物の現実世界での行動を見ると、このような比率に頼っている場合がよくある。エディンバラでの在外研究が間もなく終わろうとしていた二〇一七年、デイヴ・リーと私は、毎週恒例にしていた飲み会の予定を変更して、フォース湾にあるバスロックへと散策に出かけた。ダーウィンが学生のころ、潮だまりに分け入って海綿動物やウミエラなど貴重な海生生物を探していた海岸地帯である。私たち二人は、本土側の花崗岩の崖のそばに何時間も座り、風にあおられながら、カツオドリの群れが次から次へと海に急降下していく姿を眺めていた。

カツオドリは、機械的な正確さで素早く羽を畳み、一瞬にして白い一本の矢になって海に突入する。そんなとき私はよく、カツオドリが銛《もり》のように海面下の魚の群れに突っ込み、泡の渦をなびかせながら魚を捕らえ、水面に浮かび上がってくる様子を想像した。デイヴの話によれば、この場所には四〇年前から定期的に通っているが、鳥たちのこんなショーを見たのはまだ五回ぐらいしかないという。まるでカツオドリが、私のために華々しい送別会を開いてくれているかのようだった。

とはいえ、送別旅行にたまたまバスロックを選んだわけではない。デイヴは、何年も前にエディンバラで人間や動物の行動に関する最先端の研究を始めて以来、定期的にこの場所に通っており、当時はすでに、カツオドリがあれほど完璧に海に突入するために何をしているのかをよく知ってい

た。実際、一九八一年にかつての教え子ポール・レディッシュと連名で《ネイチャー》誌に発表した論文で、水中に飛び込むカツオドリの映像を分析している。[9] そのなかで掲げられた問題は以下のようなものだった。カツオドリは水中に入る前に、翼を畳むべき瞬間をどのように把握し、首の骨を折るなどの損傷を避けているのか？

カツオドリの目はくちばしのすぐそばにあり、立体視ができるため、距離を計測できる。だがデイヴは、ホイルのSF的知見がカツオドリにもあてはまるのではないかと考えた。あの天文学者たちが黒い雲のサイズを知る必要がなかったのと同じように、カツオドリも距離や速度を気にする必要はないのかもしれない。結果的に、その考え方は正しかった。カツオドリは$\tau$に反応している。網膜に映る像のサイズの変化を利用して、海水面に接触するまでの時間を計測し、適切なタイミングで翼を畳む。絶対的な速度や高さを知る必要はない。$\tau$は「相対的」な変化を示しているだけだが、それさえあれば、海水面に接触するまでの時間がわかる。

## 見ればわかる

私は以前からデイヴに、支持物を探して回旋運動をするインゲンマメの研究に関する話をしていた。それを聞いたデイヴは、インゲンマメが近隣の支柱につるを伸ばす際に何をしているのか、わかるような気がすると言っていた。

それは、海に急降下する際のカツオドリの行動とさほど変わらない。カツオドリの事例は、動物が自分の動きを利用して環境を知覚する方法の一例に過ぎない。花の上の着地点に近づくミツバチ、曲芸的な動きを見せながら鳥のえさ台にやって来るハイイロリス、頭を前後に揺らしながら移動するハト、これらはみな、自分の動きを利用して網膜に映る像の変化を引き起こしている。それにより$\tau$に関する情報を得て、接触するまでの時間を直感的に把握している。動物たちは、この測定に異常なほど敏感だ。それが、生きていくのに不可欠な情報になる。[10]

植物も同じような仕組みを持ち、根が塩分の少ない土壌を探しあてるように、さまざまなものの相対的変化を知覚しているのかもしれない。生態学的情報が動物にしか利用されない理由はない。確かに、網膜上で視覚情報を生み出すのは動物だけの特徴だ。だが、植物も同様の情報を収集しているのなら、それを使わないはずがあろうか？　すでに述べてきたように、植物は動かない生物ではない。歩くのではなく形状を変えるという方法ではあるが、絶えず動いている。インゲンマメが支持物を求めて、フライフィッシングのように前後につるを振り、そのたびに目標に近づいていくところを想像してみれば、植物にとっても、接触するまでの時間をある程度把握することがなぜ重要なのかがわかるのではないだろうか？　その動きはまた、その情報をどのように収集しているのかも教えてくれる。環境のなかを動きまわり、支柱とつるとの相対的な位置関係を変化させているのである。

この点についてはダーウィンもやはり、植物の行動は結局のところ相対的な差を把握することにあるのではないかと予測している。『植物の運動力』のなかで、結論としてこう述べている。

私たちは、暗い場所に置いた苗木に対して、およそ四五分ごとにほんの二〜三分ほど、小さなろうそくを使って横から光を当てる実験を行なった。すると苗木はみな、ろうそくが置かれた方向へ傾いた。（中略）ウィーズナーの実験でも（中略）一時間の間に何度か照明を遮りながら総計二〇分ほど照明を当てただけで、六〇分ずっと照明を当て続けた場合と同じ角度まで、植物を屈曲させることができた。この実験でも私たちの実験でも、光からの刺激は、「光の実際の量ではなく、過去に受けた光の量との差による」ものと説明できると考えられる。私たちの実験では特に、完全な闇から光への変化を繰り返していた（「　」は筆者による）。

ここまで来れば、植物が何かを「予想」しているというのがどういう意味なのかがわかるだろう。植物の予想能力は、環境に関する内部「モデル」をつくる能力に依存したものなのだろうか？　いや、必ずしもそうとは限らない。天文学者もカツオドリも、計算処理することなく未来を予測し、直接観察を通じて接触するまでの時間を把握している。同様に植物も、これから起こることを伝える生態学的情報を利用している。

特定の条件が同じであれば、植物もカツオドリと同じように、未来をきわめて正確に推測できる。感知された変化のパターンのなかに、利用可能な情報がある。動物も植物も、周囲の環境が提示する行動の機会を感知している。動物の場合はその行動が、着地から捕食まで多岐にわたるが、インゲンマメの場合はそれが、はい上がるための構造物の場所を探す行動になる。予想には、摩訶不思議な能力も計算能力も必要ない。物理的環境と感覚との相互作用や、相対的な変化に対する感受性さえあれば、必要な情報はすべて手に入る。[11]

## 航行するつる植物

こうした考え方の起源は、一九四〇年代に生態心理学を創始したアメリカの心理学者J・J・ギブソンにまでさかのぼる。ホイルが黒い雲を夢想するより前の話である。ギブソンはそのころ、網膜が収集する情報について別の考え方があることに気づいた。その情報により、生物が特定の物体にいつ衝突するのかを判断しているのではなく、目が環境のなかをどう移動しているのかを判断しているのではないか、と。デイヴ・リーは、まだポスドク研究員になったばかりの一九六〇年代にギブソンのもとを訪れ、そこでτ理論の種を植えつけてもらったという。

ギブソンがこの画期的な考え方をさらに発展させるきっかけになったのが、長年アメリカ空軍を悩ませてきたある問題だった。砂漠や海洋などが広がる風景のなかを飛行機で航行しながら、回転や着陸などの難しい機動飛行を行なう「目」を養うには、パイロットをどう訓練すればいいのか？大半の人間は、部屋や街路といった規模の空間を判断するのに慣れているため、パイロットが航行しなければならない広大な空間を前にするとひどく混乱してしまう。読者自身も、同じような経験をしたことがあるかもしれない。広大な景色を眺めていると、目に見えているものが何キロメートルも離れたところにあるのがわかっているのに、手を伸ばせばその一部に手が届きそうな感覚に陥ることがある。そこでギブソンは、距離を間違って判断する生まれながらの本能を抑え、視覚経験の別の要素に注意を払うようパイロット候補生の訓練を支援するプログラムを開発した。その要素を利用すれば、未知の地勢の上空でも航行が可能になる。

物体がはるか遠くにあるときには、τはさほど役に立たない。網膜上の像の相対的変化があまりに少ないため、ふだんのように直感的に、接触するまでの正確な時間を把握できないからだ。だがギブソンのプログラムは、それと同じ直感的なものを利用している。それは、読者自身も経験したことがあるに違いない。前回車に乗ったときのことを思い出してみてほしい。路上を進んでいくにつれ、自分の周囲で車外の世界が広がっていくように見えたことだろう。ただし、その広がりにはむらがある。すぐ近くの物体は、遠く離れた物体よりも速いスピードで、自分に向かってきては通り過ぎていく。道路標識は猛スピードで突進してきては去っていくが、遠くの建物はきわめてゆっくりと進み、しばらくたったのちにようやく追い越すことになる。地平線ともなれば、あまりに遠く離れているためにほとんど動かず、事実上まるで動いていないように見える。

ギブソンはこの関係を「網膜像運動視差」と呼んだ。これは、私たちがある物体までの距離に関する情報を収集するための主要な方法と言える。私たちは環境のなかを動きまわりながら、視覚野のなかである物体がほかの物体に比べてどれだけ速く動いているのかを絶えず比較している。近くの物体は遠くの物体より速く、自分に対する相対的な位置を変えるため、視覚野のなかをそれだけ速く移動することになる。[12]

のちに機密解除されたアメリカ空軍の航空心理学プログラム報告書によれば、ギブソンはこれを利用して、空域に関する判断を行なうパイロットの訓練を行なったという。だがギブソンは、この考え方がほかの分野でも役に立つことをよく理解していた。[13]

ギブソンの言うパイロットと環境との関係は、この世界を動きまわる動物にもそのままあてはまる。複眼を構成する無数の小さなレンズを通して網膜像運動視差を観察しながら航行するトンボや、サバンナを駆けまわるガゼルがそうだ。その羽や脚などの移動器官は、知覚系の一部として機能する。これらの生物が何を知覚するか、何に関するデータをもっとも多く集め、何をもっとも明確に理解するかは、その生物が「動く」方向により決まる。植物もそれと同じように、興味があると思われる方向へ成長し、その過程で起こる相対的変化を観察することによって、その部分の環境について学んでいくのである。

植物と動物には、いくつかの点で根本的なつながりがあると思われる。いずれも、環境のなかを動きまわりながら情報を収集する。相対的変化を利用して未来の変化を「感知」する。周囲の植物のせいで狭く見えるかもしれないが、花々に満ちた空域を航行するミツバチは、広々とした風景の上空を飛行する空軍の訓練生と似ている。ミツバチは、前へ後ろへと加速しては一つひとつの花を訪れ、精緻な空間判断を下しながら蜜腺を目指し、着陸のための誘導灯として機能する花弁の形状や細かい色模様を航行に利用している。そして、蜜を腹一杯摂取し、花粉の袋を十分に背負うと、網膜像の変化や視対象の移動速度の変化を利用して距離を判断しながら、急いで巣に帰る。

確かに、植物がゆっくりと成長したり、空間のなかで枝や茎を動かしたりするのを、空間を航行するパイロットと見なすのは難しいかもしれない。とはいえ、昆虫の航行方法を説明する視対象の移動原理を、植物の航行能力にあてはめることは可能だ。

植物はミツバチのように素早く行動するわけではない。だがそれでも、物体の接近や物体が通過する速度を敏感に感じ取っているのかもしれない。インゲンマメは、未知の領域を航行しなければ何もできない。回旋運動をしながら支持物を探し、自身の相対的な動きを利用して周囲の物体の位置を計測している。そうして支柱に巻きひげを投げかけ、それをようやくつかみ取る動きは、その近くで、確信を持って迅速に花弁の奥へと入っていくミツバチの動きと大して変わらない。[14]

第三部

# 実を結ぶ

「あなたもお話ができたらいいのに」

するとオニユリが言う。

「私たちも話せるよ。話をする価値のある人がいればね」

――ルイス・キャロル『鏡の国のアリス』

# 第七章
# 植物であるとはどういうことか?

一九七四年、哲学者のトマス・ネーゲルが「コウモリであるとはどういうことか?」と問いかけた。[1] この奇妙な問いから数十年の間に、それまで連綿と続いてきた意識の性質に関する議論に対して、皮肉を交えた同様の問いかけが続々と生まれた。

とはいえ、コウモリの内面世界を知る必要などあるのだろうか? だがネーゲルには、コウモリであるとはどういうことかを考えるもっともな理由があった。コウモリは人間と同じ哺乳類である。したがって、コウモリが豊かな主観的経験を持っているとはとても想像できないほど、人間からかけ離れているわけではない。だがその一方で、コウモリの存在様式が、人間とは根本的に異なることもまた事実である。ネーゲルはこう述べている。「密閉空間で興奮したコウモリと一緒に過ごしたことがある人なら誰でも、根本的に異質な生命に遭遇するとはどういうことかを知っている」

ネーゲルの主張はこうだ。ある生物であるとはどういうことかという問いに答えがあるのなら、その生物には何らかの意識がなければならない。主観的経験というのはある程度ではあるが、意識と一致するからだ。ネズミ、クジラ、レイヨウなどはいずれも、それぞれの知覚の仕方や存在の仕方と結びついた、独自の内面的経験を持っている。

しかしこの問いは、かなりの難題を提示することになる。二足歩行を行ない、触覚や視覚を重視した生活をする私たち人間が、指が膜でつながり、空中を落ち着きなく飛び交い、超音波で環境を探知しながら昆虫を食らうコウモリであるとはどういうことかを、いったいどのようにして知ることができるのか？　私たちは、主観的な「コウモリの経験」があることを受け入れることはできるかもしれない。だがその内容を理解するための懸け橋は、あまりに長く細い。そう考えると、植物であるとはどういうことかをイメージするためには、それをはるかに超える想像力の飛躍が必要になる。その結果、植物には主観的経験などまったくないと主張する人々が多くなる。

私たち人間とは遠くかけ離れた存在形態を持つ、根本的に異なる生物の経験を想像するには、どうすればいいのか？　この問題は、その生物の進化の方向が離れていればいるほど難しくなると思われる。ネーゲルの言うコウモリは、そんな作業は不可能だと思えるほど「進化の方向が離れている」わけではない。高性能な器具を使い、鳥や魚の視点からの生活がどのようなものかをシミュレーションする試みは、いくつもなされている。私たちは、人間が暮らす領域から遠く離れたところで収集された映像や音声を、きれいに整えられた経験に編集し、それを自然ドキュメンタリー番組として自宅のソファに寝転がって見たり、博物館の展示として鑑賞したりしている。たとえば、《ナショナル・ジオグラフィック》誌は、クリッターカムという頑丈な記録装置を、精選した対象動物の邪魔にならない場所（サメのひれ、ペンギンの背中、カメの甲羅など）に取りつけ、これらの動物が日常的に経験している光景や音を視聴者や読者に提供している。[2]

テクノロジーは、植物の私生活の解明にもある程度役立っている。植物の成長を目に見える動きへと圧縮するタイムラプス撮影のほか、アーティストのアレックス・メトカルフが、植物の蒸散の音を記録する超高感度マイクを考案している。人間の耳が知覚できない音を聞き取れる音に変換する装置である。[3] こうしたテクノロジーにより、ほかの種の経験の鍵穴をのぞき見ることが可能になりつつある。だがそれは、その経験を「人間」の知覚に置き換えたものに過ぎない。ワイドスクリーンのテレビに収まる画像、人間の目が感知できる波長の光、人間の耳が反応できる周波数の音でしかなく、さまざまな生物が実際に見たり聞いたり感じたりしているものではない。

では、植物のような「視点」ではなく植物の「経験」を知るにはどうすればいいのか？　この問いに対する明確な答えはまだない。だが、植物の認知についてわかっていることとわかっていないことを注意深くつなぎ合わせたところに、植物であるとはどういうことかを考察する出発点がある。

## 認識の枠組みを改める

心の哲学者フランク・ジャクソンは一九八二年、ネーゲルのコウモリに代わる思考実験を考案した。神経科学の問題の核心に切り込む思考実験である。この実験のなかで、ジャクソンはメアリーという架空の神経科学者を想定した。このメアリーは、色に関することなら何でも知っている。ただし彼女には、白と黒しかない部屋で育ち、白黒のテレビしか見たことがなく、白黒の本しか読んだことがないという制約がある。つまり、色の科学については何でも知っているが、色を「経験」したことがない。

そのためメアリーには、色の理解において重大な欠落がある。色の理解には、彼女が専門にしていた科学分野では説明のできない側面があるからだ。彼女はいったいどうすれば、色を本当に「知る」ことができるのか？　ジャクソンの主張によれば、メアリーにそれはできない。彼女の想像力は、その主観的経験の範囲を超えたところで突然途絶えてしまう。科学的な知識がどれだけあったとしても、それを埋め合わせることはできない。[4]

この思考実験から類推すると、植物神経生物学についてわかっていることをすべて知っていたとしても、植物であるとはどういうことかを本当に理解することはできないことになる。しかしながら、誰もがこの主張に同意しているわけではない。

私は一九九〇年代後半、カリフォルニア大学サンディエゴ校でフルブライト客員研究員を務めていたころ、著名な科学哲学者であるポール・チャーチランドの指導を受けていた。そのころポールはこう主張していた。想像力と、色に関する神経科学的理解とを備えたメアリーなら、色を知覚している人々の身になって考えられるはずだ。[5]私たちの想像力は、ほかの世界へと劇的な跳躍を遂げることができる。豊富な科学的知識がある場合にはなおさらだ、と。

ポールはある講演で、こうした考え方を証明する事例を提示している。その事例とは、自身を含めカナダの住民が一九七〇年代に経験した、とある大きな変化である。当時カナダ全土で、温度の単位が華氏から摂氏へと変更になった。それによりカナダ住民は誰もが、温度に対する内部感覚を再調整し、温度経験を量的に表現する新たな方法を習得しなければならなくなった。暑い夏の日は、もはや（華氏）一〇〇度ではなく、（摂氏）四〇度に過ぎない。突然の凍えるような寒波は、（華氏）一四度どころか、（摂氏）マイナス一〇度となる。それでもカナダ住民は、多少の時間はかかったものの、みごとに調整を行ない、だんだん新たな数値が直感的にわかるようになった。その一方でアメリカは、いまだに華氏にこだわり続けている。

これについて、ポールはこう主張している。多大な混乱はあったかもしれないが、これは実際には、さほど大きな変化ではない。寒暖の経験に新たな数値を添えたに過ぎない。劇的と言えるほどの変化とは、実際の温度を決める空中の粒子の平均的な運動エネルギーや平均的な運動速度で、寒暖の経験を表現するような変化である。このような変化が起きれば、物理学で粒子を説明する際に利用される枠組みを利用できる。また、大気がなぜこのようなふるまいを見せるのかを深く理解することも可能になる。私たちが絶えず気にしている天気は、つまるところ、空中の原子の微細な活動の結果なのである。ここからさらに歩を進め、音楽で利用する音の高さを音波の波長で表現したり、色の名称を、色を構成する電磁波の波長で表現したりすることもできる。[6]

寒暖の経験と粒子の速度との間、色の評価と光の波長との間に直感的な関係を生み出すなどと言うと、黒魔術のように思えるかもしれない。だがカナダの住民の事例が証明しているように、経験を構成する方法を変えるのはまったくもって可能である。気体粒子の移動速度の差異は、その粒子のなかをさまよう生物の感覚器官にまったく異なる作用を及ぼす。音や光の波長の差異は、私たちの感覚系に直接的かつ観測可能な影響をもたらす。それを直感的に把握したければ、新たな枠組みを採用する訓練をある程度積みさえすればいい。

同様に、植物生物学に関する知識と植物の内面世界とを結びつけるのは、難しいように思えるかもしれない。だがチャーチランドは、ほかの動物の心を理解するための提案として、温度や音に対する私たちの考え方を変えられるように、私たち自身の心を利用して認識の枠組みを変えることは可能であり、そうしていくべきだと述べている。この考え方は、植物の経験にもあてはめられる。植物であるとはどういうことかを理解するには、擬人化をあきらめ、人間の内面世界に縛られず、ほかの存在の仕方、この世界を理解するほかの方法を想像のなかで探究していく意思がなければならない。そのための鍵になるのが、具体的な神経生物学の完全な理解であり、その試みはすでに始まっている。

私たちは、この環境のなかで自分たちに直接かかわるものについて、狭い直感にとらわれず、ほかの「形態」の意識という観点からそれを想像してみる必要がある。その意識とは、超音波で照らされた暗闇の世界を生きるコウモリの意識であり、栄養となる日光や肥沃な土壌に引き寄せられる植物の意識である。

## 頭足動物に学ぶ

進化の系統樹の遠く離れた場所へと跳躍する前に、まずは少なくとも頭を持っている生物の心がどのように調査されているのかを調べてみよう。それは決して簡単な仕事ではない。ネーゲルはコウモリのことを、「根本的に異質な生命」だと考えていた。だがコウモリが別の惑星から来たエイリアンのようだと言うのなら、まったく別の銀河から来たエイリアンのようだと言えそうな動物もいる。ところがそんな動物にも、複雑な内面世界があることを示す疑いようのない証拠がある。たとえばタコは、きわめて特殊な軟体動物である。身体を保護する外殻を持たないが、その代わりに脊椎動物に似た脳を発達させている。タコは頭足類（cephalopod）というグループに属しているが、この名称はタコにとてもふさわしい（「cephalopod」は「頭足」を意味するギリシャ語に由来する）。一見すると、大きな頭に直接足がつながっているように見えるからだ。

タコは奇妙な生き物である。きわめて短い時間枠のなかで生きており、寿命はせいぜい一、二年しかないのに、それよりはるかに長生きする動物に備わっていそうな知性を備えている。その脳はネズミの脳よりはるかに大きく、およそ四〇の葉があり、その一つは哺乳類の前頭葉に似た機能を果たしていると思われる。因果的推論により複雑な問題を解決し、物体を道具のように使い、狩りの方法や捕食者から逃げる方法を即興的に考えることができるうえに、まるでほかの生物にも心があることを知っているかのように、人間と対話らしきものをすることさえある。[7]

タコはその一方で、人間とは信じられないほど異なる。哲学者のピーター・ゴドフリー＝スミスもその著書『タコの心身問題　頭足類から考える意識の起源』（訳注／邦訳は夏目大、みすず書房、二〇一八年）のなかで、「タコと出会うのは、知的なエイリアンと出会うのに近いのかもしれない」と述べている。[8] 人間との相違のなかでも特筆すべきは、タコの意識が体内に分散しているように見える点である。タコの八本の足にはそれぞれに独自の神経節や神経ネットワークがあり、中央の脳とは無関係に動かせる。その足は、目により制御されて作業を行なうが、足で行なわれる情報処理は、脳やほかの足で行なわれる情報処理から切り離されているようなのだ。

つまりタコは、いわば複数の脳を持っている。認知の半分以上を足で行ない、複数の意識を持っている可能性のあるこの生物の内面世界をどう考えればいいのか？

映像作家のクレイグ・フォスターは、タコの内面世界に誰よりも近づき、二〇二〇年にその体験を映像化した『My Octopus Teacher（タコというわが教師）』を製作した。そこには、南アフリカのケープタウンに近いフォールス湾のケルプの森に暮らす一匹のマダコを追った一年間の記録がある。フォスターはクリッターカムなどの記録装置に頼らず、足ひれとシュノーケルだけでこのタコの世界に入り込み、寿命を迎えるまで毎日のように会いに行った。

チャーチランドの言うように私たちの思考の枠組みを改め、大幅に異なる生物の心に入り込むための手段があるとすれば、その生物と親密な関係を築くことこそが、そのもっとも有効な手段なのかもしれない。フォスターは「心のなかでタコのように考えながら」、そのマダコの活動や行為の観察をはるかに超えた対話、マダコとの間で継続された共有体験を記録した。この心と心の出会いは、人間が暮らす陸環境ではなく、マダコが暮らす水環境のなかで行なわれた。フォスターは文字

どおりマダコの世界に入ったからこそ、マダコから学ぶことができたのである。

クレイグ・フォスターは、分散された知性を持つ知的な海生生物の経験の理解に誰よりも近づいた。この人間と頭足類との交流から学べることがあるかもしれない。たとえば、タコが持つ複数の脳や流体静力学的な形状は、つる植物の流動的な体制やそこに分散する独自の意識とさほど違わない。タコが哺乳類とはまったく異なる神経系を使って、「意識」と認識できるさまざまな機能を実現しているように、植物もまた、第四章で詳しく述べたような「植物の神経系」を使って、似たような認知能力を生み出しているのかもしれない。

神経節を備えたタコの足は、熱心に空間を探索するつる植物の巻きひげに似ていなくもない。私たちの認識や思考の枠組みを改め、別種の意識経験を理解するためには、私たちも植物の世界に足を踏み入れ、クレイグ・フォスターのように「個体」に目を向けなければならない。植物は、どれも一様な単なる緑の塊などではない。

## つる植物の習性

タコの分散された意識がつる植物の拡張された気づきとよく似ているという考え方を受け入れると、そのような生物がこの世界をどう経験しているのかを想像する道が開ける。

私はこれまでに、必ずしも自然な生育環境でとは言えないが、つる植物の世界でかなりの時間を過ごしてきた。植物の経験を理解しようとする場合、つる植物はその自由奔放な生活スタイルのおかげで、このうえなく優れた被験体になる。その行動は、成長や姿の変化に如実に現れるため、その形状がいわば過去の経験を物語っている。そんな行動を起こす理由の一つは、つる植物にはどうしても果たさなければならない目的があるからだ。その目的とは、はい上がるための支持物を探すことである（自然な環境では一般的に、樹木などの大型の植物がそれにあたる）。

つる植物は、多種多様な戦略を駆使して、支持物になりそうなものを見つける。ある種は、機械的な運動を通じてそれを行なう。目標物を見つけるために回旋運動を行ない、物理的な接触があるとそこに巻きつく。また別の種は、支持物になる樹木などが空中に発する化合物を感知して、そこへ一直線に進む。ほかにも、光の色の違いを見分けたり、迫り来る影に向かって進む種もある。いずれの場合もそれが、支持物のある場所を示している可能性があるからだ。

ダーウィンは『よじのぼり植物』のなかで、つる植物が多様な性質を持つ理由について、こう考察している。

推測するに、植物は光を手に入れ、大きな葉の表面を光や自由な空気の作用に触れさせようとするために、つる植物になると思われる。巨大な幹で重い枝を支えなければならない樹木に比べ、つる植物はこれを、有機物質をほんのわずかばかり消費するだけで達成できる。世界各地にさまざまな目に属する無数のつる植物が存在するのは、そのためだろう。

つる植物は多種多様な系統から生まれている。いずれも、それぞれまったく別の環境のなかで、それぞれ異なるツールを使って生態系の裏をかこうとした結果である。たとえばネナシカズラは、支えになる適切な植物を必死に探し求める。というのも、この植物は葉緑素を持たず、自分で食料をつくれない寄生植物だからだ。ネナシカズラにとってほかの植物は、支えであるだけでなく、えさでもある。そのため繊細な巻きひげを動かし、特殊な能力で周囲を探索する。

宿主となる植物は、エチレンなど無数の化合物を空中に発散しており、ネナシカズラはそれを感知できる。これらの化学物質が、宿主の居場所を知る貴重な手がかりになるのである。[9]

その動きをタイムラプス撮影で記録してみると、ネナシカズラが意図的にこうした化学物質の臭跡をたどっている様子がはっきり見て取れる。その姿は、働きアリがえさを探す際に、ほかのアリが残した臭跡をたどる姿と大して変わらない。ネナシカズラは周囲を探索しながら成長するが、宿主となるトマトに近づき、その存在をかぎ分けると、行動のパターンを変える。それまでは蛇行しながら探索しているだけだが、そこからは一直線に標的に向かう。そして宿主につかまると、その茎に身を絡ませ、維管束系に侵入して栄養素を吸いあげる。周囲に漂う化学物質の上質なカクテルを試飲・分析するソムリエから、ゆっくりとした動きで栄養を奪い取る吸血鬼に変わるのだ。

ネナシカズラは苗のころからすでに、さまざまな植物種が放つ化学物質をかぎ分け、栄養素に満ちた植物と衰弱しつつある植物とを区別することができる。しかもそれを、嗅覚系の助けを借りずに行ない、それをもとに、好みの標的へ向かう成長速度や方向を選択する。苗には小さなエネルギー貯蔵庫があるだけなので、早く標的を見つけないと死んでしまう。そのためまずは、宿主となる植物を見つけると、質の悪そうな宿主であってもそちらのほうへ伸びていくが、その近くにもっと質のよさそうな別の宿主がいることを感知すると方向を変え、そちらの宿主へと向かう。こうしていつも、コムギよりもトマトを選び、トマトを見つけると、コムギに向かうときよりもはるかに速いスピードでそちらに向かう。

ただし、コムギしか選択肢がない場合には、明らかに乗り気ではない様子でゆっくりと、巻きひげもさほど伸ばすことなくコムギのほうへ向かう。だがこれは、コムギがネナシカズラに仕掛けたトリックの結果だと思われる。トマトは、栄養不足に陥ってネナシカズラに与えられるほどの栄養がないときに、ある化学物質を放出する。コムギはその化学物質を放出して、この不快なにおいの後ろに身を隠す。ネナシカズラが周囲を探索しながら、宿主になりそうな植物のにおいをかぎ分けているときに、コムギはいわば、化学物質を使ったかくれんぼをしている。揮発性のマスクで身を覆い、自分の身に危害が及ばないようにしているのである。[10]

支えを求めるつる植物が重視しているのは、空中に漂うメッセージだけではない。たとえば、熱帯のつる植物モンステラ・ギガンテア（*Monstera gigantea*）の苗はまず、暗い影に引き寄せられるように成長を始めることが確認されている。この一見常識に反する習性は「反屈光性《くっこう》」と呼ばれる。[11]だが森林に暮らすつる植物にとっては、そのほうが理にかなっている。つる植物が支えに利用する樹木の幹は、暗い影をつくるからだ。しかしこのつる植物も上のほうまで伸びていくと、打って変わって光を追い求めるようになり、葉を茂らせて光合成を始める。

一方、別種のつる植物のなかには、森林内の特定の樹種と関係を構築しているらしく、支えとなる樹木を無作為に選んでいるわけではないものもある。そうなると、背の高い樹木の存在を示す影よりも複雑な探索手段が必要になる。実際、いくつかの種には色の好みがあるらしい。アメリカアサガオ（*Ipomoea hederacea*）にさまざまな色の支柱を選ばせた実験がある。[12]それによると、この植物は黒にはあまり関心がないようで、主に緑や黄色の支柱を選んだが、赤や青を選ぶ場合もあった。それでも大半は、色のついた支柱よりもトウモロコシの茎を選んだ。

このように色を明確に区別し、周囲に存在する機会をつかみ取る能力は、つる植物にとっては死活的に重要な意味を持つ。ゆっくりと動きながら成長し、目ではわからないほどの時間をかけて回旋運動をしてはいるが、標的を積極的に追い求めるつる植物の姿は、獲物をつけ狙う動物とほとんど変わりはない。実際、一九六〇年代初めには、ダーウィンのガラス板技法を使った研究により、つる植物が複雑な行動パターンを描いていることが明らかになった。[13]

図8は、トケイソウの巻きひげが異なる場所へと移動する支柱を追跡し、トケイソウ全体がそちらへ向かって伸びていく様子を示している。八時間に満たない間に、トケイソウの巻きひげは繰り返し形を変え、三カ所へと移動する支柱を探した。その姿は、支柱を明確に認識し、それに接近しようと努力しているだけでなく、移動する支柱を事実上「追跡」している。だがこれは、少しも驚くべきことではない。はい上がることのできないつる植物は、生き延びていく可能性が低くなり、

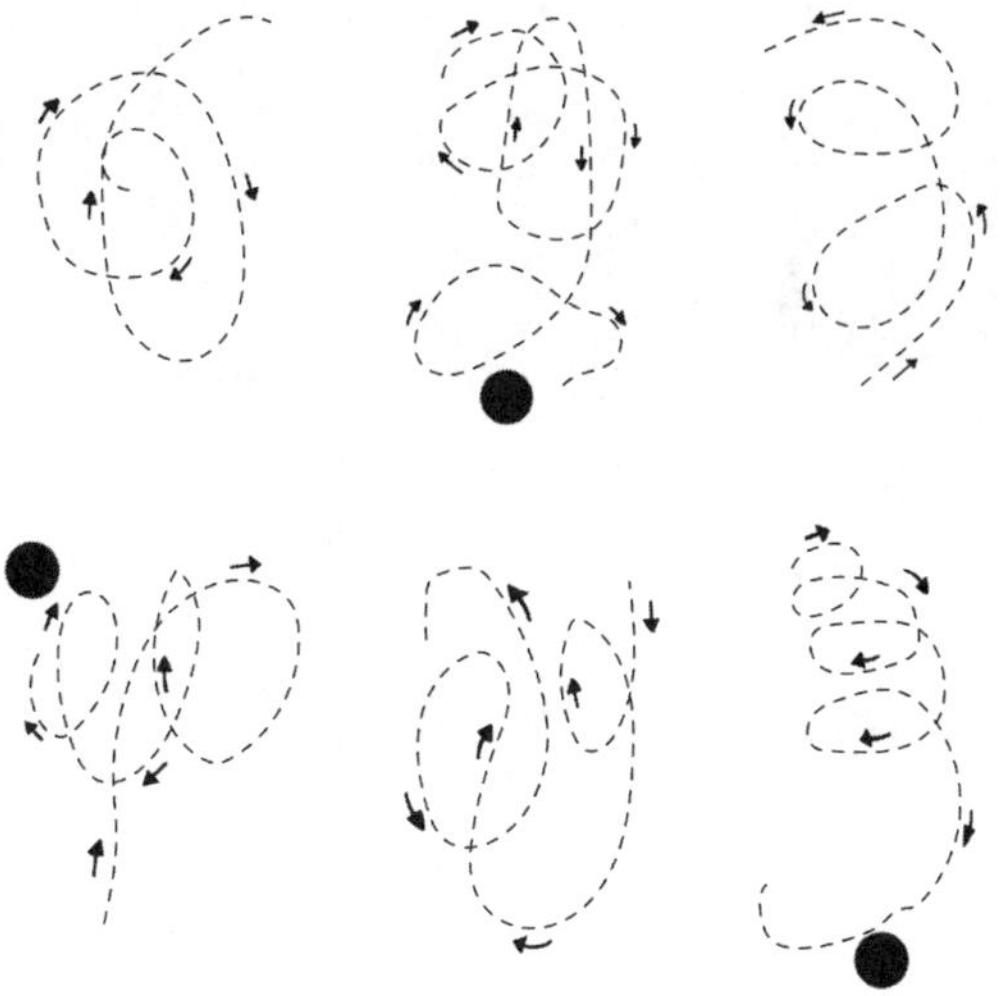

図8

繁殖できる可能性はほとんどなくなる。そのため、つる植物が適当につるを投げかけ、偶然に頼って支持物を見つけていると考えるべきではない。つる植物は「選択」をする必要がある。熾烈な競争に満ちた、絶えず変化する複雑な環境のなかでは、考えることなく行動しても成功はおぼつかない。独自の行動の仕方を身につけることが、優位に立つ手段になる。[14]

## 意味を生成する

植物の経験を表現できるかもしれないと考えるだけの理由は十分にあるが、その経験を理解するのは簡単なことではない。私たちは実際のところ、植物一般の内面世界を想像することはできず、植物のなかのある「個体」の内面世界を想像できるに過ぎない。植物は、実に多様な洗練された行動を示す。それを考えると、同じ環境にいる植物でも、各個体それぞれの内部状態は必ずしも同じではない。さらに、個々の植物の行動が、時間とともに信じられないほど柔軟に変化する場合もある。すると、こんな疑問が生まれる。こうしたそれぞれの行動を促す内部状態とはどんなものなのか？　それは、きわめて個別的な主観的状態と言っていいものなのか？

植物科学により、植物の行動を生み出す細胞や分子の仕組みは余すところなく解明されようとしている。実際、植物の反応の仕方を示す確かなモデルが構築されつつある。[15]だがそれだけでは、植物の主観的経験については何もわからない。タイムラプス撮影された連続写真を見ても、支柱をはい上がって成長していくつる植物の内面世界はわからないのと同じである。それはただ、植物の行動を人間の目で知覚できるようにしただけに過ぎない。植物生理学者は植物の基本的なプロセスやメカニズムを詳述しているが、私たちはそれだけに留まらず、前章で見たように、環境のなかの植物の全体像を探究する必要がある。逆説的ではあるが、植物の「内面」世界を理解するには、その周囲の環境との相互作用に目を向けなければならない。

これは、リンカーン・テイツが私たちに警告していた「データの過剰解釈、目的論、擬人化、哲学的思弁、乱暴な推理」に陥るリスクを避ける唯一の方法だと思われる。行動が展開される自然環境を重視するというのは、認知が植物（あるいは動物）だけでは成り立たないという考え方を反映している。認知はむしろ、生物と環境との相互作用から生まれる。私たちは生物の内部で何が起きているのかを考えるのではなく、生物が環境とどう結びついているのかを考えるべきだ。

というのは、経験はそこで生まれるからだ。植物は環境を把握して、その環境にどう適合するかを考えながら行動しなければならない。これは、動きまわれる動物よりも、地面に根を生やしつつも柔軟な体制を持つ植物にこそあてはまる。動物には形状や経験を環境に合わせることはできないが、植物にはそれができる。したがって、植物がそれを「どのように」行なっているのかを子細に調べれば、それが、植物が「なぜ」そうするのかを理解するきっかけになる。

つまり、生物学と記号論との交点にこそ興味深い領域がある。そこは、生命記号論と呼ばれる領域である。生命記号論とは、生命と情報生成プロセスとがいかに深く絡み合っているかを考察する学問分野であり[16]、生物は基本的にすべて「意味の生成」にかかわっていると考える。きわめて単純な生物も含め、あらゆる生物の行動は、この世界から意味を収集することを目的としている。

大腸菌のような細菌も、環境との間で分子の言葉を交わし、移動すべき方向や避けるべきものを判断している。よいものがあることを示す化学物質のほうへ泳ぎ、有害と思われる化学物質から急いで離れるだけでなく、必要があれば、さまざまな選択肢のなかから行動を選ぶこともできる。

たとえば、原生生物界に属するラッパムシという単細胞生物がいる。この微生物は二〇世紀初頭に研究の対象となり、[17]これもやはり、生まれつき備わった反射機能だけを持つ簡素な自動機械ではないことが証明された。タイムラプス撮影をしてみると、ラッパムシは不快なものに対してありとあらゆる反応を示す。体を折り曲げたり、休眠したりするだけでなく、繊毛などで高度な技も見せる。その様子を見ていると、ラッパムシは環境に関する情報を集め、それに応じて何かを試し、その結果を観察し、うまくいかない場合にはほかの手段を試しているように見える。つる植物と同じように「選択」をしており、刺激を受けて膝蓋腱反射を行なうだけの存在ではない。[18]

この生命記号論は当然、どの生物もそれぞれ固有の世界で生きているという考え方にたどり着く。その世界は、生物が環境と行なう独自の対話で構成される。その対話により、生物は環境について知り、それをもとに行動を選択する。生物によって、環境との対話の仕方はそれぞれ違う。その生物が何を必要としているのか、どのように知覚するのか、どんな行動が可能なのかによって、対話の仕方が決まる。こうした考え方を「環世界」という。それは、ある個体が中心となる世界である。[19]単細胞生物でさえ、意味に満ちた独自の主観的世界を生み出せるのなら、信じられないほど複雑かつ精巧に進化した植物も間違いなく、そんな世界をつくりあげているはずだ。

もちろん、その世界のあり方には多くの相違があるに違いない。植物は単細胞生物ではなく多細胞生物であり、周囲を動きまわってえさを見つけるのではなく、自ら栄養をつくり出す生物だ。とはいえ、基本的な原理は変わらない。実際、一九八〇年代には、植物に関する記号論を意味する「植物記号論」という言葉が導入された。[20] 記号論を植物にまで広げるためにはさらなる研究の進展が必要だが、そのプロジェクトは着々と進行している。だがいまのところは、生物の生存には、その生物に特有の豊かな「環世界」の形成が不可欠であることを確認できれば、それで十分だろう。

生物はいずれも、大小の差はあれ、それぞれの生存劇の主人公であり、感覚機能や行動など、進化により手に入れたツールを展開しながら、周囲の生物界や非生物界と相互作用を果たしている。つる植物も同様に、進化により手に入れた特有の感知能力を駆使して感知した化学物質や暗い影、物理的対象に反応するだけの存在ではない。それらから「意味」を生成し、多種多様な行動の選択肢のなかから行動方針を決めている。植物が遭遇するあらゆる事態にうまく対処していくためには、「環世界」の形成が欠かせない。

## 植物を動物と同じように考える

この考え方を推進するのに役立つ動物研究の分野がある。生物と環境との緊密な関係を大前提とする動物行動学である。この分野は、いまでは疑問の余地のないものと受け止められているかもしれないが、それは、コンラート・ローレンツやニコ・ティンバーゲン、ジェーン・グドールといった動物行動学者の努力があったからにほかならない。多くの動物が、それまで考えられていたよりもはるかに複雑な認知体系や社会体系を持っていること、喜びや苦しみを感じる能力があることを証明したのは、彼らである。

たとえばグドールは、タンザニアのゴンベ渓流国立公園で五〇年間も野生のチンパンジーと暮らし、何よりもまず、動物の行動を環境から切り離して理解することはできないことを学んだ。結果的にこの発見は学界に多大な刺激を与えることになったが、当初は彼女も、そのほかの動物行動学の二大スター（ゴリラを研究したダイアン・フォッシーとオランウータンを研究したビルーテ・ガルディカス）も、擬人化という重大な罪を犯しているとの非難を受けた。[21]

のちになってようやく、ほかの種の内面世界を理解する際には共感が重要であり、それを否定すればきわめて重要なことを意図的に見逃すことになる、という主張が受け入れられるようになったのだ。ポール・チャーチランドが示唆していたように、私たちは異なる枠組みの世界に身を置いた自分を「想像」してみる必要がある。ほかの人間を相手にする際に、その人の立場に身を置いた自分を想像してみるのと同じである。

このような生態心理学は、植物の行動の研究にとって有益なアイデアを数多く提供してくれる。度を越えない程度にではあるが、植物を動物と同じように考え、動物行動学の考え方を植物にあてはめることは可能だ。生態心理学の主要原理のなかに、動物は「アフォーダンス（affordance）」（訳注／環境が動物に与える価値や意味を指す）を知覚するという考え方がある。これは、私たちの友人であるギブソンが考案した用語だ。別の言葉に置き換えたほうがいいのかもしれないが、いまだこれ以上に適した言葉は提示されていない。ギブソンはこの言葉を以下のように定義している。

環境のアフォーダンスとは、よかれ悪しかれ環境が動物に提供するものを指す。「afford」という動詞は辞書に存在するが、「affordance」という名詞は存在しない。私の造語である。これは環境と動物との双方に言及する言葉だ。そのような言葉は、既存の語彙にはない。それは、動物と環境との相補的な関係を意味する。[22]

環境は、相互作用の可能性や「行動の機会」を提供する。動物の周囲の環境は、動物が行動するための資源を「提供」してくれており、動物はその機会に目を光らせていると言ってもいい。こうして動物は、触れられるもの、蹴れるもの、登れるもの、つかめるものなどを見つける。主体が変われば、その身体や行動、ニーズも変わるため、アフォーダンスも変わる。

たとえば、わが家の階段が提供する相互作用（登坂《とうはん》能力）の可能性は、私と幼い息子とでは大きく異なる。というのは、私の脚のほうが長いからだ。私と息子とは、階段とのかかわり方が違う。私は大股で素早く階段を上っていけるが、息子は登山者のようなアプローチを採用して四つんばいになり、苦労しながら一段ずつ上っていかなければならない。私が手を使えば、上まで素早く上れる魅力的なルートになるかもしれない。

アフォーダンスが実際にどんなものか、それが種によってどう違うのかを示す具体例として、図9を見てもらいたい。これは、同じ物体（この図では石）であっても生物によって知覚の仕方がまったく異なる可能性があることを示している。この石を見て、大人の人間であれば、投げるものというアフォーダンスを知覚するかもしれない。一方、ネズミであれば身を隠すべきものというアフォーダンスを、ネコであれば獲物が隠れるものというアフォーダンスを知覚するかもしれない。

植物もまた、環境をいかに利用できるかという観点から周囲の環境を知覚する。つる植物は支柱を、はい上がる機会を提供してくれるものとして知覚する。一方、その支柱をそこに置いた人間であれば、それを便利な構造物と見なすかもしれない。チョウであれば、とまるのにちょうどいい場所だと見なすだろう。生物は、自身にどう関係するかという観点から物体を知覚する。その物体が提供してくれる可能性を見る。人間もネコもネズミも、石を見ているのではなく、それぞれの観点で「利用できるもの」を見ている。つる植物は、支柱を知覚しているのではなく、はい上がれる可能性を知覚している。これらの生物は物体そのものを見出しているわけではなく、その物体が提供するさまざまな「可能性」を感知しているのである。

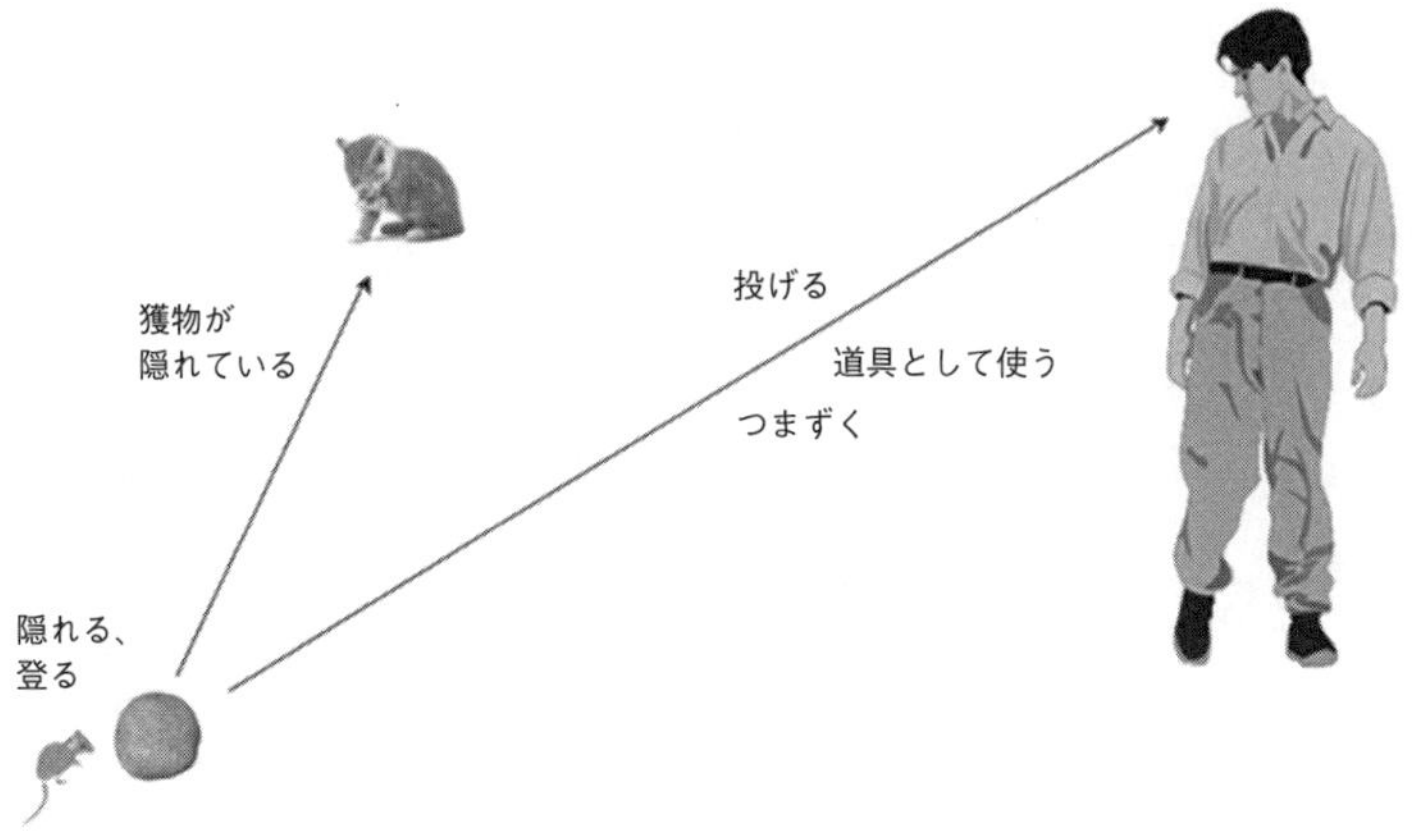


図9

あるアフォーダンスは、それを知覚する主体にとってのみ意味がある。つる植物は、周囲の環境が提供してくれるはい上がる機会を見出すよう進化した。そのため、見つけた支持物の幅があまりに広すぎて、とても簡単にははい上がれない場合には、その支持物につかまるのをあきらめ、コストのかかる不可能な登攀を試みる代わりに、自身の茎に巻きついたりする。

それに対してつる性でない植物は、そのようなアフォーダンスを知覚しない。ネズミが人間のこぶし大の石を見て、投げるものというアフォーダンスを知覚しないのと同じである。

実際に実験をしてみると、インゲンマメは支柱というアフォーダンスを知覚するが、どんな支柱でも巻きつく機会を提供してくれるわけではない。その機会を提供してくれるのは、適切なサイズの支柱だけだ（図10参照）。それを判断する際には、つる植物のサイズ、巻きひげの形、支持物の表面の性質など、あらゆる要素が考慮される。本当に重要なのは、生物の「なか」で何が起きているかではなく、生物と環境との「つながり」なのである。

## 同調する

本書では前の章で、脳の情報処理の理解を促すためにコンピューターをたとえに使ったが、ほかのテクノロジーをたとえに使えば、アフォーダンスがどのように経験を生み出しているのかがわかりやすくなる。ギブソンは、生物と環境とのつながりを無線の送信機と受信機とのつながりにたとえて描写する「共鳴モデル」を考案している。[23] 基地局から電波を送信する際には、特定の搬送波がベースとして使われる。この搬送波は、特定の周波数や振幅などの組み合わせで構成されており、基地局ごとに異なる。そして、この搬送波を「変調」し、伝達可能な情報に変換して送信アンテナから発信する。この信号は発信元に関する情報を運ぶ。

これはいわば、水面に落とした小石の大きさや形、落とし方が違えば、水面に生まれるさざ波の形も変わるのと同じようなものだ。足取りから生まれる音、トランクの表面に反射する光、トマトが発散する化学物質はいずれも、発信元から放射状に広がり、そこから離れるにつれて力を失って

図10

いく。一方、受信アンテナはこれらの信号を拾う役割を果たすが、発信された信号のさまざまな性質に正確に「同調」しなければ、その信号を拾えない。つまり、信号と受信機とが共鳴しなければならない。[24]発信された信号は、そこに載せられた情報（物体の形や表面など）により変調されており、それによって、受信機が拾える信号の範囲内に収まるか、そこから外れるかが決まる。この範囲は、進化の歴史により決定されている。[25]感覚器官はこの受信アンテナのようなものであり、特定の種類の信号に同調している。種が違えば、その目が光スペクトルのどの部分に反応するかも変わる。私たち人間は、三八〇〜七〇〇ナノメートルという狭い帯域の波長の光線しか見られないが、紫外線領域や赤外線領域まで見える種もある。

たとえば、光が運ぶ情報について考えてみよう。人間はカメラ型の目を持っており、網膜を使って像を生み出し、それを脳が処理している。だが動物のなかには、穴のような目（窩状眼）を持つ種もある。また昆虫のように、複眼というまったく異なる仕組みの視覚を持つ種もある。植物もまた光を感知したり、さまざまな方向から来る光の相対量を比較したりして「見」てはいるが、像を形成する器官を利用してはいない。[26] このように、信号を拾う方法はいくらでもある。つる植物が巻きひげを宙に伸ばして探索すれば、それが、周囲の世界に関する情報を収集する受信アンテナの代わりになる。

一部の信号はきわめて重要なため、それを受信する仕組みが進化により生まれつき組み込まれている。たとえば、人間も植物も重力の方向には敏感だ。[27] そのほか人間は、音のした方向や、周辺視野に移る突然の動きを識別できる。植物は、土壌の湿り具合や、光が来る方向を感知できる。

だが、それ以外の信号に同調するには、それを積極的に追い求めたり学習したりすることが必要になる。たとえば人間が、触れただけで物体の温度やその表面の質感を識別できるようになるまでには、ある程度の努力が必要になる。それでも学習を重ねれば、器用にバランスをとりながら自転車に乗ることも、車を運転しているときに速度を直感的に把握することも可能になる。植物の場合もそれと同じように、別の場所の栄養素濃度を調べるためには新たな土壌へと根を伸ばすことが、支持物の確固たる感触を探し求めるためには茎を旋回させることが必要なのかもしれない。

認知についてこのように考えてみると、認知はコンピューターのような記憶装置というより、環境との連続的かつ動的な相互作用ということになる。その相互作用が、生物が反応したり利用したりする信号を形成するとともに、その信号の受信機を形成する。となると、植物が周囲の環境へと成長していくのも、環境に応じて評価され追求される意味や機会を探求する目標指向の行動ということになる。

## 植物の個性

個々の植物の経験は、その個体が持つ身体的特性と、周囲の環境が提供する機会との緊密な相互作用により形成される。つまり、個体一つひとつが、独自の「環世界」をつくりあげる。したがってある個体の経験は、別の個体の経験と同じにはならない。これは、次のようにも言い換えられる。ある個体は、同じ環境にいる別の個体と同じようには行動しない。

私たちはいま、その違いに気づき始めたばかりだ。こうした考え方をすべて結びつけていくと、植物も「個性」と呼べるものを持っているのかもしれない。この「個性」という言葉を「人間」以外の生物に用いるのは、少々不適切だと言う人もいるだろう。だが、個体間の相違の奥にあるものを理解する際には、この表現がもっとも近いのではないかと思われる。その言葉が適切であろうがなかろうが、さらに探究すべき有益かつ重要な概念を表現している事実に変わりはない。

ほかの動物でさえ個性を持ち、一貫した行動の相違を示すという考え方は、まだ生まれたばかりだ。さらに難しいことに、動物が相手では、その性格特性を把握するために、マイヤーズ・ブリッグズ試験（訳注／アメリカで就職の適性判断などに使用される性格診断テスト）を行なうこともできない。だがなかには、それを把握する正式な枠組みがないにもかかわらず、動物が個性を持つことを証明しようと努力している研究者もいる。

たとえば、カリフォルニア大学のあるグループは、キンイロジリスを対象に、鏡やトラップを使った一連の性格テストを実施している。それによると、一部のリスは戦闘性や積極性に富み、高い地位を精力的に求め、全体的に環境を最大限に利用しようとした。一方、臆病で控えめなリスもおり、これらのリスは、解決すべき問題や争いがあると劣勢になる傾向があった。[28] また、二〇二一年にはワイオミング大学の研究チームが、マシュマロを報酬に使い、アジアゾウとアフリカゾウを性格テストに誘い込むことに成功した。このチームは、霊長類の実験によく使われる古典的な「トラップ・チューブ」問題（訳注／特定の手順を踏まなければえさが捕れないよう細工したチューブを使ったテスト）などの課題を与え、反逆性や社交性、攻撃性といった性格特性が、これらの課題の解決法を習得する速さと関係しているかどうかを調査した。すると、攻撃性や積極性が課題の解決に役立っていることが確認できた[29]（ただし習得そのものとは関係がない）。これらの研究は、個性が生態学的に重要であることを示唆している。行動傾向の違いが、個体の生存にきわめて重要な影響を与えている可能性があるのだ。

一方、当然ながら、植物が個性を持つ可能性についてはほとんど注意が向けられていない。だが植物については、私たちが調査を始めている。植物のなかにも、その行動が読み取りやすい種がある。たとえばオジギソウを使って調べてみると、危険な信号に対して個体ごとに異なる反応を示しているらしいことがわかる。

ある研究では、オジギソウの多数の個体を対象に、危険に反応して葉を畳んでいる時間を計測した（この実験では、葉を畳んでいる時間を、もっと親密に「身を隠している時間」と呼んでいた）。すると、この時間について、個体ごとの好みが大きく異なることがわかった。ちなみにこの実験は、オジギソウをさまざまな条件において実施された。植物も動物と同じように、ストレスを受けている場合とそうでない場合とでリスク評価の仕方が異なるかどうかを調べるためだ。

それによると、たとえば数時間にわたり日光を遮られていたオジギソウは、危険信号を受けても短時間しか「身を隠そう」とはしなかった。長い間十分な光合成ができなかったため、捕食されるリスクを冒してでも葉を開く必要があったのだ。一方、十分に日光を浴びていたオジギソウは、それよりもはるかに長く葉を畳んだままだった。すでにエネルギーの備蓄がたくさんあるため、安全策をとることができたのだ。これらの結果を受け、研究チームはこう結論している。オジギソウが身を隠している時間がそれぞれ異なる理由の大半は、そのオジギソウが置かれた状態によるが、それ以外の差異は、個々のオジギソウの好みによる、と。[30]

個性の相違がきわめて顕著に現れた事例の一つが、人間の家畜化により形成された相違である。断崖絶壁をよじ登って捕食者から逃げているシロイワヤギと、野原でぼんやりと草を食んでいるヒツジとを比較してみれば、その相違がすぐに理解できるだろう。このような変化は、信じられないほど短期間に起こる。私たちはわずか三万三〇〇〇年の間にオオカミをイヌへと家畜化し、人間の友となるようその構造や行動を変えてきた。それ以上に驚くべき変化を示した事例もある。一九五〇年代にソ連の動物学者ドミトリ・ベリャーエフが実験を行ない、およそ四〇世代でギンギツネの家畜化に成功した。人間に慣れた従順な個体を選択的に繁殖させ、ペット用の犬種に見られるような、耳の垂れた外見と社交性を備えたギンギツネを生み出したのだ。[31]

それと同じように私たち人間は、一万年前に定住を始めて以来、食物や原材料や装飾物として、植物を家畜化（栽培）してきた。たとえば、花屋によくあるグロキシニアを見てみよう。人間はこの植物を二〇〇年前から栽培している。するとその間に、逆説的な変化が起きた。遺伝的変異性が減少する一方で、外見が驚くべき変異を示すようになったのだ。グロキシニアのゲノムは比較的小さいにもかかわらず、いまでは無数の色や形のグロキシニアが出まわっている。二〇〇〇年前から栽培されているキンギョソウも同様である。[32]

私がモーリシャスのノブドウを探しに行ったことは序章で述べたが、このノブドウは、人間の利益のために改変されてはいないものだった。家畜化（栽培）は、つる植物にも劇的な影響を及ぼす。それは、人間を喜ばせるためにおいしい実やきれいな花をつけるようになるだけではない。茎から分枝する間隔が短くなり、反応が鈍くなり、生きていくうえで大切な抜け目なさが失われていく。こうして実質的に矮小体となり、その結果として、野生の同種とは異なるアフォーダンスを知覚するようになる。実際に野生の同種と比較してみると、それほど幅広くつるを投げかけることができず、効率よく支持物を見つけられなくなっている。野生の植物はその根に複雑な微生物叢《そう》（マイクロバイオーム）があり、そこから必要不可欠な栄養素を手に入れているが、栽培化された植物のなかには、それを持たないものもある。

だがそれも問題にはならない。栽培化された植物の場合、根を張った場所のすぐそばに都合よく、はい上がるための支柱や格子が置かれているからだ。さらに、根元からなくなった微生物叢を補うため、肥料や土壌改良剤も与えられる。ただし、こうした変化を受けた植物は、栽培や収穫がはるかに容易になる反面、野生では生きていけない。こうした違いを考えると、MINTラボの実験ではは栽培化されたインゲンマメを使用しているが、運動力が旺盛で大きな回旋運動を行なえる野生のインゲンマメについても観察してみる必要がある。栽培化されたつる植物でもタイムラプス撮影により興味深い発見があったのなら、野生のつる植物をタイムラプス撮影したら何が見えるだろう？ちなみに、栽培化された植物のなかには、野生に戻ったものもある。野生の祖先が持つ成長パターンや特質を取り戻しつつあるのだが、栽培化の過程で起きた遺伝的変化をさかのぼっているわけではない。それは、人工的な遺伝子組み換えにより除草剤への耐性を身につけたりした、新たな独自の品種である。これら勇猛な品種は、人間が主導する抑圧的な人為淘汰を逃れ、自然淘汰のもとで生きていく道を選んだ。この人為選択の産物は個別に、この世界の試練に初めて直面するなかで、まったく新たな経験をすることになる。[33]

## 人間好き

リチャード・ドーキンスは、一九九一年にロンドンの王立研究所で行なった講演のなかで、「紫外線の庭」というイメージを描いてみせた。栽培化された観賞植物とその送粉者との相互作用という視点から知覚された庭である。私たち人間は、自分が育てている美しい花は自分が楽しむためにあると考えがちだ。そのような花は、花好きの人間の愛情の対象でしかない、と。

だが、その植物には古くからの長い歴史があり、人間はつい最近になってそこに加わったに過ぎない。しかも、花と送粉者との相互作用についてはすでに述べたが、この相互作用の大半は、人間には感知できない紫外スペクトルのなかで起きる。花は紫外線の印を置き、紫外線を感知できる送粉者をその内部へと導く。しかし、この関係をどう見るかは双方で異なる。ミツバチは着地するところというアフォーダンスを知覚し、花は「ある花から別の花へと花粉を発射する誘導ミサイル」というアフォーダンスを知覚する。両者は進化の過程で、これらのアフォーダンスを効果的に利用しながら互いを形成してきた。ドーキンスはそれをこうまとめている。

花はミツバチを利用し、ミツバチは花を利用する。この関係のなかで、一方が他方を形成してきた。ある意味では、一方が他方を家畜化・栽培化している。紫外線の庭は、双方向の庭である。ミツバチは自身の目的のために花を栽培化し、花は自身の目的のためにミツバチを家畜化している。

私たち人間は、自分たちだけはそのような相互関係を超える存在だとうぬぼれてはならない。植物を栽培化しているのは私たちだけだと考えることさえ、私たちによくある人間中心的な考え方にほかならないのだが、そのような思考癖を回避するのはきわめて難しい。

農業用作物として人間に注目された植物は、その後どうなっただろう？　地球全域に広がり、特別に手入れされた土地で育ち、害虫から保護され、貴重な硝酸肥料を与えられ、除草剤で競合相手の植物を駆除してもらっている。現代のコムギやトウモロコシの品種は、そのもとになったつましい野生の品種に比べ、大いに繁栄している。こうした品種は周囲の環境に無頓着になり、ぼんくらになったかもしれない。だがそれは、それで何の問題もないからだ。人間の管理人が丁寧に世話をしてくれる。つまり実際のところは、それらの植物が人間を家畜化しているのかもしれない。

地球における主役は人間だけではない。ことによると植物は、栽培化の道を自ら選んだとも考えられる。そのほうが安楽な生活や想像もできないほどの繁栄を謳歌できる。そもそも、人間の食べたがるおいしい果実を生成するという植物の特徴は、その植物の繁殖を促進するための、移動可能な動物との取引材料として始まった。「あなたが私の種を遠くまで運び、すぐに成長できるほどふんが豊富にたまった場所に落としてくれるのなら、あなたに栄養を与えましょう」というわけだ。

これをきっかけに、私たちはその植物を大切に栽培し、もっと大きくておいしい実をつけるよう交配するようになる。最新の研究によれば、植物の栽培化のパターンに時代や地域による違いはないという。

植物はもしかすると、その可塑性のある形状や従順な性質を利用して人間の生活に入り込み、人間生活の支柱になったとも考えられる。つまり植物は、人間好きという性向に基づいて形成され、栽培化というアフォーダンスを利用してきわめて有利な立場を手に入れたのかもしれない[34]。

家庭用植物としてこのゲームに成功した植物はわずかだ。それらの植物は、人間に栽培され、世話をされ、水や養分を与えられるだけでなく、競合相手や捕食者、寄生生物からも保護される。都会の小さな家に暮らす多くの人にはこれらの植物が、もっと手間のかかる動物のペットの代わりになる。それを考えると、ペットの植物それぞれの経験は、大半の光合成生物の経験とはまったく異なるものと思われる。それほど人間にかわいがられると同時に、それほど主体性を奪われた植物はほかにない。これらの植物は、個別の容器に入れられ、孤独に根を張っている。そんな植物をただ生かし続けるために世話をするだけでなく、それを超えたところへ目を向ければ、その植物が家庭の一員としてどんな経験をしているのかを想像できるかもしれない。

私たちの周囲には、成長しつつある姿のなかに分散された意識、それが拾いあげる独特な化学信号、見慣れない光のパターン、人為的な風景、そして何よりも、騒々しく混沌とした人間社会と絶えずかかわるなかで生み出される内面世界がある。そう考えると、その存在は単なる装飾物というより、仲間といったほうがいいのかもしれない。

# 第八章　植物の解放

植物であれタコや細菌であれ、その内面世界を掘り下げて考えるのは、繊細な注意が必要な作業というだけではない。それはまた、私たちのこの世界の見方や、そのなかでの生き方に重大な影響を及ぼす可能性もある。私たちはこれまで、植物が環境から情報を収集して利用する複雑な方法や、賢明な行動を起こす能力、周囲の生物との複雑な関係を探究してきた。そしてそれをもとに、植物であるとはどういうことかを考察した。その答えは、軽く受け止めきれないほど深遠なものと思われる。では、その結果私たちはどう変わることになるのか？

それはどうやら、きわめて切迫した倫理的ジレンマをもたらすことになりそうだ。私が一般大衆を対象にこうした研究について講演すると、まず質問の手を挙げるのはいつもビーガンやベジタリアンたちである。というのは、私の講演内容により、彼らの倫理的枠組みが根底から揺さぶられるからだ。彼らは、植物は動物のように苦しむことがないから、消費しても倫理的に問題はないと考えている。それなのに、植物が主観的経験を持っている可能性があるとなれば、この動物中心主義的な主張により倫理的に優位な立場を維持しようとする考え方は、すっかり打ち砕かれてしまう。

この可能性については、安易に結論に飛びつく前によく検討してみる必要がある。私たちには、ほかの動物だけでなく、ほかの多くの生物を扱う姿勢について考えるべきことがまだたくさんあるはずだ。そもそも、改めて言うまでもないことだが、この可能性に誰もが同意しているわけではない。二〇二〇年には、ＭＩＮＴラボの研究に断固として反対する研究者たちが、植物が主観的経験を持っている可能性に対して根本的な異議を唱えた。その主張は二つの点から成る。

第一に、統合的な反応と知覚力とを結びつけている点を攻撃している。「環境情報を処理して適応的行動を生み出す能力と、環境に関する主観的な気づきをもたらす能力とは、まったくの別物である」と述べ、主観的な気づきには、脳のような器官を中心とする神経系が必要不可欠だと主張している。そして第二に、植物には意識を進化させる必要などなく、光合成を行なう生活スタイルを支えるには、生まれ持った適応機能だけで十分だと訴えている。「植物は主観的意識の代わりに、自然淘汰により遺伝的に、環境要因により後天的に決定された適応的行動を進化させた」との主張である。[1]

私たちはこれらの異議を喜んで歓迎する。私たちの考え方が十分な根拠に基づいていることを証明するためには、どんな批判も甘んじて受けなければならないからだ。それに私たちは、この二つの主張に自信を持って反論できる。第一に、脊椎動物の「意識」が複雑な神経系により生み出されているとはいえ、ほかの生物ではまったく異なるハードウェアに基づいて主観的経験が進化してきた可能性もあり、それを客観的方法で否定することはできない。脳がなければ気づきもない、と結論できる証拠は何もない。第二に、私たちが植物の行動を理解するために行なってきた研究成果を、遺伝子や環境要因に支えられた単なる適応に還元するのはきわめて難しい。私たちが観察してきた行動は、きわめて目標指向的で柔軟であり、とてもそうは判断できない。確かに、意識の意味として、「感情、主観的状態、（内的状態の気づきを含む）出来事の原始的な気づき」の存在というごく基本的な定義を採用したとしても、植物に意識があるかどうかはまだわからない。それでも、意識がないと見なすこともまたできない。[2]

私たちは、ポール・チャーチランドが奨励していた認識の枠組みの「再調整」を完璧には実践できないかもしれない。実際のところ私たちには、自分以外の人間の内面世界さえわからない。長い間そばにいる妻や夫であってもだ。コウモリなどのほかの動物や、さらに根本的に構造が異なる生物となればなおさらである。とはいえ、予想される影響を考える際に、それは問題にならない。

植物に知覚力がある可能性があるのなら、そのような可能性が引き起こす倫理的影響について考察する必要がある。その際には、ネナシカズラやエンドウマメを、「閉じ込め症候群の患者」のようなものと考えるといい。閉じ込め症候群の患者は、外面的には植物状態にあるが、周囲で何が起きているかを自覚しており、誰もアクセスできないながらも内的経験を持っている。その感情やニーズは、まばたきや目の動きでしか表現できない。そのため周囲の人は、推測や倫理的判断のみに基づいて、患者の幸福に配慮するしかない。この場合、その患者はどんな権利を持つべきなのか？

これはまさに、植物の立場である。植物にもまた、内的経験の一部として、苦しむ能力があるのだろうか？　私たちにはわからない。植物はそれを教えてくれないし、それを知るための科学的なツールもない。だが、植物がそんな能力を持っているとしたら、そこにどんな意味があるのかを考えてみる必要がある。そのためにはまず、多種多様な生物群にまで広げられる概念の構築に向け、意識がどこから来るのかという問題に対する思い込みを再検証しなければならない。そして、これからどのような意識に価値を認めていくべきなのかを検討すべきである。

## 感情的な行動

私たちの意識とは何か、人間であるとはどういうことかと尋ねると、抽象的な思考をまとめたり、いろいろなアイデアを思い描いたりする能力を思い浮かべるかもしれない。だがこれは実際のところ、私たちの内面世界を突き動かしているもののうわべに過ぎないのではないか？　私たちは、行動の大半が感情に突き動かされている事実を認めないわけにはいかない。笑ったり、泣いたり、眉をひそめたりといった感情の状態を「表現」する行動や、コミュニケーションに関するものではないにせよ感情に基づく行動などである。

これらの「感情」は特定の生理機能を表しており、一般的には明確な行動目的を持っている。つまり、感情的行動は内的状態を表現する行動であり、それ自身は適応的だと言える。恐怖、怒り、愛情といった感情は、この世界との相互作用を促す重要な原動力になる。おそらくそれは、人間以外の生物にも言えるのではないだろうか？　感情が持つこの力は、私たち人間とほかの種とを緊密に結びつけてもいる。

一八七二年、チャールズ・ダーウィンは『The Expression of the Emotions in Man and Animals（人間と動物の感情表現）』という著書を出版した（現代では『The Expression of the Emotions in Humans and Other Animals』と呼ばれることもある）。ダーウィンはそのなかで、「昆虫もその鳴き声により、怒りや恐怖、嫉妬や愛情を表現する」と述べている。コオロギやバッタなどの昆虫は、硬い外骨格の表面をこすり合わせ、摩擦音による声を生み出す。その音が実際に嫉妬や愛情を表しているのかどうかはともかく、この考え方は、生物の行動における感情の力を本質的に認識しているという点で、動物を自動機械と解釈する既存の考え方とは劇的な対照を成している。ダーウィンは昆虫のような「下等」動物にも、人間が経験している感情と同じようなものを認め、それを人間の感情を示す同じ言葉で表現してもいいと考えたのだ。

感情とそれを表現する行動との関係に関する議論は、一九世紀以来続いている。感情が人間の脳の構造や人間の行動に特有のものかという疑問は、古くからあった。[3] そのなかでもダーウィンは、「感情」が人間の際立った抽象的特徴であるどころか、進化において重要な役割を果たしてきたと考えた最初期の科学者の一人だった。ダーウィンによれば、感情や感情的行動が進化したのには、きわめて妥当な理由がある。感情は、危険な環境の要請に応じて、素早く優先的に判断を下す能力を与えてくれる。私たち人間は、感情を非理性的な衝動と考えがちだが、「自分の勘を信じろ」という言葉には大きな価値がある。感情という主観的な内的体験はときに、理路整然とした論理が思いもつかない複雑な行動を引き起こす。

## 痛みを感じる

ダーウィンのこの視点により、ほかの種の感情を考察することが可能になったばかりか、感情が調査の重要なよりどころになった。二〇世紀にはジェーン・グドールら動物行動学者の研究により、人間以外の動物も喜びや痛みを感じられ、複雑な社会組織のなかで感情的な交流をしていることが決定的に証明された。その結果ほかの哺乳類、なかでも人間とさほど違わない類人猿の苦しみをどの程度重視すべきなのか、という難しい疑問が提示された。これらの議論の多くは、痛みを与えてもいいのかという点を中心に展開されている。痛みは、回避反応を促すマイナスの感情と定義できる。[4]合理的な倫理的枠組みに従えば、痛みを与えるのは最小限に留めるべきだ。それなのに、ほかの動物も痛みを感じるのかという問題が、いまだに熱心に議論されている。

一九七五年には、オーストラリアの哲学者ピーター・シンガーが、いまや古典となった動物の倫理的な扱いに関する著書『動物の解放』（訳注／邦訳は戸田清、人文書院、二〇一一年）を発表した。[5]そのなかでシンガーは、グドールら動物行動学者の研究を大幅に引用しながら、人間以外の動物も痛みを感じると考えられる強力な根拠が三つあると主張している。第一に、動物は痛みを感じているると思われる状況において、特定の行動を示す。第二に、動物は痛みを検知して反応することも可能なほど複雑な神経系を備えている。そして第三に、痛みは損害や危険の指標として、進化的観点から見てきわめて有益な役割を果たす。

ただしシンガーは、この主張の対象から植物をはっきりと除外し、「これらの根拠のいずれも、植物が痛みを感じると考えられる理由にはならない」と述べている。だが私は、この除外に反論したい。第一に、植物も積極的に回避行動を示す。第二に、植物にも身体全体の反応を調整できる「神経」のような系がある。そして第三に、地面に根を生やした植物においては、痛みから逃げられる動物に劣らず、進化の歴史のなかで痛みが有益な役割を果たしていたはずだ。

だがまずは、進化の歴史をさかのぼり、痛みの経験に関するこの想定がどこまで通用するのかを考えてみよう。たとえば魚は、痛みを感じることなく有害な刺激に反応しているのか？　多くの人間が狩りよりも釣りを楽しんでいるのはそのためなのか？　魚が痛みを感じていないことを知るにはどうすればいいのか？

魚の脳には、脳外套という部位がある。この部位は、哺乳類において恐怖や痛みを司る扁桃体や海馬と進化の歴史を共有している。だが哲学者のブライアン・キーは、こう主張する。魚は痛みを感じられない。というのは、痛みを感じるためには、哺乳類が持つ新皮質が必要だからだ。神経系の構造が違えば、それが生み出す経験も変わるに違いない。したがって魚は、苦しんでいると「解釈」されるようなふるまいをしているだけだ。釣り針にかかり、ボートの底ではねまわっている魚は実際のところ、酸素欠乏に自動的に反応しているに過ぎない。のた打ちまわっている魚には、安っぽい土産物屋で売っている機械仕掛けで歌を歌うあのプラスチック製の魚と同じように気づきはない、と。[6]こうした想定は、罪悪感なく魚を消費しようとする人間にはことのほか都合がいい。

キーの主張は、第五章で述べたデカルトの考え方に通じる。人間以外の存在は魂も知性も持ち合わせておらず、単なる機械でしかないという考え方である。この想定をもとに、デカルトの信奉者たちは、イヌの足を釘づけにして恐るべき生体解剖実験を行なうことになる。「どうしてそれほど冷酷になれるのか？」と思うかもしれない。その答えは、動物は自動機械に過ぎないとの思い込みにより、動物が示す痛みの表現に耐性がついているからだ。それに怒りを抱くかどうかはともかく、実に皮肉なことに、デカルト信者は知性を優先するあまり、感情のない怪物のようになってしまったのだ。とはいえ、集約的な畜産業が動物に苦しみをもたらしているという理由から、哺乳類や鳥類を食べないという人のなかにも、魚類なら平気で食べるという人がけっこういる。しかしそれも、トロール漁船の網にからめ取られ、窒息して死んでいった魚たちなのである。

人間以外の生物は感情を持っていないという主張は、デカルト信者を超えて広がった。たとえば、現代の誰よりも一般大衆の進化論の認識に影響を与えたとされるリチャード・ドーキンスさえ、こう述べている。「コウモリは機械に過ぎない。その内部の電子装置が刺激を受けると、翼の筋肉が作動して昆虫に一直線に向かう。その姿は、意識のない誘導ミサイルが飛行機目がけて一直線に飛んでいくのと同じである」[7]。だが、ほかの種の痛みの存在やその重要性をあくまでも否定するのなら、未来の世代から野蛮人と見なされる覚悟をしておかなければならないだろう。

実際、魚に知覚力があることを示す証拠が現れつつある。[8] たとえば、キンギョに学習能力があることを示す研究がある。[9] ほかの魚にも確実に、支柱をはい上がるつる植物と同じように、物体の色など、環境のさまざまな要素に対する感覚的な気づきがある。赤などの色に反応する能力を進化させておきながら、「赤」という内的表象を形成しないのは意味がないと思われる。

その内的表象は、一種の知覚である。[10] それなら、キンギョでの発見を、メルルーサやスプラットイワシやマグロ、あるいはそれを超えてまったく異なる生物群にまで一般化できるのだろうか？ 人間や特定の動物においては複雑な神経ネットワークが感情と行動とを仲介しているとはいえ、その上位区分である門全体にまで同じことがあてはまるかどうかはわからない。

とはいえ、哺乳類とほかの生物との「痛み」の経験が似ているかどうかは確認できないとしても、「苦しみ」というさらに広い概念にまで対象を広げて考えることは可能だ。植物には、この苦しみのほうがあてはめやすいかもしれない。植物の行動と感情との間には、興味深いつながりがある。

動物の場合、感情は脳幹で制御される。人間や動物の行動や感情を制御する化学物質の多くは、植物でも合成されているか、植物にも同じようなものがある。たとえばオーキシンは、セロトニンやドーパミン、アドレナリンなどの神経伝達物質と化学的にきわめてよく似ている。概日リズム（外部の昼と夜のサイクルに同調する体内時計）を調節するメラトニンは、植物においても同じ役目を果たしていると思われる。[11] これらの物質を生成すれば、それだけコストがかかる。それを考えれば、目的もなくそれを製造するよう進化したとは考えられない。それに、植物におけるこれらの分子の機能を知れば知るほど、それらの利用法が動物に似ているという印象が強くなる。

これらの化学物質のなかには、植物がストレスを受けたり傷を負ったりした場合にのみ生成されるものもある。植物は、鎮痛作用や麻酔作用のあるさまざまな物質をつくっている。その一つがエチレンだ。エチレンは、細菌類や真菌類、地衣類においても重要なストレス信号としての役割を担っているようであり、そのメッセージは、進化の系統樹を構成する幅広い生物のなかで利用されている。これらの分子が植物のなかで実際に鎮痛剤として作用しているのかはわからないが、それがストレスの多い状況で生成される事実を考えれば、苦しみを緩和する役に立っていると考えられなくもない。いまでは、ナノセンサーを使って植物のストレスを直接計測できる。植物の葉にカーボン・ナノチューブを埋め込めば、葉が損傷や旱魃ストレスを受けたときに生成するエチレンなどの信号を検知して、リアルタイムで植物の苦しみを視覚化できる。この情報を直接スマートフォンにストリーミング配信することも可能だ。[12]

私たちの作業仮説では、植物の場合、厳しい環境に対処するために、よく調整された生理活動を利用している。動物の場合と同じように、その内的状態により優先順位を生み出し、生死にかかわる要請のどれに緊急に応じるべきかを決めている。進化的観点から見ると、ある程度痛みを知覚する能力や苦しむ能力は欠かせない。絶えず変化する危険な世界では、常に不都合な出来事に対処できる能力がなければならない。それに対して何らかの反応を促すためには、その出来事を何らかの内的状態や感情で表現する必要がある。それは、初歩的な気づきの感覚と言っていいものだ。

## 細胞の意識

下等とされる生物や単純な構造の生物、ほとんど動かない生物にまで意識に関する視野を広げることができないのは、意識を「トップダウン」的に考えているからだ。私たちは脳が生み出す知性により、ほかの種から区別されていると考えがちだ。だがそれとは別に、動物と植物とで利用される分子が似ている点から推測して、感情にもとづいた意識像を組み立てることも可能だ。

意識を主に、ある種の「気づき」として定義するのである。そうすれば、意識を「ボトムアップ」的に考えるまったく別のアプローチにたどり着ける。このアプローチは、単純な生物であれ微小な生物であれ、主観的な気づきこそが生物に不可欠な特徴だと見なす。

一八世紀フランスの哲学者ジュリアン・オフレ・ド・ラ・メトリーは『L'Homme-Plante（人間植物論）』のなかで、人間と植物との間には連続性があり、どちらにも心があると述べている。植物の心は「無限に小さい」かもしれないが、それでも心はある、と。それからおよそ一五〇年後には、博物学者のジョン・テイラーが『The Sagacity and Morality of Plants（植物の知性と道徳性）』のなかで、ダーウィンやアルフレッド・ラッセル・ウォレスらの植物研究から、植物が知性や目的を生まれ持っていることがうかがえると述べ、さらにこう主張している。こうした科学者は、「動物であれ植物であれ、意識を伴わない生物などありえない」ことを知っていたのだろう。「動物存在の階梯の最下層に位置づけられるきわめて微小な動物でさえ、外部の環境に対して、その生体構造と同じように初歩的かつ単純な意識を示している」。彼らが実践した「植物心理学」はいずれ、「心理作用のまったくない生命などありえない」ことが受け入れられる未来をもたらすことになるかもしれない。「心理作用は生命の結果なのだから」と。[13]

比較的最近では、ニューヨーク市立大学の認知心理学者アーサー・リーバーが、意識の考え方にまつわるジレンマの解消に大いに役立つ新たな理論を展開している。[14]リーバーは意識の探究方法を反転させ、意識の範囲を人間からほかの生物へと徐々に外へ広げていく人間中心的な視点から、より本質的な視点へと転換した。その主張によれば、生きることには経験が伴う以上、意識は生物の系統樹の至るところに見られるという。著書『The First Minds（心の誕生）』の序文にはこうある。

アメーバのような単細胞の種にも心がある（その心がきわめて小さく、大した仕事をしていないとしても）。原生動物は周囲の世界を知覚して思考している（その思考が限定的で、さほど興味深いものではないとしても）。細菌は互いにコミュニケーションをとり合っている（その

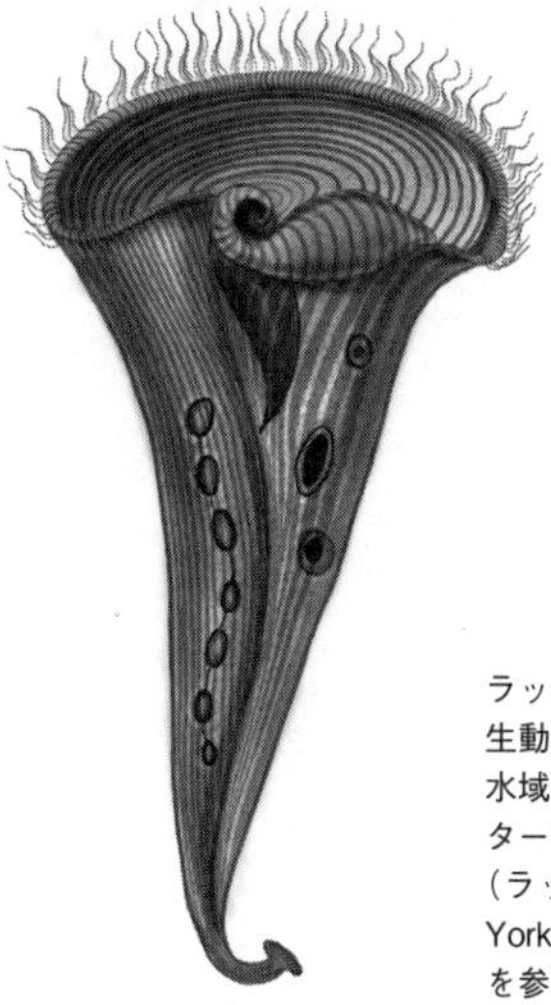

ラッパムシ。繊毛のあるこの原生動物は、川など世界各地の淡水域に生息する。ヴァンス・タータ―著『The Biology of Stentor（ラッパムシの生物学）』（New York: Pergamon Press, 1911）を参考にした。

メッセージが単純で単一的な性質のものだとしても）。ラッパムシのような固着性の真核生物は、学習するだけでなく、微小な細胞記憶を持ち、戦術的な判断をしている。[15]

意識をこのように見ると、意識を進化生物学とつなげる考え方が可能になる。意識は、どうしても心身問題に帰着してしまう抽象的な現象ではなく、細胞生物を構成する分子の細部に本質的に宿るものであり、そこからさらに複雑な心が進化してきたのかもしれない。

リーバーの理論に従えば、主観的経験は環境との相互作用に欠かせないものとして、細胞生物が誕生して以来存在していたに違いない。それは、脳を所有する少数の特権的な生物群だけに限られるものではない。リーバーはのちの論文でもこう記している。「知覚力のない生物の進化は（中略）そこで行き止まりになってしまう」[16]

単細胞の細菌でさえ、環境を「感知」するだけでなく「知覚」し、それが持つ自身にとっての価値を「具体的」に把握している。糖分子に出会ったときの、それが豊富なえさの存在を意味しているかもしれないという主観的経験が、そちらの方向へ動いていこうとする細菌の行動の鍵になる。酸性の分子に触れたときの好ましくない作用が、危険から遠ざかる細菌の行動を促す。単細胞生物は、食物を摂取する、排泄する、危険を避けるといった強い衝動に動機づけられている。微小でありながら、ごく基本的な生物学的欲求から生まれる感情に満たされている。そのうえ、細菌やアメーバといった単細胞生物は学習さえできる。

細菌にえさとして、まずはラクトースを、次いでマルトースを与える作業を繰り返し行なった実験がある。この二つの糖を処理するためには、異なる遺伝子を活性化させなければならない。この実験によれば、細菌はすぐに、マルトースが与えられる前にマルトースを消化する酵素を合成して、間もなく起きる変化を予期するようになる。さらに、この予期されたマルトースをしばらく与えないでいると、その予期のスイッチを切ることも行なう。まるで、ベルが鳴ってもえさが来ない状態が何度も続くと、ベルに反応しなくなるパブロフのイヌのようである。[17]単細胞生物にそんな能力があるのなら、さらに複雑な多細胞生物はどこまでその能力を発展させていることだろう？

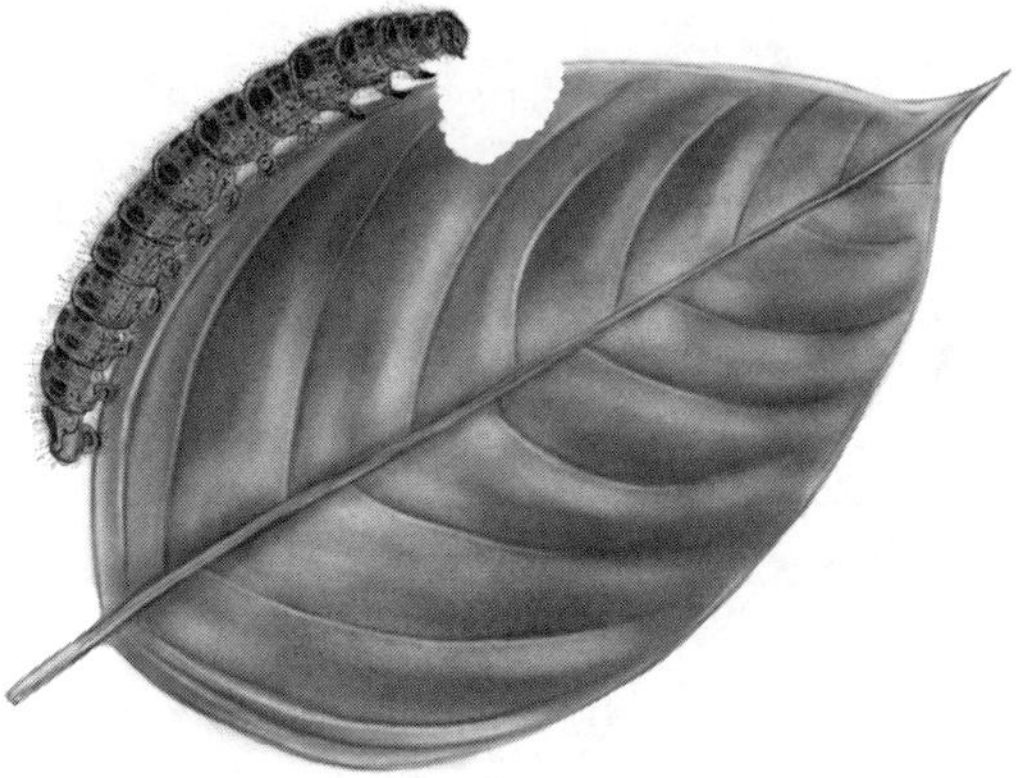

だが奇妙なことに、リーバーはこれほど平等主義的な理論を展開しているにもかかわらず、最初に植物をそこから排除している。リーバーによれば、「心や意識を生み出す生物学的基盤」として欠かせない要素が三つあり、その一つが「移動能力」なのだという。さらに「柔軟な細胞壁」もその要素の一つとしており、それも植物を排除する要因となっている。これは、動物中心的な考え方がいかに根深いかを証明している。[18]

リーバーはこの理論に至る最初のひらめきについてこう述べている。イモ虫がバジルの葉の上をゆっくりとはいながら、その縁をきれいにかじっている。その様子を見ていると、何も考えることなく目の前にあるものを何でも食べているのではなく、自身が食べるべき最適な部分を積極的に選んでいる。そこからリーバーは、イモ虫には心があるだけでなく、何らかの意識もあるのではないかと考えた。そうでなければ、周囲の緑の環境が提供してくれる複雑な機会を最大限に活用できないからだ。

それなら私はこう問いたい。バジルのほうはどうなのか、と。捕食者と被捕食者、寄生生物と宿主は、別々にではなく一体となって進化している。その一方が消費を指令する心を持っているのなら、もう一方も身の防御を指令する心を持っているのではないか？

イモ虫の食行動により生まれる振動は、一陣の風が生み出す振動とはまったく違う。それは、バジルにとっては別の「経験」であり、内面世界を揺るがす程度も、反応を促す度合いもまったく異なるに違いない。[19]細菌が酸性の分子に出会ってきわめて不快な経験をしている可能性があるように、植物もまた、塩分濃度の高い土壌に出会ったり、捕食者に身をかじられたりして、同じように不快な経験をしていたとしてもおかしくはない。ダーウィンも、ミミズを観察するなかでリーバーと同じような直感を抱き、それを『ミミズによる腐植土の形成』（訳注／邦訳は渡辺政隆、光文社、二〇二〇年）に記している。ミミズは巣穴をふさぐ有機物を注意深く選択する際に、「きわめて意識的に行動し、多大な知能を発揮している」という。ただしダーウィンは、それ以前の著書『植物の運動力』のなかで、リーバーのような動物中心的な偏見を一切示していない。

リーバーは結局、私の反論に冷静に応じ、植物に知覚力がある可能性を示す強力な研究事例が増えていることを素直に認めた。そして、自身が提示した前提をもとにその可能性を支持し、こう述べている。『細胞基盤の意識』モデルが正しく、原核生物に知覚力があるのなら、植物がそのあとに進化したという単純な事実から見て、植物も知覚能力を保持しているはずである[20]」

進化は保守的だ。進化により有益なものが生まれ、それが有益であり続けるかぎり、それが失われることはまずない。光合成細胞を吸収して植物の祖先となった単細胞生物と、その子孫である複雑な多細胞の植物との間に、何百万年もの隔たりがあったとしても、その事実は変わらない。だがリーバーは、それと同じ論点から、また別の疑問を提示している。

知覚は代謝面でコストがかかり、進化は無駄を嫌う。それなら植物の祖先は、移動能力を放棄すると同時に知覚能力を捨て、より特殊な生活スタイルに資源を利用するほうが有益だと判断したとは考えられないか？　この疑問は次のように言い換えられる。植物のような「固着性」の生物は、そのコストに見合うほど意識を活用できる存在なのか？　だが、本書でこれまで展開してきた数多くの論拠から見て、そんなことが問題になるのは、私たち人間に植物のダイナミズムをとらえる能力が欠けているからだと思われる。

# 経験を証明する

では、微小な意識の存在に確固たる科学的根拠を与えるにはどうすればいいのか？　植物のなかで何が起きているのかを、学習や予期のような有望な外的兆候から推測するのではなく、「内面」から探ることはできないか？　私たちは、アメーバの微小な世界や、エンドウマメの控えめな巻きひげの先端に身を置いて想像することはできるが、それは証拠にはならない。それは新たな知見を促す手段に過ぎず、疑問にアプローチする方法を導き出すための手がかりを与えてくれるだけだ。

リーバーは、遺伝学的手法を利用して細胞の意識を調査する道筋を示している。その主張によれば、最初に「目覚めた」原始生物には、知覚能力がゲノムに刻み込まれていたに違いない。気づきの仕組みをコード化した遺伝子配列である。現在では、ある細菌の仕組みをもとに、クリスパーという遺伝子編集システムが新たに開発され、ゲノムの一部の削除や挿入が可能になった。このシステムを、意識の問題の調査に利用できるのではないかという。意識にかかわる遺伝子を特定し、それを一つずつ順序立てて除去しながら、その影響を検証していけば、意識に目覚めた大腸菌と愚かな細菌との相違をどの遺伝子が生み出しているのかを判断できるかもしれない。[21]

考えうる調査方法はほかにもある。そのヒントは、序章で紹介した睡眠状態のオジギソウにある。

知覚力や気づきの存在を証明したいのなら、その反対の状態を利用すればいいのかもしれない。細菌のような生物は、神経系を持つ哺乳類などの動物と同じようには「睡眠」しない。つまり、徐波睡眠やREM睡眠といった明確な段階がない。だがそれでも、動物と同じように休眠時間を必要とする(これはあらゆる生物にあてはまるかもしれない)。

生きるという仕事を休むのは、生物に欠かせない特徴の一つだと思われる。[22] その間に、細胞が受けた損傷を修復し、システムをリセットするのである。細菌にそのようなサイクルがあるという明確な証拠もある。光合成をするシアノバクテリアという単細胞生物は、光と闇のサイクルに合わせて発現する遺伝子を変える。そのほか多くの細菌が、昼と夜を追跡する細胞機構を持っている。[23] また、カシオペアというクラゲは、明らかに睡眠に似た状態を示す。ただ浮いているだけの触手の塊に睡眠など必要ないのではと思うかもしれないが、細胞レベルでは間違いなく必要である。[24] ゼブラフィッシュの睡眠時の生理的変化を調べた研究によれば、哺乳類の徐波睡眠やREM睡眠で見られるような心拍率や脳活動パターンの低下が見られたという。これは、そのような再起動システムが脊椎動物において、四億五〇〇〇万年以上前に進化した可能性があることを示唆している。都会の魚は都会の人間と同じように、その生息環境に常に存在する照明により睡眠パターンを乱されているとの報告もある。[25]

感受性の高い植物を麻酔状態にさせられることはすでに述べたが、植物にも概日リズムがあり、研究室で人工的に「時差ぼけ」を起こすこともできる。植物を室内に置き、外光とは一致しない間隔で照明のスイッチを入れたり切ったりすればいい。植物系は、光の変化にはことのほか敏感だ。

そのため、二〇一七年八月二一日にワイオミング州で日食が起きた際には、現地の主要植物であるヤマヨモギが、夜間ほどのレベルではないにせよ、睡眠に近い状態に陥った。昼間なのに光合成の活動が、短期的な太陽エネルギーの喪失だけでは説明できないほど大幅に低下したのだ。植物の体内時計では暗闇が訪れるとは予測していなかったはずなのに、光量の低下により催眠作用が引き起こされたのだろう。これは、光を落としたときに人間の脳に起こる作用と同じである。[26]

麻酔が作用したり、暗闇が植物に眠気を引き起こしたりする基本的な仕組みについては、まだよくはわかっていないが、一部の研究者は、それが植物の内面生活を知る重要な手がかりになるのではないかと考えている。植物研究者のフランティシェク・バルシュカと陽川憲は、「人間における麻酔が気づきの喪失を引き起こす」のなら、植物でも同じような気づきの喪失があるのかもしれないと主張している。[27]麻酔は、オジギソウの葉を畳む能力やハエトリグサの葉を閉じる能力を奪うだけでなく、これらの植物の知覚力を一時的に停止させている可能性がある。

麻酔薬の効果については、こんな疑問を抱くかもしれない。麻酔は実際のところ、何を停止させているのか？　私たちは結局、ほかの人間の経験を構成する独自の細かい部分まではわからない。そのため実際のところ、オジギソウが麻酔により反応を止めたときに何が停止しているのかはわからない。内的経験はきわめて個別的なものだ。生物がその環境のなかで知覚する機会や可能性が個体ごとに異なるのと同じである。だが、生物を眠らせられるという事実を利用すれば、意識経験の別種のモデルを生み出すこともできる。

ウィスコンシン大学マディソン校のジュリオ・トノーニはクリストフ・コッホらとともに、それを実践してある理論を構築している。* これは統合情報理論（IIT）と呼ばれ、主観的経験は緊密に織り合わされた重要かつ本質的な要素で構成されているという考え方に基づいている。[28] 主観的経験は、それを抱く個体に特有のものであり、そのなかにのみ存在する。それは、音、光景、触感などさまざまな要素により構成されるが、そのすべてが一度に現れるときにのみ存在する。

たとえば、そよ風が肌をなでるある晴れた日に、イモ虫がバジルの葉の上をはっている様子を見たとしよう。この場合、それらの要素が一つでも欠ければ、それと同じ経験にはならない。あなたがいま読んでいる文字の形、紙の色、指に触れる質感、言葉の意味、読んでいるときに周囲に聞こえる音、それらすべてが、単一の経験の一部として緊密に結びつけられている。そのどれかが変われば、その経験は同じ経験ではなくなり、別の経験になる。

このようにIITは意識を、これらさまざまな要素を統合する能力を持つシステムの結果と考える。このシステムは経験を、部分の総和以上のものにする。このシステムが複雑になればなるほど、

＊コッホはシアトルでアレン脳科学研究所を運営している。

さまざまな要素を統合し、もはや元の要素に還元できないほどの一体化を成し遂げる能力が高まる。したがって、この統合する能力、情報を組み合わせてまったく独自のものを生み出す能力が、意識の尺度になる。つまりＩＩＴは、神経科学の分野で構築されはしたが、その前提や意味するところは本質的に神経中心的ではない。

この理論に従えば、神経ネットワークがあろうがなかろうが関係ない。シリコンチップであれ、神経細胞であれ、単細胞の細胞膜であれ、師部の組織であれ、価値ある入力情報を一貫した内的経験に変換できるシステムがあれば、何らかの意識を生み出せることになる。[29] それだけではない。多種多様なシステムで生み出される意識を計測する尺度があれば、それをもとに、哺乳類の脳を超えた意識の調査へと具体的に歩を進めていける。統合レベルの測定により主観的経験を客観的に把握できれば、もはや「脳」の活動の測定に頼る必要はなくなる。

## ザップ＆ジップ

私たちはすでに、植物の世界に的を絞ったＩＩＴ研究を始めている。植物ＩＩＴと銘打たれたこの研究では、以下のような予測をもとに調査を進めている。動物の場合は、神経の電気的活動を脳や神経節で統合して意識を生み出しているようだが、植物の場合は、維管束系の細胞が相互接続されて全身に広がり、神経のような機能を果たす組織を形成していると思われる。[30] また、植物の種や個体の間には、知覚力のレベルに幅広い多様性があることも予想される。そもそもＩＩＴには、それぞれの経験は独自のものだという前提がある。植物ＩＩＴがこの相違を入念に調べるきっかけになるかもしれない。

これを出発点に考えれば、植物の意識を調査するための方法がいくつか思い浮かぶ。維管束系が植物の意識をまとめあげているのであれば、維管束の組織の状態変化を追跡することで、その仕組みに関する知見が得られるかもしれない。人間や動物の神経系のリアルタイム画像を取得するために利用される磁気共鳴映像法（ＭＲＩ）やポジトロン放出断層撮影（ＰＥＴ）を応用すれば、植物の維管束系の状態変化を把握できる。[31] 植物ＰＥＴや植物ＭＲＩなど非侵襲性の技術により、植物内における維管束系の働きや相互作用に関する知見が得られ、動物の神経系に見られるような組織の階層構造が明らかになるかもしれない。

そのような技術が利用できるようになれば、麻酔の作用が維管束系の働きに及ぼす影響を検証することも可能になる。麻酔がこれらのネットワークの統合能力の機能停止を引き起こしているのなら、経験の一時停止を視覚化できる。それは、植物にどんな構造の意識がありうるのかを考察するきっかけになる。そのために必要なのは、その視覚化を可能にする特殊な機器の開発だけだ。

二〇〇〇年代初頭、ジュリオ・トノーニは当時同僚だったマルチェッロ・マッシミーニ（いまはイタリアのミラノ大学に在籍している）とともに、意識を検知するための基準となる方法を開発した。[32]その方法は、「ザップ&ジップ」というやや軽い名称で知られているが、それが明らかにする内容は、啓示的であると同時に、ときに深い悲哀に満ちたものでもある。

「ザップ」とは、患者の頭皮に押しつけられた電線コイルにより頭蓋内に送られる磁気パルスを指す。それが隣接する神経細胞に電気パルスを引き起こし、さらにそれにつながった神経細胞へとその電気パルスをさざ波のように伝えていく。これは「摂動」と呼ばれる現象である。「ジップ」は、頭の周囲に配置された脳波（EEG）センサーから摂動パターンのデータを収集・圧縮することを指す。摂動パターンが複雑になれば、その結果を収める「ジップ」ファイルも大きくなり、患者の意識状態がそれだけ高いということになる。実際、無意識状態や麻酔状態にある患者は、単純で規則的な摂動パターンを示し、ジップ値も〇・三一未満と低い。

一方、意識のある患者は、波打つような変化のあるパターンを示し、ジップ値も〇・三一から〇・七〇と高い。ところが、植物状態の患者にこのテストを行なってみると、驚くべきことに患者のおよそ四分の一が、意識はあるがそれを表す手段がないことを示唆する数値を示した。つまり、もはや動けない身体のなかに、まだ活動している心が閉じ込められているのである。

植物もこの閉じ込め症候群の患者と同じように、意義深い意識経験を持っているのだろうが、人間がそれを知る術もなければ、植物が人間にそれを伝える術もない。だが「ザップ＆ジップ」は、この両世界をつなぐ最初の試験的な懸け橋になるかもしれない。磁気パルスを「頭蓋」にではなく、植物の師部の各領域に送れば、刺激が維管束系を伝わっていく様子を映像化できる。それを見れば、植物のなかで電気的活性化がどのようなパターンで起こり、その内部コミュニケーションの基盤がどのような仕組みになっているのかがわかる。予想では、「気づき」のある植物の場合、意識のある人間の患者と同じように、維管束系を通り抜ける共鳴のパターンは複雑で広範囲に及ぶと思われる。一方、気づきを奪われた植物は、単純で局所的な波形パターンしか示さないはずだ。

つまりＩＩＴ理論に従えば、植物が覚醒していればしているほど、その意識は複雑になり、身体に点在するデータ収集拠点からの情報を統合する能力も高くなると予想される。私たちはいずれ植物を、閉じ込め症候群の患者と同じような状態から解放できるかもしれない。

## 植物倫理学

植物に知覚力がある可能性を証明するために利用できる糸口は無数にある。たとえば、植物は私たちが想定している以上の存在だと考えられる実験的証拠がある。また、生命全体の意識について考察する新たな枠組みが生まれている。あるいは、意識を直接検査する技術が開発されつつある。

だが、これらはまだ明確な答えを何も生み出してはいない。意識に関する疑問は、数千年にわたり哲学者や科学者を悩ませてきた。いまはまだ、この謎に植物を追加できる可能性を検討し始めた段階に過ぎない。それでも、これまで確認してきたことに目を向ければ、こう考えずにはいられない。知覚力は、生命にとって意味があるものであり、生きていくのに不可欠な土台となる。であれば植物が、私たちが直感的に思い込んでいるような気づきのない存在である可能性はきわめて低い。

人間がほかの生物をどう扱うべきかという議論は、痛みを与えるかどうかという点を中心に展開される場合が多い。ピーター・シンガーも『動物の解放』のなかで、ほかの動物の苦しみを最小限に抑えるよう努力すべきだと主張している。これは、ほかの種に対する人間の態度を考えるうえで重大な転機となったが、このような主張をしたのはシンガーが初めてではない。少数の人間が提示する倫理的配慮が広く受け入れられるまでには、長い時間がかかる。

実際、数百年前に生きたレオナルド・ダ・ヴィンチでさえ、動物に痛みを与えないようにと菜食主義を実践していた。動物には、自分が動きまわっている間に身体に損傷を受けたかどうかを検知できるように、痛みを感じる能力が備わっていると考えていたからだ。しかしながら、シンガーが昆虫や軟体動物といった「下等」動物を無視したように、ダ・ヴィンチも植物に痛みの感覚は不要だと思っていた。動かないのなら何かにぶつかる可能性は低く、痛みの感覚を持っていても無駄なため、植物の痛みについて憂慮する必要はないという。植物の痛みは当然のように、二人の倫理的枠組みのどちらからも除外された。

だが、植物に知覚力がある可能性が高いのであれば、真剣に考えてみる必要がある。もはや私たちは、人間と植物との相互関係に見られる倫理的問題について、見て見ぬふりをするわけにはいかない。その問題とは、痛みだけではない。もっと重要性の高い幅広い現象、すなわち「この生物にはどの程度の気づきがあるのか？」という問題である。ある生物に気づきがあるのなら、その生物に対する人間の扱いは、その生物の苦しみと関係することになる。人間が自分を倫理的存在だと考えるのなら、ほかの生物の苦しみを考慮しなければならない。

行動や生理に関する詳細な研究から得た証拠を見るかぎり、この生物のなかには、ほぼ確実に植物も含まれる。苦しみを与えているかどうかを考えるのに、「植物であるとはどういうことか」を正確に理解する必要はない。だがそれなら、いったいどうすればいいのか？　私たちの生活をさまざまな点で支えているのにほとんど理解されていない生物の苦しみを、どのように最小化していけばいいのか？　この問題を解くのは、ダ・ヴィンチほど聡明な頭脳をもってしても難しいかもしれない。

リーバーは、功利主義的な立場からこの問題を解決するよう提案している。『スタンフォード哲学百科事典』では、功利主義はこう定義されている。「道徳的に正しい行為が最善を生み出す行為であるとする考え方。功利主義的に考えれば、個人は全体の善を最大化すべきである。これは、自分の善と同じように他人の善を考慮することを意味する」。古典的な功利主義では、個人のアイデンティティに関係なく、「最大多数の人間に最大量の善」を生み出すことを目指す。他人の善も、自分の善と同等の価値がある。

従来の考え方では、その対象は人間だったが、いまではその考え方を根本的に改める必要がある。「最大多数の人間」ではなく、生命の系統樹全体に及ぶ「最大多数の種」、あるいは種を問わず最大多数の生物でなければならない。人間のことだけを考えていてはいけないのである。だが、さかのぼればさかのぼるほど単純化していく生命のどこまでをそこに含めればいいのかは、まだわからない。私たちは、シアノバクテリアやアメーバの心配まですべきなのか？　それとも、多細胞生物だけなのか？　明確な脳がある生物だけなのか？　それとも、ほかのシステムによる意識を持っているかもしれない生物も含めるのか？　動物の場合には、かなり単純な生物まで含めなければならないと主張する研究者もいる。「動物の権利の父」と称されるトム・リーガン博士は、一九八三年の著書『The Case for Animal Rights（動物の権利擁護論）』のなかでこう主張している。人間以外の動物は、商品あるいは資源と見なされない権利を有しており、動物をそのようなものとして扱う制度は廃止すべきである、と。一方、植物のためにそのような主張をする人はほとんどいない。

だが、IITなど意識を検知する客観的な手段と組み合わせれば、そのような倫理的原則を新たな形で適用することも可能になる。たとえば序章で紹介した、私がモーリシャスまで採取に行った野生のノブドウを、研究室のノブドウと比較してみれば、両者の経験はこのうえなく異なるはずだ。野生のノブドウは、湿潤な世界に暮らしており、ほかの植物の絡み合った枝や幹が、強烈な熱帯の太陽を目指して上にはい上がる機会を提供してくれるうえ、微生物がたくさんいる豊かな腐植土に根を張っている。一方、研究室に「とらわれの身」となったノブドウは、蛍光灯に照らされた世界に暮らし、無菌の培養土が詰まった鉢に根の成長を制限され、むき出しの土壌の周囲を旋回しては唯一の支柱を探している。これらの植物のことを考えると、農業や畜産業、科学研究における動物の扱いについて抱く疑問と同じような疑問を投げかけたくなる。

私たちは、自分たちが利用する個体の数をどのように減らしていけばいいのか？　私たちはこれらの生物の幸福に対して、どんな責任を負っているのか？　野生の生物を監禁することは正当化できるのか？　私たちはどう見ても、生物を幸福な状態で監禁する方法どころか、野生で持続的に生物を管理する方法さえ知らない。その方法を知っているなどというのは、ほかの種を管理・支配してきた長い歴史がもたらした、単なる思い上がりでしかない。[33]

これらの疑問はすべて議論の俎上にある。植物に意識があるのか、その意識はどんな性質のものなのかという疑問と同じである。しかし、自己中心的な存在だった幼児がやがて、ほかの人間にも内面の世界があり、動機があり、願望や欲求があるという事実に目覚めていくように、私たち人間もまた、人間の心だけがこの世界を経験しているわけではないことを理解しつつある。

人間の心は、この世界を経験する一つの方法でしかない。この世界を経験する方法は、ほかにも無数にある。その心は、自分たちとは異なる心について考察できるほどの知識をまだ持っていないかもしれないが、それに関心を払う能力は間違いなく持っている。それなら、ほかの生物に権利を付与すること、あるいは少なくともほかの生物にある程度配慮することもできる。

# 第九章 グリーン・ロボット

## 宇宙探査に植物を導入する

私たち人間は新たな世界の探索を好む。未踏、未知、未開拓の世界に魅了され、そこにたどり着こうと多大な時間や労力、資源を費やす。それにより私たちの生活が豊かになると思っているからだ。それなのに私たちは、目の前にある別世界を見逃すことがある。

微細なやりとりをする原核生物、地下に巨大ネットワークをつくりあげる菌類、光合成をしながらゆっくりと成長する植物などの世界だ。私たちはこれらの世界をほとんど理解しようとしてこなかった。だがこうした世界は、あらゆる科学技術革新を推進するひらめきを提供してくれる。さらには、私たちが人間をどう理解すればいいのかを再考するきっかけを与えてくれる。

だからこそ私たちは、宇宙の探索にこれほど熱中しているのではないだろうか？　地球の外に広がる虚空をのぞき込むためではなく、斬新な目で地球を顧みるためだ。その目は、人間の目である必要はない。二〇〇四年、NASAが火星に、スピリットとオポチュニティという勇敢な二台のロボットを送り込んだ。この赤い惑星の異質な景観を調査するためだ。二台はいずれも、火星の南半球に着陸した。NASAは当初、この二台と三カ月程度交信できればそれでいいと思っていた。火星表面の荒れた地形や激しい気象条件により、おそらく短期間で探査機が故障すると考えられていたからだ。このロボット「地質学者」は、移動しながら周囲を探索しなければならないが、このような地勢のなかを動きまわるのは容易なことではない。一見ゴルフカートのような探査機は、およそ五五〇〇万キロメートル離れた地球から送られてくる命令を受け取りながら、巡回を始めた。

ところが、誰にとっても意外なことに、スピリットとは六年、オポチュニティ（愛称オピー）とは二〇一九年二月まで交信を続けることができた。当初は九〇日間だけの予定だったミッションが、一四年も続いたのである。オピーは、火星の赤道のすぐ南にあるメリディアニ平原に着陸したのちに、延べ五〇キロメートル近くを走行し、地球外環境の走行記録を作成した。きわめて柔軟性に優れ、険しい勾配や砂地、火星の冬の過酷な気象条件、視界を遮るほどの砂塵嵐といった難題にも対

処した。だが最終的には、ある砂塵嵐により機能停止に追い込まれた。それにより太陽光を遮られていた時間が、太陽電池がもつ時間をはるかに超えてしまったからだ。

翌二〇二〇年二月、ＮＡＳＡは別の探査機パーサヴィアランスを火星に送った。今度は、かつて火星に存在していたかもしれない微生物の痕跡を探すためだ。その進捗状況は、最新のライブ映像やストリーミング配信により追跡され、世界中の誰もが、火星表面に軟着陸した探査機の目を通じてそれを確認することができた。これらのミッションは、火星がどれほど居住可能なのか、このあずき色の乾燥した環境のなかで人間が生きていけるのかどうかを知る最初の試験的な一歩となった。

一方、ＮＡＳＡとオピーとの最後の交信が行なわれる数週間前の二〇一九年一月三日、中国が月探査プロジェクトの第二局面に成功したとの報道があった。中国の神話に登場する月の女神にちなんで命名された嫦娥四号が史上初めて、宇宙船を破壊することなく月の「裏側」へ「軟着陸」することに成功したのだ。この嫦娥《じょうが》四号には、「月面マイクロ・エコシステム（微小生態系）」が搭載されていた。カイコやハエの卵、シロイヌナズナやジャガイモなどの植物の種を収めた密閉型の生物圏である。

その目的は、これらの生物が、二酸化炭素や酸素、栄養素の相互交換を行ない、互いを支え合いながら生きていけるかどうかを調べる点にある。すると実際に、植物の種が発芽したという（ただし実験はわずか二週間で終了している）。これは画期的な成果だった。史上初めて月面上で昆虫や植物を育て、地球外に持続的な生物圏を生み出す可能性を切り開いたのだ。それまで宇宙では、地球を周回する低軌道上に浮かぶ国際宇宙ステーションで種子を発芽させた経験があるだけだった。これは、「科学的な宇宙開発競争」における大いなる飛躍となった。探査を主とする地理学から、革新的な可能性を秘めた生物学への飛躍である。

これらアメリカや中国のミッションは、驚くべき偉業にほかならない。だが今後のミッションは、さらなる偉業を達成することになるかもしれない。たとえば、現在の移動型探査機は、地表を動きまわる動物のイメージに基づいているが、植物にヒントを得た革新的なモデルを試してみることもできる。そうすれば、どんなに優れたゴルフカート型の探査機よりも、火星の地勢に悩まされる可能性が低くなる。移動型探査機の設計では、かなりの距離を走行できるよういかにして車輪を長くもたせるか、探査機が砂地にはまって脱け出せなくなる事態をいかにして防ぐか、といった点が大きな悩みの種になる。NASAが公開したあるパノラマ画像がそれを象徴している。そのなかでオピーは、南に向かいながら、尾根に自分がつけたわだちを振り返って見ている。私たちは、このロボットがたったいま登ってきたクレーターの縁の盛り上がった部分を目にしながら、安堵を覚えずにはいられない。おそらくはジェット推進研究所のスタッフも、探査機がそこまで無事にたどり着けたことに、同じように安堵したに違いない。

だが、探索には移動が欠かせないというわけではない。考え方を変えてみれば、惑星の表面の探索にはまったく別の解決策があることに気づくはずだ。二〇一七年六月、私はロンドンの主要資金提供機関から興味深いメールを受け取った。それによるとこの機関は、ロボット工学やAIの革新につながるような「植物知性」の研究に資金を提供したいと考えていた。その目的は、これまで動物中心的だった技術開発アプローチに、斬新な方法で問題を解決するような別の視点をもたらすことにあるという。私はこうして、植物が成長し、動き、世界と相互作用を果たすその独特な方法を、ロボットやAIの設計に応用する研究プロジェクトの一員になった。[1]

そのプロジェクトでのこれまでの研究によれば、地上を車輪で移動する必要があるかどうかはまったくの疑問である。たとえば、ロボット工学のエンジニアチームは、予測不可能な土地でも多大な柔軟性を発揮するアリやハチ、鳥の集団行動に基づき、脚を備えた「群ロボット」を開発しつつある。[2] しかし、これも動物的な発想である。検査・採取すべきターゲットを探すために、地表を移動する必要があるのか？　移動するのではなく、「成長」してもいいのではないか？

A地点にいるロボットがB地点に到達する方法としては、A地点からB地点へと成長するという手もある。つまり、A地点を「離れる」ことなくB地点に到達するのである。このような存在形態であれば、探査機は一度に複数の場所に存在することができ、植物のように情報のネットワークを収集することが可能になる。このように視点を変えれば、問題空間（および空間問題）の認識も変わる。探査機に植物のような移動方法を組み込めば、これまでの問題に別の解決策を見つけるのではなく、問題の性質そのものを根本から変えられる。車輪がないのなら、亀裂にタイヤをとられる心配もない。[3]

このプロジェクトが取り組んでいるのは、植物の認識を変える運動の発展である。中国の宇宙探査ミッションは生物科学における驚くべき偉業ではあるが、残念ながらこうした視点に欠けている。月の重力下で主要生物を育てる嫦娥四号の実験は確かに、長期的な宇宙開発ミッションを成功させるうえできわめて重要な意味がある。いずれ宇宙飛行士が宇宙で育てた食料を自ら収穫・調理できるようにとの考えから、植物の成長を実験的に調査したのである。

誰もがよく知っているように、私たちは植物がなければ生きていけないため、いずれ宇宙に行くつもりなら、そこで植物を育てることがどうしても必要になる。酸素、食料、衣服、薬、バイオ燃料はいずれも、人間の生存に欠かせないものだ。したがって、このミッションでワタやジャガイモの種、イースト菌が選ばれたのも、決して偶然ではない。どれも基本的な食料や備品の材料になる。だが、密閉された生物圏に入れられたこれらの作物について考えてみると、植物に対する見方がいかに凝り固まっているかがわかる。これらの植物は単なる「資源」として理解されている。人間は宇宙へと出かけ、新たな発見を通じて、知識の限界をさらに外へと押し広げる。そのときに動物は、生物系の重要な一員として、あるいは人間の代理として宇宙旅行に出る。ところが植物は、単なる食料として宇宙へ行くだけだ。私たち人間は地球外の世界を探索しようとしているが、それよりも早急に、この狭い視点を乗り越える必要があるのではないか？

植物は、この宇宙プロジェクトの受動的なツールどころか、「積極的」な関係者になれる。そのような視点から、植物の生き方を探索し、その世界をのぞき込めば、地球外の世界の探索をさらに発展させることも可能になる。

## 植物という主体

私たち人間は、植物の主観的経験を理解するのは苦手かもしれないが、植物が人間にもたらす利益については実によく気がつく。人間は、植物を利用するエキスパートだと言っていい。植物がなければ、人間の生活は成り立たない。つまり人間は、植物に注意を払っていないわけではない。植物に人間の手助けをさせるのがきわめて得意なのだ。そのために、植物の成長率を高め、競合相手を除去し、使いものにならない土地を耕している。さらにはその一環として、植物の遺伝子さえ組み換え、除草剤や害虫に耐える能力や、収穫しやすく成長する能力を付与している。最近では、日陰でも成長できるよう遺伝子スイッチを切り替える方法を解明したり、植物の成長を指令する光応答性遺伝子ネットワークを特定したりもしている。[4]

これらの知見はそれ自体興味深いものではある。だが、それを利用して、変動する気候条件下で作物の成長を高めていくことばかりが強調されている。植物に対する現在の人間の視点は、生物圏を悪化させ続ける人間を養い続けられるよう植物を効率よく利用することしか考えていない。つまり植物は、人間の利益のために操作され、管理され、宇宙に移植されるだけの受動的な資源だと見なされている。

だが、植物に対する見方を変えることができたらどうだろう？　単なる物体としてではなく、人間もその一部を構成する生態系ネットワークの主体と見なすのである。閉じ込め症候群の患者は、意識を検知できる技術がなければ、自分に意識があることを周囲に伝えられない。それと同じように植物もまた、誰にも気づかれないながらも、生態系を構成する主体である。植物はきわめて重要な活動をしている。あまりに遅いために人間の目には見えないが、人間生活になくてはならない存在だ。それなのに、人間にとって目につかない存在であるがために、多大な負担を強いられている。たとえば人間は、ノートルダム寺院の再建のために、無数のオークの古木を何の気兼ねもなく伐採している。人間の歴史遺産を修復するために、もの言わぬ大木の未来を犠牲にしているのである。

二〇二一年、私はフロンティアーズ・フォーラムで行なわれたアル・ゴアの講演会「気候楽観主義を擁護する」に出席した。講演のあとには、気候変動やその改善策に関する世界中の専門家との討論会が予定されていた。[5] ゴアの楽観的な主張とは、「科学を利用して行動を促す」ことができれば、この世界の仕組みを変え、地球を救う「スイッチを入れられる」というものだった。

確かにこれは、魅力的な考えではある。環境活動家は、大気中の二酸化炭素を吸い上げるため、大幅に縮小した森林に代わる新たな森林の造成を推進したり、全世界で巨大化するデータ保存コストを低減させるため、ズーム会議の間カメラを切っておくよう訴えたりしている。[6] これらは一見すると、地球規模の問題に対する科学に基づいた解決策のようではある。その効果を主張すれば、大衆は間違いなく言うとおりにするだろう。だがゴアは聴衆に「いま直面している現実を見れば行動せざるを得ない」と述べていたが、私はそのとき、こう口をはさみたくなった。「ではどう行動すべきなのか？」と。木を植えるなど、実際に行なわれている解決策の多くは、広く深い傷に対する意味のない絆創膏のように思える。私たちは、成熟した森林を、成長の速い木々でつくった簡便な炭素吸収装置に置き換えれば、気候変動から脱する道が開けると思い込んでいる。しかし政策文書の数字がいかによく見えようと、調査によれば、森林とこの炭素吸収装置とは決して同じものではない。[7]

ゴアの講演に続いて行なわれた討論会で、私はこう主張した。科学的な思考や実践に革新的な変化を起こし、実際に効果のある世界的な対策へとつなげるためには、さまざまな分野が効果的に協力できる共通の枠組みが必要になる、と。現段階では、そのような共通の視点が著しく欠けている。各専門分野はそれぞれの狭い領域にこだわり、ほかの分野の可能性に目を向けない。私たちがまず乗り越えるべき障害、私たちがまず入れなければならない「スイッチ」とは、植物に対する考え方を変えることだ。植物を、炭素固定や食料保全のための単なる資源と見なすのではなく、人間と「とも」に気候危機のただなかにいる主体と見なすのである。

私たちは、どんな植物の生態も理解できる。だが今後も植物を、非生物環境で繰り広げられる動物のドラマに対する緑の背景でしかないと考え続けるならば、いま直面している問題を解決することはできない。人間はいま、地球の気候に急激な変化をもたらしつつある。これまでにそれほどの気候変動をもたらした多細胞生物と言えば、数億年前に地上の景観を支配した植物しかいない。

植物は光合成を行ない、その組織のなかに二酸化炭素を閉じ込め、酸素を放出することにより、地球の大気を変化させた。この植物の助けを借りることなく、人間が気候や生物圏にもたらした壊滅的変化を元に戻すことは絶対にできない。そのための共同作業を有効なものにするためには、植物に対する見方を変える必要がある。

この考え方は、マイケル・ムーアが製作総指揮を務めて話題を呼んだ二〇一九年のドキュメンタリー映画『PLANET OF THE HUMANS』にも反映されている。[8] そのなかでムーアは次のように結論している。「私は心からこう信じている。変化への道は自覚から生まれる。自覚だけが変化を生み出すきっかけになる。この状態から脱け出す方法はある。私たち人間は、有限の惑星での無限の成長は自殺行為であることを認めなければならない」。そしてこう嘆願している。「どうかお願いだから、『ほかの何か』ではなく科学的知識を活用してほしい」

これを受けて私はこう主張したい。この自覚には、光合成生物の主体性を認めることも含めなければならない、と。確かに植物は、生物圏の基盤を成し、人間や動物のエネルギー経済を太陽と結びつける役目を果たしてはいるが、それだけではない。植物は、自分たちが積極的に形成している世界にはっきりと気づいてもいる。持続可能な未来を生み出すためには、周囲の生物の気づきに立ち返り、この惑星にともに暮らす力強い仲間として植物との関係を再構築する必要があるのではないだろうか？

一部の植物科学者は、地球の生態系における植物の考え方を一新しようと行動を始めている。一般的に、気候変動モデルにおける植物は、単に「炭素を固定する受動的な存在」と表現される。だが、私の友人であり仕事仲間でもあるフランティシェク・バルシュカやステファノ・マンクーゾはこう主張している。「植物は植物なりの知性を所有しており、それを利用して非生物環境も生物環境も操作している。そこには気候パターンや生態系全体も含まれる」。植物は生態系の一機能ではない。植物や、その根が生み出す共生生物のネットワークは、積極的に活動する環境の整備工である。人間がもたらした変化を元に戻したいのなら、そんな植物と手を組む必要がある、と。それを受けて、私はさらにこうも述べたい。

植物は複雑な「生きた空調システム」であるだけではない。植物を「認知」能力のある存在だと認めれば、地球の生物圏における人間の役割についても考え方を改め、生態系に対する人間の影響を相殺しようとする植物の手助けができるかもしれない。そうすれば、植物をカイコと一緒に密閉された生物環境に閉じ込めたり、脚を備えた不器用なロボットを開発して地球外の農場で植物の世話をさせたりするのではなく、植物が地球外の環境をいかに経験・探索するのか、植物がいかにそこを生育可能な場所に変えていくのかを考えることも可能になる。

## グロウボット[10]（成長するロボット）

ロボット工学のような最新の技術分野に、私が提案しているような植物寄りの視点は見つからないと思うかもしれない。こうした視点は一見すると、キリスト教普及以前の異教に似ていなくもない。木々を崇敬し、非科学的な医術に信を置く昔ながらの宗教である。だが以下では、より深い植物の理解から生まれた最新の技術開発の世界を紹介しよう。ほかとは根本的に異なる植物の活動の仕方を真に理解・学習すれば、そこから得られる利点は決して一時的なものではない。それは、根本から世界を広げてくれる。しかも、厳密な科学に基づいている。こうした視点の変化は、全世界に劇的かつ具体的な影響を及ぼす可能性を秘めている。

ロボット工学はこれまでずっと動物中心的だった。金属の甲殻や油圧式のぎこちない関節を備えた動物型の機械ばかりをつくってきた。それらは以前に比べると、環境に適応し、不測の事態に対処し、姿勢を制御する装置やモジュール機構を使って転倒を回避するのがはるかにうまくなった。さらには、壁をはうヤモリの足、鳥の航空力学、哺乳類の歩き方といった生体構造の模倣にも、多大な知的・技術的資源を投じてきた。[11]

だがそこには、環境のなかを単体として「移動」しなければならないという硬直した考え方が内在している。そのためこれらのロボットは、常に同じ問題に悩まされ続けている。NASAの技術者もそれをよくわかっているに違いない。たとえば、マサチューセッツ工科大学が製作した精巧なロボット「チーター」は、後方宙返りができる。だが、越えるのが難しい起伏のある地形に遭遇すると、そこで行き詰まってしまう。[12] 従来のロボット設計の範囲内でこれらの障害に対処するのは、ほぼ間違いなく限界がある。そこで、ロボット工学の比較的新しい分野では、これらの問題に対する革新的な解決策が生み出されつつある。それは、ソフトロボティクスという分野である。

この分野では、従来とは大きく異なるモデルを採用している。金属製の脊椎動物をつくるのではなく、タコやゾウの鼻、ミミズなどの柔らかい有機構造が持つ、奇術師フーディーニのような柔軟性を利用するのである。実際、ものをつかむ油圧式の触手や、金属構造では実現できない動きができる空気圧制御の軟体構造が開発されている。これらは柔軟であるがためにきわめて適応性が高く、新たな利便性を発揮する。従来のロボット工学上の問題に新たな解決策を提示するだけでなく、以前は想像もできなかったことを可能にしてくれる。[13]

だが、ハードからソフトに変化させただけで、真に革新的なロボットモデルは実現できない。私たちにできるのは、利用する動物の生体構造の範囲を広げることだけではない。そもそも、これらのソフトモデルのなかには、現在利用可能な数々のハイテク素材をもってしても模倣がきわめて難しいものもある。ソフトロボットを使えば、硬直したロボットには不可能だった動きも可能になるが、そのためにはさまざまな制御や、技術的に難しい精密な調整が必要になる。

自由に変えられるゾウの鼻の強度、タコの触手の流れるような動きなど、動物の柔らかい構造の動きを人工的に模倣するのは、驚くほど難しい。実際、ゾウの鼻には四万近い筋肉があり、それらすべてが同時に調整されている。しかし、それとは別種のソフトロボティクスを提供してくれるほかの生物がある。それが持つまったく異なる存在形態は、それほど複雑な技術的問題もなく、さらに多くの可能性を切り開いてくれる。

その生物とは、言うまでもなく植物である。植物は、流動的に成長しつつも堅固な形状を持つ。それは、絶えず移動はするがサイズは変わらないロボット構造とは異なる考え方を提供してくれる。

植物が環境のなかへと伸びていく方法は、何世紀も前から科学者の関心を集めてきた。そのなかでもっとも説得力のある研究者と言えば、やはりチャールズ・ダーウィンである。ダーウィンはキュウリの巻きひげにことのほか魅了され、それを柔らかいバネと記している。そして長い研究論文の大半をこの巻きひげに関する考察に費やしたが、その内部構造を詳細に突き止めることはできなかった。だが現代では、その構造が明らかになっている。

最近になって、キュウリの巻きひげの中心を貫く力強いひも状の構造を形成している、特殊化した線維細胞が発見された。それが、つるをねじ曲げることなく、きちんと巻かれたコイル状の形態を形づくっているのである。[14] そのほか、つる植物が支持物の表面に引っ掛けるために使う鉤など、植物の構造が持つこうした仕組みはさまざまなヒントを与え、まったく新たな機械のアイデアを提供してくれる。

私にとってはうれしいことに、二〇二〇年にジョージア大学の研究者がモデルとして採用したのは、マメ科のつる植物だった。この研究者たちは、単一の空気圧制御機構だけを使い、わずか直径一ミリメートルの物体をつかみ、それに優しく巻きつく巻きひげロボットを開発した。これは、狭い空間でも操作可能であり、その動きは、本体の中心に通された光ファイバーケーブルにより監視できる。このシリコーン製の螺旋状の巻きひげは、繊細な農産物の選別から微細な生物医学的操作まで、あらゆる分野への応用が期待できる。[15]

単なる生体模倣を超えたところに目を向ければ、さらなる展望が開ける。生体模倣では、動物の場合と同じようにアイデアのヒントとして植物を利用し、植物が何かを行なう仕組みやその際に利用される素材を模倣する。だがそこから一歩退き、植物が巻きひげをどう「利用」しているのかを考えれば、つまり、その物理的特性ではなく行動について考えれば、まったく新しいロボット像が見えてくる。たとえば、空間のなかを動くのではなく成長する、移動するのではなくつかんではい上がる、構造全体に制御や情報処理を分散する。そうすれば、新たなテクノロジーを設計できる。分散された知性と適応性の高い形状で問題を解決するロボットである。[16]

最近になって、スタンフォード大学とカリフォルニア大学サンタバーバラ校の研究者が「グロウボット」を開発した。このロボットは、植物の茎の先端が絶えず細胞を生成しながら成長していくように、空気圧式のプラスティックチューブのコアを外へと送り出し、成長しながら移動していく。[17]摩擦や凹凸のある表面、窮屈な空間といった問題に悩まされることもなく、ただそれらを乗り越えていく。外面は静止した状態を保っているため、粘着性のある二枚のハエ取り紙の間をかき分けて進むことも、接着剤がたまったところを突き進むこともできる。必要に応じて広くも狭くもなり、空気圧の力を使って小さな亀裂を通過することもできる。鋭利な物体に刺し貫かれても何の影響もない。植物の茎が方向を変える際に利用する細胞の伸長の差を模倣した空気圧の制御により、水平であれ垂直であれ、どの方向にも成長できる。角を曲がることも、壁をはい上がることも、取っ手代わりになる堅固な鉤を形成することも可能である。さらには、空気圧で送り出されるコアを通じて特定の場所にセンサーを送り出したり、先端にあるカメラを利用してその動きを指示したりすることもできる。このグロウボットの動画を見た人はまずこれを、目的を持った巨大な風船のようだと思うだろう。だが驚きから覚めた目で見れば、それを人工の根のようだと思うに違いない。

　静的ではあるが膨張しながら空間を移動していく半透明の物体である。ただし、この人工の根にはできるが自然の根にはできないことが一つある。グロウボットは、コアを吸い込むことにより成長を「逆転」させ、空間を引き返していくことができる。

　これは、テクノロジーが柔らかくなれば、適応性が高くなって環境に順応し、著しい効果を発揮できるようになることを示唆している。NASAは将来、グロウボットのようなものを使って火星を探索するようになるかもしれない。それは、火星の表面でまったく異なる視点を生み出すことだろう。火星での新たなミッションが始まるまでの間は、これまで到達不可能だったあらゆる場所を調査するのに利用できる。脳室や狭い建築空間、深海などである。

　グロウボットは、植物のように適応しながら成長できるため、きわめて有能な万能選手だと言っていい。だが、こんな疑問が浮かんでくる。植物のように機能する驚くほど有能なロボットを創造できたとしたら、私たちはそれによりこれまでの考え方を改め、植物を単なる対象としてではなく仲間と見なし、新たな生物圏の形成に取り組んでいけるようになるのか？　植物のようなロボットに人間の目的や分散化された俊敏な主体性を組み込むことができれば、私たちはそれにより、植物の意図や行動に関する認識を新たにすることができるのか？

## 生態系の危機と生命の尊厳

二〇一六年一〇月、私はイタリア・トスカナ州のダニエル・スポエッリ庭園で「芸術・自然・技術」と題するセミナーを開催した。これは植物の行動をテーマにしたセミナーで、私はステファノ・マンクーゾとともに、参加者に驚異的な植物の世界を存分に経験させる計画を立てていた。[18]

庭園の驚くべき景観や、トスカナ地方の豪勢な食事とワインのおかげで、私たちはのんびりとした雰囲気で議論に入った。すると議論はたちまち、植物の生命の評価を中心に展開し始めた。いままさに食べようとしている野菜を含め、植物の生命をどう考えるのか、という問題である。討論が進展するにつれ、私は強い既視感を覚えるようなった。三カ月前にも、ベルリンのプリンツェシンネン庭園で開催された「植物の意識へのアプローチ」と題するセミナーに招かれたことがあった。

そのときと同じように今回も、自分の話が倫理的な疑問を引き起こしたのだ。それは当たり前のことなのだが、私自身その答えを持ち合わせていなかった。これまでずっと、動物をはるかに超えたところにまで知覚力の存在を広げるという提案が意味するところについて深く考えてこなかったからだ。だがいま、トスカナ地方の美しい庭園を散策しながら、私はこの倫理的問題を徹底的に究明せずにはいられなくなった。植物の心について考えるのなら、この問題を避けては通れない。

エディンバラからトスカナへ移動する旅の途中、私はオランダのアムステルダムで飛行機を乗り換えた。そのときに気づいたのだが、KLMオランダ航空は動物の福祉の問題を考慮して、「倫理的」な機内食を提供していた。パンは、地元の風車で加工された有機栽培の穀物を原料としていた。* いつの時代もオランダ人の必需品だったチーズは、持続可能なヤシ油を使って製造されている。卵を産むニワトリは、産業化された大量生産ラインに置かれたニワトリとはまったくの別世界に暮らしていた。養鶏会社のロンディールは、ニワトリに十分な空間と外気を与え、えさを食べる場と巣をつくる場と卵を産む場を分け、それとは別に安心して休める場所も設けていた。その様子はライブカメラを通じて二四時間配信され、消費者はニワトリが農場でどう扱われているのかを監視できる。[19] おいしい機内食のサンドイッチの各素材の来歴を読みながら、私は心から感銘を受けた。KLMオランダ航空は、肉や卵、乳製品に関しては万全の対策をとっているようだ。それに、移動手段のグローバル化による悪影響を最小限に抑える努力もしている。

現在では、名目だけにせよ、動物の権利や消費の持続可能性を考慮するのは難しいことではない。動物の福祉や動物の権利について語られる機会が多いのは、動物が残酷に扱われることを私たちが懸念しているからだ。見て見ぬふりをするつもりさえなければ、私たちはニワトリが痛みを感じているものだと思っている。

＊オランダを拠点とする食品会社キジニが製造していた。

だからロンディールは、ニワトリが生きがいのある生活を送れるようあらゆるものを提供している。だが本書で何度も述べてきたように、こと植物に関しては、目を向けようとしない部分があまりに多い。人間に食料を提供する能力を高めることしか考慮されていない。KLMの乗客として、配慮の行き届いた持続可能な肉や乳製品を提供する努力には拍手を送りたい。だがKLMは、鶏の胸肉に添えられたニンジンやマメ、ジャガイモなどのつけ合わせについて考えたことがあるのか？本書の論旨が正しければ、植物にも知性がある。この世界に対する主観的経験を持っている。それなら、人間のためではなく植物のために、植物のことをもっと気にかけるべきではないのか？

私たちにはまだ、植物の福祉や植物の権利に直面する準備ができていないと思われる。そもそも植物の生命を、動物の生命と同じ範疇に入れてはいない。植物に不要なストレスを与えることを少しでも心配しているのなら、いまごろはもう、研究機関に植物のための倫理委員会が設置されていることだろう。動物実験については一般的に、そのような委員会がすでに存在している。

そんなことを考えていると、ふと私の脳裏にある記憶が蘇ってきた。二〇一三年一二月に調査のため、オーストラリアのパースにいるモニカ・ガリアーノを訪れたときのことである。そのとき私はなぜか、モニカは西オーストラリア大学の植物倫理委員会の一員だと思い込んでいた。ところが最近になって、本書の情報収集のためモニカにメールを送ってみたところ、私が楽観的な妄想を抱いていたことがわかった。記憶が誤っていたのだ。オーストラリアにもほかのどこにも植物倫理委員会など存在しない。実際のところモニカは、サンゴ礁の魚類の生態学に精通していたことから、「動物」倫理委員会の一員として動物研究を監視する立場にあった。モニカのメールにはこうあった。「倫理・福祉・道徳の観点から植物研究を束縛・制限・管理する規制は一切ありません。したがって『植物』研究を監視する委員会も存在しません」

私たちはすでに、人工知能をめぐって将来起こりそうな倫理的問題を考察している。学識ある人々が、こんな問題について長々と議論を交わしている。認知能力を持った機械を人間の倫理体系に組み込む必要があるのか？　機械の視野を狭め、機械が人間のようになるのを防ぐべきなのか？　機械が高レベルの気づきを持つようになった場合、私たちはテクノロジーに対する考え方を改めなければならないのか？

これらの疑問は知的訓練としておもしろそうではあるが、ＡＩが人間の知性に近づいているのもまた事実である。ＡＩは、少なくともいまのところはまだ、人間の心の内部プロセスを正確に反映してはいない方法により、人間が認知として生み出すものを模倣している。とはいえ、この気味の悪い類似性のために、私たちはこれらの疑問を哲学的・政治的に議論しておかなければならないと思い込んでいる。このテクノロジーが今後さらに発展し、その計算知能が不気味なほど人間の知能に類似してきたときには、これらの疑問はさらに切迫したものになるだろう。

しかし人間との共通点で言えば、ＡＩよりも植物のほうがはるかに多い。人間も植物も、炭素をベースにした生命体であり、同じような代謝プロセスや細胞構造を持っている。さらには祖先も共通しており、どちらも数十億年前に生きていた同一の単細胞生物から派生している。だが植物の知性はどの程度のものであれ、人間の知性とはかなり異なる。人間はそれに容易にアクセスできない。

そのため、植物の意識がもたらす倫理的意味を問うことが、疑う余地のない哲学的行動とは思えない。したがって大半の哲学者は、この問題を議論し始めたとたん、植物に知覚力がある可能性を棄却し、そのような倫理的見地に立つ必要性を否定するという致命的な打撃を加えて、こう主張する。たとえ植物に意識があったとしても、そのような議論はばかばかしい結果に終わるだけだ、と。[20]

だが、こうした問いかけがいかに不都合で「ばかばかしく」見えようとも、それだけでは妥当な反論とは言えない。私たちが人間による生物圏の大量破壊を食い止める（あるいは減速させる）ためには、さまざまな「不都合な真実」に目を向けなければならない。単なる生態学的な問題を超え、植物のためを考慮することもまた、その不都合な真実の一つなのではないだろうか？

植物と動物との間には、環境を感知・理解してそれに反応する方法に類似点がある。それを考えればますます、これらの問題を避けて通るのが難しくなる。実際、生態系の危機を克服できるかどうかは、これらの問題にどう立ち向かうかにかかっていると言っていい。[21]

マハトマ・ガンディーはかつてこう言った。「ある国の偉大さや道徳性の高さは、そこで動物がどう扱われているかを見れば判断できる」。同様にアルベルト・アインシュタインもこう述べている。「高潔な人生を送りたいのなら、まずは動物に危害を加えることをやめなければならない」

この二人が植物の能力を知っていたら、この言葉のなかに植物も加えたことだろう。もちろんダーウィンも、「下等動物」の心を考慮すれば、心の仕組みに対する人間の認識や道徳意識がいかに広がるかを克明に記している。[22] アリストテレスの継承者であるテオプラストスやピタゴラス、プラトンなど、はるか以前の思想家たちもまた、植物消費の倫理について考察し、植物と動物との相対的な類似点や相違点から、植物に与えるべき道徳的地位についてさまざまな議論を展開した。[23] それなのに私たちはずいぶん前に、これらの問いを投げかけることをやめてしまった。

植物に知性があり、周囲の環境に気づいているのなら、もはやこうした倫理的考察から目を背けることはできない。そこで、最後にもっとも難しいと思われる問題を提示して本書を終えることにしたい。植物に「知覚力」を有する存在としての地位を与えれば、それにより植物は、人間による搾取を免れる権利を手に入れるのではないか？　植物に知覚力のある倫理的存在という地位を認めれば、私たちは多少の思いやりで植物の福祉を向上させていけるのではないか？　むしろそうすべきではないのか？

私たちはなかなかこうした問題を考察しようとしない。植物科学研究ネットワークなどという団体なら、こうした考え方の最前線にいるのではないかと思うかもしれないが、同団体が策定した「二〇年ビジョン　二〇二〇～二〇三〇年」はきわめて実利的な立場を採用しており、食料の安全保障や環境保護のために植物をどう利用するのがいちばんいいかを考察しているだけだ。[24]

一方、植物の扱いについて、それと著しい対照を成しているのが、スイス連邦行政評議会が二〇〇八年に設置した非人間生命工学に関する連邦倫理委員会（ECNH）の議論である。その結論は、「植物に関する生命の尊厳　植物のための道徳的考察」と題する宣言にまとめられている。同委員のフロリアンヌ・ケクランは、植物信号伝達・行動学会の機関誌の編集長に宛てた書簡のなかで、この宣言の背景についてこう説明している。「スイス憲法は、生物の尊厳は尊重されるべきだと謳っている。植物は生物であり、植物にも尊厳はある」と。[25]「尊厳」と「植物」という言葉を一文のなかに並べるのは勇気がいるが、同委員会はまさにそれを成し遂げている。

二〇世紀初頭、サー・J・C・ボースは、現代であれば頭がおかしいのではないかと思われるようなことを実施した。

木の移植を任された際に、かなりの大木も含め、あらゆる木に麻酔を施し、木に不要な苦しみを与えないようにしたという。巨大な天幕をつくって木全体を覆い、そこにクロロホルムのガスを充満させて木を眠らせ、移植している間に木がその悪影響を受けなくてすむようにしたのである。ボースには、植物の気づきに関する十分な知識はなかったと思われる。ただ、植物を眠らせられること、クロロホルムをかがせると動物と同じように何らかの気づきを失うことを知っていただけだ。だがボースは、その知識だけをもとに、植物が引き抜かれて新たな場所に移されるときに経験するストレスを軽減させる努力をした。

それと同じように、植物の意識に関する十分な理解がなくても、先ほどの問題を考察することはできる。私たちが他人の苦しみを思いやれる生物であるのなら、苦しむ能力があると思われるいかなる生物についても、その苦しみを考慮すべきだ。そのためには、植物に知覚力がある可能性を心に留め、植物を新たな目で見る努力をしさえすればいい。それは必ず、私たちすべての長期的な利益につながるはずだ。

# エピローグ　海馬を太らせる農場

チャールズ・ダーウィンは、枝分かれしたあらゆる生物をつなぐ進化の流れに深く寄り添いながら生きてきた。そして死の間際に、死後も生命の系統樹との関係を続けていきたいと訴えた。故郷の町ダウンのセント・メアリー教会の隣に生えているイチイの古木の下に埋葬してほしいと述べたのだ。兄のエラズマスはすでに同教会の墓地で永眠しており、その後も家族数名がそこに葬られることになる。

だが、やがてダーウィンが死ぬと、その最後の望みを尊重するという記事が新聞に出ていたにもかかわらず、ダーウィンは結局、イチイの木の下で静かに永眠することはできなかった。遺体はウェストミンスター寺院に運ばれ、そこで人間国宝級の存在にふさわしい威風堂々たる国葬が営まれた。[1] それは立派な記念式典に「見えた」かもしれない。しかし実際のところダーウィンは、政治や体裁などの懸念から、イチイの下での安らかな永遠の楽しみを奪われてしまったことになる。

あの遺言は、ダーウィンのなかにいる子どもの声だったのかもしれない。ダーウィンは、旧約聖書の創世記に登場する「善悪を知る知恵の木」の正体はイチイだと考えていたからだ。ダウンの町の精神的中心はこの教会のように見えるが、実際にはこのイチイだった。古代において再生と復活のシンボルとされ、この教会が建つはるか以前からそこに立っていたイチイである。

つまりダーウィンは、堅固な歴史の殿堂に埋葬されるのではなく、生命の動的な流れの一部になることを望んでいた。「もっとも美しく、もっとも驚異的な形式」を備えた生命の永遠のサイクルの一部である。このようにダーウィンは、死により硬直した伝統につかまり、そこに閉じ込められてしまったものの、自然界に新たな展望をもたらすことに生涯を捧げてきた。

現代の生物学の基本であるデータ解析や遺伝子研究を利用できなかったにもかかわらず、その思想の多くは、先見の明に富んでいたことが証明されている。ダーウィンは、大半の同時代人が安住していた思考の枠組みにまったくとらわれない異質な考え方をした。驚くほど博識でありながら、純真な目でこの世界を見た。だからこそ、この世界を新たな視点で理解することができたのだ。


この世界での生き方を有意義な方向へ変えていこうとするつもりがあるのなら、ダーウィンを見習う必要があるのかもしれない。現在の生き方がおそらくもたらすであろう悲惨な結果を避けるためには、変化を生み出すほかない。二〇〇六年、サー・ケン・ロビンソンが、過去最高の再生数を記録するTEDトーク「学校教育は創造性を殺してしまっている」を公開した。この講演は、世界一六〇カ国のおよそ三億八〇〇〇万人により、七〇〇〇万回以上再生された。[2] ケンはそのなかで、「間違う覚悟がなければ、独創的なものは何も生み出せない」と述べている。現在の学校教育は、

数年の間に吸収・反復すべき知識を定め、それを児童に提供するというプロセスに基づいており、それが、自分で探索したり別の考え方をしたりする生徒の衝動を抑制しているという。

私は、そのような制度は「海馬を太らせる農場」だと考えている。海馬とは、記憶を司る脳の重要な部位である。つる棚だけに行き場を限定されたつる植物のように、過剰教育により幼い心を踏みならされた道へと引きずり込んでいけば、創造力は失われる。私たちはもっと、「知る」機会を減らし、「考える」機会を増やすようにしたほうがいいのではないか？

ノーベル生理学・医学賞を受賞した生物学者シドニー・ブレナーは、その著書『My Life in Science（私の科学人生）』のなかで無知の力について述べている。そこに掲載されたインタビューのなかでこう語っているのだ。「私は無知の力を大いに信じています。私たちは常に多くを知りすぎているのではないかと思います」。そしてこう続ける。「あるテーマについて経験豊かな科学者になると、そのせいで創造性が阻害されます。あまりに知りすぎていて、何がうまくいかないかがわかるからです」

つまり、ある分野の「専門家」になると、一面的な考え方しかできなくなり、ほかの探究の道が切り捨てられてしまう。実際、さまざまな分野の教育を受け、さまざまな経歴や視点を持つ人が、古くからの問題に新たな命を吹き込み、その分野にどっぷり浸かった人たちが考えようともしない新たな解決策を見出すことが往々にしてある。

科学は象牙の塔を生み出し、科学界以外の人間がその思想や問題に触れるのを遮断してしまう。そこを独立した世界と見なし、「素人」には科学的な問題を扱う議論に参加する資格はないと考え、政治、創造力、常識など、科学とは無関係な情報を拒絶する傾向がある。だが、科学を実践するのは「科学者」だけではない。あらゆる愚かさ、関心、関係、創造性を備えたすべての人間である。

科学は自己完結的な世界ではない。豊かに織り成された人間経験のなかで展開される人間的な営みである。そのため必然的に欠点はあるが、その一方で無限の可能性に満ちている。だから、科学がほかの人間世界と交流できるようにする必要がある。ほかの糸口や考え方、まったく異なる分野の専門知識に基づいたアイデアを利用できるようにすれば、科学はさらに豊かになる。科学者も一般人も含め、人類が将来の問題に取り組んでいくうえで科学が必要不可欠だと思うのなら、なおさらそうするべきだ。

もう一人のノーベル生理学・医学賞受賞者であるリチャード・アクセルの訴えを思い出してほしい。アクセルは、現在の思考の枠組みという殻を破るためには、「既存の枠組みにとらわれず、分野の狭間に立ち、地平線の向こう側へ思考を向ける」べきだと述べていた。

新たな考え方、新たな生き方にたどり着くためにはまず、優先順位を変えなければならない。新たな問いを立てることを認め、自分たちのすぐそばにいる存在が暮らす別の世界に身を置いてみる必要がある。植物であるとはどういうことかを「心から」理解できれば、人間であるとはどういうことか、有機的世界を破壊するのではなくその世界と「協力」していくために私たちはどうあるべきか、ということもわかるようになる。

私たちもダーウィンと同じように、この地球上のあらゆる生命を支える「知恵の木」と再び結びつくことに希望を見出してはどうだろう？　植物の知恵を利用すれば、人間の心の本性をもっと深く理解できるようになる。

# 謝辞

本書もほかの無数の書籍と同じように、さまざまな交流、議論、知見、経験から成る活気ある豊かなエコシステムと、各方面の多大な努力の賜物である。まずは私のエージェントであるジェシカ・ウーラードに心からの感謝を捧げたい。ジェシカは、このプロジェクトの価値を固く信じ、それを実現させるために必要な目覚ましい知性のひらめきを提供してくれた。私を共著者のナタリーと引き合わせてくれたのも彼女だった。私たち二人がチームとしてうまくいくと思ってのことだが、実際、二〇一九年にデヴィッド・ヒガム・アソシエーツのオフィスで初めて顔合わせをしたときから、私たちは申し分のない協力者になった。新型コロナウイルスが世界的に流行するなかでも、この国際的なチームの作業が損なわれることはなかった。本書を書き終える瞬間までスカイプやズームを通じて意見を出し合い、いつも有意義な時間を過ごせた。

私はロンドンのそのオフィスを訪問した際、『植物たちの救世主』（訳注／邦訳は三枝小夜子、柏書房、二〇一八年）の著者であるカルロス・マグダレナとキュー・ガーデンを散策した。カルロスは、キュー・ガーデンの入り口のところで空港へ行く私を見送りながら、これまでの議論からふと思いついたことを口にした。「なるほど、植物はサピエンス（賢い）だな」。それを聞いて、私の頭に本書のタイトルがひらめいた。本書の創作の重要な部分に貢献してくれてありがとう。

私はこの学究人生のなかで、フランティシェク・バルシュカ、ステファノ・マンクーゾ、トニー・トレウェイヴァスにこのうえない恩義を感じている。この三人の並外れた洞察力、考え方を変える勇気、いつも変わらぬ支援には、いくら感謝してもしきれない。

以前の私は、自身の哲学的アイデアを自分で科学的に実証してみようと考えたことがなく、研究室や資金を持つ仲間に協力を依頼するだけだった。だが、ボンのフランティシェクのもとを訪れ、その研究室でいくつかの実験をしてもらいたいと頼むと、フランティシェクはすぐさまこう言った。

「ムルシアに帰って自分でやればいいじゃないか」

私はその可能性に胸を弾ませてスペインに帰国するとすぐに、それを実現するにはどうすればいいかを考えた。フランティシェクの提案が転機となり、ムルシア大学にミニマル・インテリジェンス・ラボ（ＭＩＮＴラボ）を設立する取り組みが始まったのだ。

私はいつも、具体的な出版実績よりもアイデアを信頼してくれる機関から、運よく出資を受けることができた。このプロジェクトを始めるときも、成果よりアイデアのほうが多かった。それなのに、過去二〇年にわたり何らかの形で私の研究を支援してくれた数多くの資金提供機関には感謝の言葉もない。なかでもとりわけ感謝しているのが、スペインのムルシア州科学技術庁のセネカ基金である。ここからの援助がなければ、MINTラボの設立には至らなかっただろう。また、本書の執筆のためにさまざまなことを学び、経験することができたのは、スペイン教育・文化・スポーツ省が実施している「教授・上級研究員海外センター滞在」支援事業によるところが大きい。私が家族とエディンバラに滞在している間、金銭的な不安に悩まされることがなかったのは、この制度のおかげである。エディンバラ大学で私のホストを務め、何かと手を貸してくれたアンディ・クラークとトニー・トレウェイヴァスにも謝意を表したい（二人は自分たちのオフィスさえ私に使わせてくれた！）。

ほかにも感謝したい人はいる。マヌエル・エラス＝エスクリバノ、ビセンテ・ラハ、ミゲル・セグンド＝オルティンの三銃士、仕事仲間になってくれた博士課程の学生たち。時のたつのは早いものだ！

それから、MINTラボのハコボ・ブランカス、アナ・フィンク、エイドリアン・フレイジャー、ジョニー・リー、アディチャ・ポンクシェ。それに、過去や現在（願わくば未来も）にラボを訪れたさまざまな人たち。

私がこれまでに発表した植物に関する学術論文を一緒に執筆してくれた人たちにも感謝している。なかでも以下の人たちの名前を挙げておきたい。チャールズ・エイブラムソン、フランティシェク・バルシュカ、フランソワ・ブトー、カール・フリストン、モニカ・ガリアーノ、アンヘル・ガルシア・ロドリゲス、フレッド・ケイザー、デイヴ・リー、アダム・リンソン、ステファノ・マンクーゾ、ペドロ・メディアーノ、パウラ・シルヴァ、アンドリュー・シムズ、グスタヴォ・マイア・ソウザ、トニー・トレウェイヴァス。

さらに、ムルシア大学森林農業実験局の局長アルムデナ・グティエレス・アバドとそのチーム。また、メカニカル・ワークショップのファン・フランシスコ・ミニャロ・ヒメネスと、エレクトロニクス・ワークショップのフェルナンド・ルイス・アベリャン。二人は驚異的な技術で研究を支援してくれた。

ムルシア大学哲学科の教授陣も、望みうる最高の労働環境を提供してくれた。

ここで改めて、数年にわたり絶えず支援してくれたリズ・ファン・フォルケンブルフに深甚なる感謝を捧げたい。リズとは、私が植物神経生物学会の会合に初めて出席したときに会って以来、彼女が議長を務める植物信号伝達・行動学会の会合で何度も顔を合わせているが、彼女のバランスのとれた適切かつ賢明な助言は、計り知れない価値を持つものばかりだった。今回も、本書の原稿すべてに目を通し、いくつかの事実誤認を指摘してくれた。とはいえ、本書にまだ誤りや間違いがあったとしても、それがいささかも彼女の責任でないことは言うまでもない。

また、学術面でも生活面でも心の広いトニー・トレウェイヴァスにも、心から感謝している。トニーと妻のヴァルは、私が家族連れでお宅を訪問した際にも、格別の厚意や思いやりを示してくれた。そこから車でスペインに帰るときには、トニーが惜しげもなくくれた植物関連の学術書で、車のトランクがいっぱいだった。

私やその仕事仲間の研究を批判する人々についても、ここで一言述べておきたい。もちろん、見解の相違や対立のない分野に進歩はないのだが、残念なことに、ときにそれが度を越える場合がある。だがそれでも、リンカーン・テイツやマイケル・ブラット、デヴィッド・ロビンソンとの意見交換を通じて、自分のアイデアや研究を検証する機会が得られたことには感謝している。批判や反対があったからこそ、それだけ必死に研究に励むことができた。本書を読んでもらう機会があれば、彼らもこれまでの批判を多少は考え直してくれるのではないかと思う。

家族にも感謝の言葉を伝えたい。わが子オルテンシアとパキーリョ。本書のプロジェクトに携わった人々と青年期の子どもを一緒にするのかと言われそうだが、彼らの功績は決して小さくない！　それに、私の両親。ずいぶん前に旅行に行ったときに、おみやげに『プラテーロとわたし』（訳注／J・R・ヒメーネス著、邦訳は長南実、岩波書店、二〇〇一年）を買ってきてくれたのに、そのころはまだ、この本の重要性がよくわからなかった。そして私の姉妹のピンゴとマエナ、それにわずかばかりの親友たち。誰もがみな、私が感謝している理由を知っているはずだ。

最後に、ジム・エドワーズ（一九三九～二〇二一年）とローサ・アルカサル・レアンテ（一九六一～二〇一九年）との麗しい思い出に感謝を捧げたい。ジムは、私が一九九〇年代にグラスゴーで博士課程の勉強をしていたころの指導教授であり、学術的な面では誰よりもお世話になった。ローサは、私が初めてMINTラボを立ち上げたときに哲学科の管理主事を務めていた人物であり、これからもずっと同ラボの守護天使でいてくれることだろう。

## 原注

### 序　植物を眠らせる


1 Eisner, T. (1981), 'Leaf folding in a sensitive plant: A defensive thorn-exposure mechanism?' *Proceedings of the National Academy of Sciences* 78: 402–404.

2 Hedrich, R., Neher, E. (2018), 'Venus flytrap: How an excitable, carnivorous plant works', *Trends in Plant Science* 23: 220–234.

3 Yokawa, K., Kagenishi, T., Pavlovic, A., Gall, S., Weiland, M., Mancuso, S., Baluška, F. (2018), 'Anaesthetics stop diverse plant organ movements, affect endocytic vesicle recycling and ROS homeostasis, and block action potentials in Venus flytraps', *Annals of Botany* 122: 747–756.

4 Bouteau, F., Grésillon, E., Chartier, D., Arbelet-Bonnin, D., Kawano, T., Baluška, F., Mancuso, S., Calvo, P., Laurenti, P. (2021), 'Our sisters the plants? Notes from phylogenetics and botany on plant kinship blindness', *Plant Signaling & Behavior* 16: 12, 2004769.

5 ドメインの下位区分は界、門、綱、目、科、属と続き、最後に種がある。

6 「実験生物学の父」と呼ばれたフランスの生理学者クロード・ベルナールは、まずこう述べている。「あらゆる生命は、麻酔に対する感受性があるものと定義できる」。また、あらゆる生物の生理機能を支えている基本的仕組みや環境に対する「感受性」は同じであると確信していた。Bernard, C., *Leçons sur les phénomènes de la vie communs aux animauxet aux végétaux,* Lectures on Phenomena of Life Common to Animals and Plants. Paris: Ballliere and Son, 1878. 以下も参照。Kelz, M. B., Mashour, G. A. (2019), 'The biology of general anesthesia from paramecium to primate', *Current Biology* 29: R1199–R1210.

7 Grémiaux, A., Yokawa, K., Mancuso, S., Baluška, F. (2014), 'Plant anesthesia supports similarities between animals and plants: Claude Bernard's forgotten studies', *Plant Signaling & Behavior* 9: e27886.

8 Laothawornkitkul, J., Taylor, J. E., Paul, N. D., Hewitt, C. N. (2009), 'Biogenic volatile organic compounds in the Earth system', *New Phytologist* 183: 27–51.

9 Tsuchiya, H. (2017), 'Anesthetic agents of plant origin: A review of phytochemicals with anesthetic activity', *Molecules* 22: 1369; Baluška, F., Yokawa, K., Mancuso, S., Baverstock, K. (2016), 'Understanding of anesthesia – Why consciousness is essential for life and not based on genes', *Communicative & Integrative Biology* 9: e1238118.

10 人間と植物との関係、および人間による植物の利用を多様かつ抒情的に論じた文献については、以下を参照。Pollan, M. (2001), *The Botany of Desire: A Plant's-eye View of the World.* London: Random House（訳注／邦訳は『欲望の植物誌

人をあやつる4つの植物』マイケル・ポーラン著、西田佐知子訳、八坂書房、2012年）.

11 異なる環境条件下での葉を閉じる時間や速度の分析については、以下を参照。Poppinga, S., Kampowski, T., Metzger, A., Speck, O., Speck, T. (2016), 'Comparative kinematical analyses of Venus flytrap (*Dionaea muscipula*) snap traps', *Beilstein Journal of Nanotechnology* 7: 664–674.

12 Silvertown, J., Gordon, D. M. (1989), 'A framework for plant behavior', *Annual Review of Ecology and Systematics* 20: 349–366; Karban, R. (2008), 'Plant behaviour and communication', *Ecology Letters* 11: 727–739.

13 Cvrčková, F., Žárský, V., Markoš, A. (2016), 'Plant studies may lead us to rethink the concept of behavior', *Frontiers in Psychology* 7: 622.

14 Grémiaux, A., Yokawa, K., Mancuso, S., Baluška, F. (2014), 'Plant anesthesia supports similarities between animals and plants: Claude Bernard's forgotten studies', *Plant Signaling & Behavior* 9: e27886.

15 Schwartz, A., Koller, D. (1986), 'Diurnal phototropism in solar tracking Leaves of *Lavatera cretica*', *Plant Physiology* 80: 778–781.

16 Eelderink-Chen, Z., Bosman, J., Sartor, F., Dodd, A. N., Kovács, Á. T., Merrow, M. (2021), 'A circadian clock in a nonphotosynthetic prokaryote, *Science Advances* 7: eabe2086; Cashmore, A. R. (2003), 'Cryptochromes: enabling plants and animals to determine circadian time', *Cell* 114: 537–543.

17 デカルトの松果体に関する考察は、『人間論』（1637年以前に執筆したが、死後に出版された。ラテン語版は1662年、フランス語版は1664年）と最後の著書『情念論』（1649年）に記載されている。

18 Dubbels, R., Reiter, R. J., Klenke E., Goebel, A., Schnakenberg, E., Ehlers, C., Schiwara, H., Schloot, W. (1995), 'Melatonin in edible plants identified by radioimmunoassay and by HPLC-MS', *Journal of Pineal Research* 18: 28–31; Hattori, A., Migitaka, H., Iigo, M., Yamamoto, K., Ohtani-Kaneko, R., Hara, M., Suzuki, T., Reiter, R. J. (1995), 'Identification of melatonin in plants and its effects on plasma melatonin levels and binding to melatonin receptors in vertebrates', *Biochemistry and Molecular Biology International* 35: 627–634.

19 Balcerowicz, M., Mahjoub, M., Nguyen, D., Lan, H., Stoeckle, D., Conde, S., Jaeger, K. E., Wigge, P. A., Ezer, D. (2021), 'An early-morning gene network controlled by phytochromes and cryptochromes regulates photomorphogenesis pathways in Arabidopsis', *Molecular Plant* 14 (6): 983.

20 Calvo, P., Trewavas, A. (2020), 'Cognition and intelligence of green plants: Information for animal scientists', *Biochemical and Biophysical Research Communications* 564: 78–85.

21 Mellerowicz, E. J., Immerzeel, P., Hayashi, T. (2008), 'Xyloglucan: the molecular muscle of trees', *Annals of Botany* 102: 659–665; Gorshkova, T., Brutch, N., Chabbert, B., Deyholos, M., Hayashi, T., Lev-Yadun, S., Mellerowicz, E. J., Morvan, C., Neutelings, G., Pilate, G. (2012), 'Plant fiber formation: state of the art, recent and expected progress, and open questions', *Critical Reviews in Plant Sciences* 31: 201–228.

22 Calvo, P., Gagliano, M., Souza, G. M., Trewavas, A. (2020), 'Plants are intelligent, here's how', *Annals of Botany* 125: 11–28.

23 Biernaskie, J. M. (2011), 'Evidence for competition and cooperation among climbing plants', *Proceedings of the Royal Society B: Biological Sciences* 278: 1989–1996.

第一章　目に入らない植物

1 James, W. (1890), *The Principles of Psychology*. London: Macmillan.

2 Bar-On, Y. M., Phillips, R., Milo, R. (2018), 'The biomass distribution on Earth', *Proceedings of the National Academy of Sciences* 115: 201711842.

3 Alcaraz Ariza, F. (1998), *Guia de las plantas del Campus Universitario de Espinardo*. EDITUM.

4 Balas, B., Momsen, J. L. (2014), 'Attention "blinks" differently for plants and animals', *CBE – Life Sciences Education* 13: 437–443; Shapiro, K. L., Arnell, K. M., Raymond, J. E. (1997), 'The attentional blink', *Trends in Cognitive Sciences* 1: 291–296.

5 Norretranders, T. (1998), *The User Illusion*. New York: Viking.

6 Wandersee, J. H., Schussler, E. E. (2001), 'Towards a theory of plant blindness', *Plant Science Bulletin* 47: 2–9.

7 Wandersee, J. H., Schussler, E. E. (1999), 'Preventing plant blindness', *American Biology Teacher* 61: 82–86; Wandersee and Schussler (2001), 6.

8 以下を参照。Kew, Royal Botanic Gardens' *State of the World's Plants and Fungi* report, available online at www.kew.org/SOTWPF.

9 Richards, D. D., Siegler, R. S. (1984), 'The effects of task requirements on children's life judgments', *Child Development* 55: 1687–1696; Richards, D. D., Siegler, R. S. (1986), 'Children's understanding of the attributes of life', *Journal of Experimental Child Psychology* 42: 1–22; Bebbington, A. (2005), 'The ability of A-level students to name plants', *Journal of Biological Education* 39: 62–67; Yorek, M., Sahin, M., Aydin, H. (2009), 'Are animals "more alive" than plants? Animistic-anthropocentric construction of life concept', *Eurasia Journal of*

*Mathematics, Science & Technology Education* 5: 369–378.

10 Brenner, E. D. (2017), 'Smartphones for teaching plant movement', *The American Biology Teacher* 79: 740–745.

11 Lawrence, N., Calvo, P. (2022), 'Learning to see "green" in an ecological crisis'. In Weir, L., ed., *Philosophy as Practice in the Ecological Emergency: An Exploration of Urgent Matters*. Berlin: Springer.

12 Lovejoy, A. O. (1936), *The Great Chain of Being: A Study of the History of an Idea*. Cambridge, MA: Harvard University Press（訳注／邦訳は『存在の大いなる連鎖』アーサー・O・ラヴジョイ著、内藤健二訳、筑摩書房、2013年）.

13 Gibson, J. J. (1979), *The Ecological Approach to Visual Perception*. Boston, MA: Houghton Mifflin（訳注／邦訳は『生態学的視覚論　ヒトの知覚世界を探る』J・J・ギブソン著、古崎敬ほか訳、サイエンス社、1985年）.

14 Khattar, J., Calvo, P., Vandebroek, I., Pandolfi, C., Dahdouh-Guebas, F. (2022), 'Understanding transdisciplinary perspectives of plant intelligence: is it a matter of science, language or subjectivity?' *Journal of Ethnobiology and Ethnomedicine* 18: 41.

15 Descola, P. (2009), 'Human natures', *Social Anthropology* 17: 145–157; Balding, M., Williams, K. J. H. (2016), 'Plant blindness and the implications for plant conservation', *Conservation Biology* 30: 1192–1199.

16 Churchland, P. S. (2002), *Brain-wise: Studies in Neurophilosophy*. Cambridge, MA: MIT Press（訳注／邦訳〔抄訳〕は『ブレインワイズ　脳に映る哲学』P・S・チャーチランド著、村松太郎訳、新樹会創造出版、2005年）.

17 Barnes, R. S. K, Hughes, R. N. (1999), *An Introduction to Marine Ecology*, pp. 117–41. 3rd edition, Oxford: Blackwell Science.

18 Fox, M. D., Elliott Smith, E. A., Smith, J. E., Newsome, S. D. (2019), 'Trophic plasticity in a common reef-building coral: Insights from $\delta$13 C analysis of essential amino acids', *Functional Ecology* 33: 2203–2214.

19 Churchland, P. S. (1986), *Neurophilosophy: Toward a Unified Science of the Mind-brain*. Cambridge, MA: MIT Press.

20 Qi, Y., Wei, W., Chen, C., Chen, L. (2019), 'Plant root-shoot biomass allocation over diverse biomes: A global synthesis', *Global Ecology and Conservation* 18: e00606.

21 Hodge, A. (2009), 'Root decisions', *Plant, Cell and Environment* 32: 628–640; Novoplansky, A. (2019), 'What plant roots know?' *Seminars in Cell and Developmental Biology* 92: 126–133.

22 Baluška, F., Mancuso, S., Volkmann, D., Barlow, P. W. (2009), 'The "root-brain" hypothesis of Charles and Francis Darwin: Revival after more than 125 years',

*Plant Signaling & Behavior* 4: 1121–1127.

23 Baluška, F., Mancuso, S. (2009), 'Plants and animals: Convergent evolution in action?' In F. Baluška, ed., *Plant-Environment Interactions: From sensory plant biology to active plant behavior.* Berlin: Springer, pp. 285–301.

24 Barlow, P. W. (2006), 'Charles Darwin and the plant root apex: closing a gap in living systems theory as applied to plants'. In Baluška, F., Mancuso, S., Volkmann D., eds., *Communication in Plants,* pp. 37–51. Berlin: Springer; Kutschera, U., Nicklas, K. J. (2009), 'Evolutionary plant physiology: Charles Darwin's forgotten synthesis', *Naturwissenschaften* 96: 1339–54.

25 Mackay, D. S., Savoy, P. R., Grossiord, C., Tai, X., Pleban, J. R., Wang, D. R., McDowell, N. G., Adams, H. D., Sperry, J. S. (2020). 'Conifers depend on established roots during drought: results from a coupled model of carbon allocation and hydraulics', *New Phytologist* 225: 679-692. マッケイの言葉は以下による。Hsu, C. (2 Jan 2020), 'How do conifers survive droughts? Study points to existing roots, not new growth', *UBNow* www.buffalo.edu/ubnow/campus.host.html/content/shared/university/news/ub-reporter-articles/stories/2020/01/conifers-drought.detail.html

26 Sheldrake, M. (2020), *Entangled Life: How Fungi Make Our Worlds, Change Our Minds and Shape Our Futures.* London: Random House（訳注／邦訳は『菌類が世界を救う　キノコ・カビ・酵母たちの驚異の能力』マーリン・シェルドレイク著、鍛原多惠子訳、河出書房新社、2022年）.

27 Smith, M. L., Bruhn, J. N., Anderson, J. B. (1992), 'The fungus *Armillaria bulbosa* is among the largest and oldest living organisms', *Nature* 356: 428–431.

28 Bell, B. F. (1981), 'What is a plant? Some children's ideas', *New Zealand Science Teacher* 31: 10–14.

29 Camerarius, R. J. (1694). *De Sexu Plantarum Epistola.* University of Tübingen, Germany. 以下も参照。Žárský, V., Tupý, J. (1995), 'A missed anniversary: 300 years after Rudolf Jacob Camerarius. "De sexu plantarum epistola"', *Sexual Plant Reproduction* 8: 375–376; Funk, H. (2013), 'Adam Zalužanský's "De sexu plantarum" (1592). An early pioneering chapter on plant sexuality', *Archives of Natural History* 40: 244–256.

30 Specht, C. D., Bartlett, M. E. (2009), 'Flower evolution: the origin and subsequent diversification of the angiosperm flower', *Annual Review of Ecology, Evolution, and Systematics* 40: 217–243; Doyle, J. A. (2012), 'Molecular and fossil evidence on the origin of angiosperms', *Annual Review of Earth and Planetary Sciences* 40: 301–326.

31 Beiler, K. J., Durall, D. M., Simard, S. W., Maxwell, S. A., Kretzer, A. M. (2010),

'Mapping the wood-wide web: mycorrhizal networks link multiple Douglas-fir cohorts', *New Phytologist* 185: 543–553.

32 Kull, K. (2016), 'The biosemiotic concept of the species', *Biosemiotics* 9: 61–71.

33 Nakagaki, T., Yamada, H., Tóth, Á. (2000), 'Maze-solving by an amoeboid organism', *Nature* 407: 470.

34 Sanders, D., Nyberg, E., Eriksen, B., Snabjornsdóttir, B. (2015), '"Plant blindness": Time to find a cure', *The Biologist* 62: 9.

第二章　植物の視点を求めて

1 以下に引用されている。Desmond, A., Moore, J. R. (1992), *Darwin*. London: Penguin（訳注／邦訳は『ダーウィン　世界を変えたナチュラリストの生涯』エイドリアン・デズモンド&ジェイムズ・ムーア著、渡辺政隆訳、工作舎、1999年）. 以下も参照。Darwin to J. Hooker, 5 Mar. 1863, Darwin Archive, Cambridge University Library, 115: 184; De Beer, Sir G., 'Darwin's Journal', *Bulletin of the British Museum (Natural History)*, Historical Series 2 (1959), 16; Colp, R. (1977), *To Be an Invalid*. Chicago: University of Chicago Press, pp. 74–5; F. Darwin (1887), *Life and Letters of Charles Darwin*, 3 vols; 3: 312–13; Allan, M. (1977), *Darwin and His Flowers: The Key to Natural Selection*. London: Faber & Faber, ch. 12 (from Desmond and Moore)（訳注／邦訳は『ダーウィンの花園　植物研究と自然淘汰説』ミア・アレン著、羽田節子・鵜浦裕訳、工作舎、1997年）.

2 Darwin, C. (1865), 'On the movements and habits of climbing plants', *Botanical Journal of the Linnean Society* 9: 1–118. ダーウィンは、ハーバード大学の植物学者エイサ・グレイの研究に影響を受けていた。つる植物に関するこの論文（1865, p.1）のなかで、以下のように記している。「私は、興味深くはあるもののあまりに短い、あるウリ科の植物の巻きひげの動きに関するエイサ・グレイ教授の論文（1858年）により、このテーマに導かれた。教授は私に種を送ってくれた。その植物を育ててみると、私はすぐさま、巻きひげやつるの回旋運動に心から魅了されるとともに当惑した。その動きは一見きわめて複雑に見えるが、実際にはきわめて単純だった。そこで私は、それ以外のさまざまなつる植物を調達して、このテーマ全体の研究を始めた」（Isnard, S., Silk, W. K. (2009), 'Moving with climbing plants from Charles Darwin's time into the 21st century', *American Journal of Botany* 96: 1205–1221から引用）

3 Desmond and Moore, *Darwin*, 42–3（『ダーウィン』）. この「ばね」に関する現代の解釈は、ダーウィンの研究に端を発する（Gerbode, S. J., Puzey, J. R., McCormick, A. G., Mahadevan, L. (2012), 'How the cucumber tendril coils and overwinds', *Science* 337: 1087).

4 Darwin, C. (1875), *The Movements and Habits of Climbing Plants*, pp. 12–13. London: John Murray（訳注／邦訳は『よじのぼり植物　その運動と習性』C・ダーウィン著、渡辺仁訳、森北出版、1991年）. これを回顧的に解説している論文には、以下がある。Heslop-Harrison, J. (1979), 'Darwin and the movement of plants: A retrospect'. In *Proceedings of the 10th International Conference on Plant Growth Substances*, Madison, Wisconsin, 22–26 July 1979, pp. 3–14. Berlin and Heidelberg: Springer.（この論文は、ダーウィンの1880年の著書『植物の運動力』〔訳注／邦訳は渡辺仁、森北出版、1987年〕の出版100周年を記念して行なわれた講演をもとにしている）

5 De Chadarevian, S. (1996), 'Laboratory science versus country-house experiments. The controversy between Julius Sachs and Charles Darwin', *British Journal for the History of Science* 29: 17–41. 以下も参照。Calvo, P., Trewavas, A. (2020), 'Physiology and the (neuro)biology of plant behaviour: A farewell to arms', *Trends in Plant Science* 25: 214–216.

6 ハットンは、近代地質学を築いた人物である。以下を参照。Hutton, J. (1788), 'Theory of the Earth; or an investigation of the laws observable in the composition, dissolution, and restoration of land upon the Globe', *Transactions of the Royal Society of Edinburgh*, vol. 1, Part 2, pp. 209–304.

7 以下に、ダーウィンが描いた系統樹の最初期のスケッチがある。Charles Darwin's *Notebook B*, 1837, stored in Cambridge University Library.

8 Burnett, F. H. (1911), *The Secret Garden*. New York: Frederick A. Stokes（訳注／邦訳は『秘密の花園』フランシス・ホジソン・バーネット著、羽田詩津子訳、角川文庫、2019年）.

9 Dawkins, R. (1996), *Climbing Mount Improbable*. New York: Norton.

10 Land, M. F., Fernald, R. D. (1992), 'The evolution of eyes', *Annual Review of Neuroscience* 15: 1–29.

11 Heslop-Harrison, 'Darwin and the movement of plants: A retrospect'; De Chadarevian, 'Laboratory science versus country-house experiments'.

12 Calvo, P., Baluška, F., Trewavas, A. (2021), 'Integrated information as a possible basis for plant consciousness', *Biochemical and Biophysical Research Communications*. 564: 158–165.

13 Pirici, A., Calvo, P. (2022), 'Sensing the living: promoting the perception of plants', *Cluj Cultural Centre–Studiotopia–Art meets Science in the Anthropocene*.

14 https://youtu.be/FtCFCkQsBtg. この動画を教えてくれたステファノ・マンクーゾに感謝する。

15 Ebel, F., Hagen, A., Puppe, K., Roth, H. J., Roth J. (1974), 'Beobachtungen über das bewegungsverhalten des Pollinariums von *Catasetum Jimbriatum* Lindl.

Während Abschuß, Flug und Landung', *Flora* 163: 342–356; Nicholson, C.C., Bales, J. W., Palmer-Fortune, J. E., Nicholson, R. G. (2008), 'Darwin's bee-trap: The kinetics of Catasetum, a new world orchid', *Plant Signaling & Behavior* 3: 19–23; Simons, P. (1992), *The Action Plant, Movement and Nervous Behavior in Plants*. Oxford: Blackwell（訳注／邦訳は『動く植物　植物生理学入門』P・サイモンズ著、柴岡孝雄・西崎友一郎訳、八坂書房、1996年）.

16 Darwin, C. (1962), 'Catasetida, the most remarkable of all orchids'. In *On the Various Contrivances by which British and Foreign Orchids are Fertilised by Insects*. London: John Murray, pp. 211–85. 以下も参照。Darwin, C. (1862), 'On the three remarkable sexual forms of *Catasetum tridentatum*, an orchid in the possession of the Linnean Society', *Proceedings of the Linnean Society of London* (Botany) 6: 151–157; Darwin, C. (1877), *The Different Forms of Flowers on Plants of the Same Species*. London: John Murray; Darwin, C. (1876), *The Effects of Cross and Self Fertilisation in the Vegetable Kingdom*. London: John Murray（訳注／邦訳は『植物の受精』チャールズ・ダーウィン著、矢原徹一訳、文一総合出版、2000年）.

17 Heider, F., Simmel, M. (1944), 'An experimental study of apparent behavior', *American Journal of Psychology* 57: 243–249. 以下を参照。https://www.youtube.com/watch?v=VTNmLt7QX8E

18 Scholl, B. J., Tremoulet. P. D. (2000), 'Perceptual causality and animacy', *Trends in Cognitive Sciences* 4: 299–309.

19 Agassi, J. (1964), 'Analogies as generalizations', *Philosophy of Science* 31: 4; Agassi, J., 'Anthropomorphism in science'. In Wiener, P. P., ed. (1968, 1973), *Dictionary of the History of Ideas: Studies of Selected Pivotal Ideas*, pp. 87–91. New York: Scribner（訳注／邦訳は『西洋思想大事典』フィリップ・P・ウィーナー編、荒川幾男ほか日本語版編集、平凡社、1990年）.

20 Reed, E. S. (2008), *From Soul to Mind: The Emergence of Psychology from Erasmus Darwin to William James*. New Haven and London: Yale University Press（訳注／邦訳は『魂（ソウル）から心（マインド）へ　心理学の誕生』エドワード・S・リード著、村田純一・染谷昌義・鈴木貴之訳、講談社、2020年）.

21 Andrews, K., Huss, B. (2014), 'Anthropomorphism, anthropectomy, and the null hypothesis', *Biology & Philosophy* 29: 711–729.

22 Taiz, L., Alkon, D., Draguhn, A., Murphy, A., Blatt, M., Hawes, C., Thiel, G., Robinson, D. G. (2019), 'Plants neither possess nor require consciousness', *Trends in Plant Science* 24: 677–687.

23 Calvo and Trewavas, 'Physiology and the (neuro)biology of plant behaviour'.

24 Raja, V., Silva, P. L., Holghoomi, R., Calvo, P. (2020), 'The dynamics of plant nutation', *Scientific Reports* 10: 19465.

25 Calvo, P. (2016), 'The philosophy of plant neurobiology: A manifesto', *Synthese* 193: 1323–1343.

第三章　植物の賢い行動

1 http://www.linv.org
2 Mugnai, S., Azzarello, E., Masi, E., Pandolfi, C., Mancuso, S. (2015), 'Nutation in plants'. In Mancuso, S., Shabala, S., eds., *Rhythms in Plants*, pp. 19–34. Berlin: Springer.
3 Darwin, C., Darwin, F. (1880), *The Power of Movement in Plants*. London: John Murray (『植物の運動力』).
4 Baillaud, L. (1962), 'Les mouvements d'exploration et d'enroulement des plantes volubiles'. In Aletse L. et al., eds., *Handbuch der Pflanzenphysiologie*, pp. 637–715. Berlin: Springer; Millet, B., Melin, D., Badot, P.-M. (1988), 'Circumnutation in *Phaseolus vulgaris*. I. Growth, osmotic potential and cellular structure in the free-moving part of the shoot', *Physiologia Plantarum* 72: 133–138; Badot, P.-M., Melin, D., Garrec, J. P. (1990), 'Circumnutation in *Phaseolus vulgaris* L. II. Potassium content in the free-moving part of the shoot', *Plant Physiology and Biochemistry* 28: 123–130; Millet, B., Badot, P.-M. (1996), 'The revolving movement mechanism in *Phaseolus*; New approaches to old questions'. In Greppin, H., Degli Agosti, R., Bonzon, M., eds., *Vistas on Biorhythmicity*, pp. 77–98. Geneva: University of Geneva; Caré, A. F., Nefedev, L., Bonnet, B., Millet, B., Badot, P.-M. (1998), 'Cell elongation and revolving movement in *Phaseolus vulgaris* L. twining shoots', *Plant and Cell Physiology* 39: 914–921.
5 Darwin, C. (1875), *The Movements and Habits of Climbing Plants*, pp. 12–13. London: John Murray.
6 Desmond, A., Moore, J. R. (1992), *Darwin*. London: Penguin (『ダーウィン』).
7 ブースの製作には、元学生のビセンテ・ラハの手を借りた。現在はカナダのウェスタン・オンタリオ大学頭脳・知性研究所のポスドクだが、当時はMINTラボの客員研究員だった。実験装置およびその動画は、以下で見られる。Calvo, P., Raja, V., Lee. D. N. (2017), 'Guidance of circumnutation of climbing bean stems: An ecological exploration', *bioRxiv* 122358; Raja, V., Silva, P. L., Holghoomi, R., Calvo, P. (2020), 'The dynamics of plant nutation', *Scientific Reports* 10: 19465.
8 ポーランドのルブリンにあるマリー・キュリー・スクウォドフスカ大学生物学・生化学研究所のマリア・ストラシュが、自分でプログラムした回旋運動トラッカーを使い、この運動を図案化してくれた。これは、植物の回旋運動を分析する、オープンソース化された初めてのフリーツールである。以下を参照。Stolarz, M., Żuk, M., Król,

E., Dziubińska, H. (2014), 'Circumnutation Tracker: novel software for investigation of circumnutation', *Plant Methods* 10: 24.

9 Segundo-Ortin, M., Calvo, P. (2019), 'Are plants cognitive? A reply to Adams', *Studies in History and Philosophy of Science* 73: 64–71.

10 Kumar, A., Memo, M., Mastinu, A. (2020), 'Plant behaviour: an evolutionary response to the environment?' *Plant Biology* 22: 961–970.

11 Vandenbussche, F., Van Der Straeten, D. (2007), 'One for all and all for one: Cross-talk of multiple signals controlling the plant phenotype', *Journal of Plant Growth Regulation* 26: 178–187; Hou, S., Thiergart, T., Vannier, N., Mesny, F., Ziegler, J., Pickel, B., Hacquard, S. (2021), 'A microbiota–root–shoot circuit favours *Arabidopsis* growth over defence under suboptimal light', *Nature Plants* 7: 1078–1092.

12 「根＝脳」仮説に関連してダーウィンを引用した経緯について詳しく知りたい方は、以下を参照。Baluška, F., Mancuso, S., Volkmann, D., Barlow, P. (2009), 'The "root-brain" hypothesis of Charles and Francis Darwin: Revival after more than 125 years', *Plant Signaling & Behavior* 4: 1121–1127.

13 Allen, P. H. (1977), *The Rain Forests of Golfo Dulce*. Stanford, CA: Stanford UP.

14 Bodley, J. H., Benson, F. C. (1980), 'Stilt-root walking by an iriateoid palm in the Peruvian Amazon', *Biotropica* 12: 67–71.

15 Leopold, A. C., Jaffe, M. J., Brokaw, C. J., Goebel, G. (2000), 'Many modes of movement', *Science* 288: 2131–2132; Huey, R. B., Carlson, M., Crozier, L., Frazier, M., Hamilton, H., Harley, C., Kingsolver, J. G. (2002), 'Plants versus animals: do they deal with stress in different ways?' *Integrative and Comparative Biology* 42: 415–423.

16 Suetsugu, K., Tsukaya, H., Ohashi, H. (2016), '*Sciaphila yakushimensis* (Triuridaceae), A new mycoheterotrophic plant from Yakushima Island, Japan', *Journal of Japanese Botany* 91: 1–6.

17 Baldwin, I. T., Halitschke, R., Paschold, A., von Dahl, C. C., Preston, C. A. (2006), 'Volatile signaling in plant-plant interactions: "talking trees" in the genomics era', *Science*, 311(5762): 812–815; Dicke, M., Agrawal, A. A., Bruin, J. (2003), 'Plants talk, but are they deaf?' *Trends in Plant Science*, 8(9): 403–405.

18 Orrock, J., Connolly, B., Kitchen, A. (2017), 'Induced defences in plants reduce herbivory by increasing cannibalism', *Nature Ecology & Evolution* 1: 1205–1207.

19 Ryan, C. M., Williams, M., Grace, J., Woollen, E., Lehmann, C. E. R. (2017), 'Pre-rain green-up is ubiquitous across southern tropical Africa: implications for temporal niche separation and model representation', *New Phytologist* 213: 625–633.

20 Atamian, H. S., Creux, N. M., Brown, E. A., Garner, A. G., Blackman, B. K., Harmer, S. L. (2016), 'Circadian regulation of sunflower heliotropism, floral orientation, and pollinator visits', *Science* 353: 587–90.

21 Fisher, F. J. F., Fisher, P. M. (1983), 'Differential starch deposition: a "memory" hypothesis for nocturnal leafmovements in the suntracking species *Lavatera cretica L.*', *New Phytologist* 94: 531–536.

22 植物の認知という観点からラヴァテラ・クレティカの夜間の方角修正運動を論じたものには、以下がある。Calvo Garzón, F. (2007), 'The quest for cognition in plant neurobiology', *Plant Signaling & Behavior* 2: e1. 以下も参照。García Rodríguez, A., Calvo Garzón, P. (2010), 'Is cognition a matter of representations? Emulation, teleology, and time-keeping in biological systems', *Adaptive Behavior* 18: 400–415.

23 Mittelbach, M., Kolbaia, S., Weigend, M., Henning, T. (2019), 'Flowers anticipate revisits of pollinators by learning from previously experienced visitation intervals', *Plant Signaling & Behavior* 14: 1595320.

24 Novoplansky, A. (2009), 'Picking battles wisely: Plant behaviour under competition', *Plant, Cell & Environment* 32: 726–741.

25 De Kroon, H., Visser, E. J. W., Huber, H., Hutchings, M. J. (2009), 'A modular concept of plant foraging behaviour: The interplay between local responses and systemic control', *Plant, Cell & Environment* 32: 704–712.

26 たとえば植物は、自身の形状を読み取ることができる (Hamant, O., Moulia, B. (2016), 'How do plants read their own shapes?' *New Phytologist* 212: 333e337)。音も感知できる (Khaita, T. I., Obolskib, U., Yovelc, Y., Hadanya, L. (2019), 'Sound perception in plants', *Seminars in Cell & Developmental Biology* 92: 134–138)。磁場も感知できる (Galland, P., Pazur, A. (2005), 'Magnetoreception in plants', *Journal of Plant Research* 118: 371–389; Maffei, M.E. (2014), 'Magnetic field effects on plant growth, development, and evolution', *Frontiers in Plant Science* 5: 445)。光に関するさまざまな手がかりを解釈することもできる (Paik, I., Huq, H. (2019), 'Plant photoreceptors: Multifunctional sensory proteins and their signaling T networks', *Seminars in Cell and Developmental Biology* 92: 114–121)。同様に、熱も感知できる (Vu, L. D., Gevaert, K., De Smet, I. (2019), 'Feeling the heat: Searching for plant thermosensors', *Trends in Plant Science* 24: 210–219)。植物が感知できるものは、ほかにも無数にある。以下の研究を参照。Calvo, P., Trewavas, A. (2020), 'Cognition and intelligence of green plants: Information for animal scientists', *Biochemical and Biophysical Research Communications* 564: 78–85.

27 Dittrich, M., Mueller, H.M., Bauer, H., Peirats-Llobet, M., Rodriguez, P. L.,

Geilfus, C.-M., Carpentier, S. C., Al Rasheid, K. A. S., Kollist, H., Merilo, E., Herrmann, J., Müller, T., Ache, P., Hetherington, A., Hedrich, R. (2019), 'The role of Arabidopsis ABA receptors from the PYR/PYL/RCAR family in stomatal acclimation and closure signal integration', *Nature Plants* 5: 1002–1011.

28 Xu, B., Long, Y., Feng, X., Zhu, X., Sai, N., Chirkova, L., Betts, A., Herrmann, J., Edwards, E. J., Okamoto, M., Hedrich, R., Gilliham, M. (2021), 'GABA signalling modulates stomatal opening to enhance plant water use efficiency and drought resilience', *Nature Communications* 12: 1–13.

29 Schenk, H. J., Callaway, R. M., Mahall, B. E. (1999), 'Spatial root segregation: Are plants territorial?' *Advances in Ecological Research* 28: 145–180; Gruntman, M., Novoplansky, A. (2004), 'Physiologically-mediated self/nonself discrimination in roots', *Proceedings of the National Academy of Sciences* 101: 3863–3867; Falik, O., Reides, P., Gersani, M., Novoplansky, A. (2005), 'Root navigation by self inhibition', *Plant, Cell & Environment* 28: 562–569; Novoplansky, A. (2019), 'What plant roots know?' *Seminars in Cell and Developmental Biology* 92: 126–133; Singh, M., Gupta, A., Laxmi, A. (2017), 'Striking the right chord: Signaling enigma during root gravitropism', *Frontiers in Plant Science* 8: 1304; Vandenbrink, J. P., Kiss, J. Z. (2019), 'Plant responses to gravity', *Seminars in Cell & Developmental Biology* 92: 122–125.

30 Bastien, R., Bohr, T., Moulia, B., Douady, S. (2013), 'Unifying model of shoot gravitropism reveals proprioception as a central feature of posture control in plants', *Proceedings of the National Academy of Sciences* 110: 755–760; Dumais, J. (2013), 'Beyond the sine law of plant gravitropism', *Proceedings of the National Academy of Sciences* 110: 391–392.

31 Elhakeem, A., Markovic, D., Broberg, A., Anten, N. P. R., Ninkovic, V. (2018), 'Aboveground mechanical stimuli affect belowground plant-plant communication', *PLoS ONE* 13: e0195646.

32 Falik, O., Hoffmann, I., Novoplansky, A. (2014), 'Say it with flowers', *Plant Signaling & Behavior* 9: e28258.

33 Gaillochet, C., Lohmann, J. U. (2015), 'The never-ending story: from pluripotency to plant developmental plasticity', *Development* 142: 2237–2249.

34 Leopold, A. C., Jaffe, M. J., Brokaw, C. J., Goebel, G. (2000), 'Many modes of movement', *Science* 288: 2131–2132.

35 Trewavas, A. (2009), 'What is plant behaviour?' *Plant, Cell & Environment* 32: 606–616.

36 Palacio-Lopez, K., Beckage, B., Scheiner, S., Molofsky, J. (2015), 'The ubiquity of phenotypic plasticity in plants: a synthesis', *Ecology and Evolution* 5: 3389–3400;

Schlichting, C. D. (1986), 'The evolution of phenotypic plasticity in plants', *Annual Review of Ecology and Systematics* 17: 667–693; Sultan, S. E. (2015), *Organism and Environment: Ecological Development, Niche Construction, and Adaptation*. Oxford: Oxford University Press.

37 Calvo, P. (2018), 'Plantae'. In Vonk, J., Shackelford, T. K., eds., *Encyclopedia of Animal Cognition and Behavior*. New York: Springer.

38 Segundo-Ortin, M., Calvo, P. (2021), 'Consciousness and cognition in plants', *Wiley Interdisciplinary Reviews: Cognitive Science*, e1578.

39 Calvo, P., Gagliano, M., Souza, G. M., Trewavas, A. (2020), 'Plants are intelligent, here's how', *Annals of Botany* 125: 11–28.

40 Baldwin, I. T. (2010), 'Plant volatiles', *Current Biology* 20: R392. 現在、飲食産業や香水産業でよく行なわれているガスクロマトグラフィー質量分析により、それぞれの揮発性有機化合物の構成分子や、メッセージを構成する特定の揮発性物質の濃度が明らかになっている。

41 Knudsen, J. T., Eriksson, R., Gershenzon, J., Stahl, B. (2006), 'Diversity and distribution of floral scent', *The Botanical Review* 72: 1.

42 Vivaldo, G., Masi, E., Taiti, C., Caldarelli, G., Mancuso, S. (2017), 'The network of plants volatile organic compounds', *Scientific Reports* 7: 11050.

43 オオムギとアザミの関係もよく知られている。アザミがつぶやくと、オオムギがそれを傍受する。Glinwood, R., Ninkovic, V., Pettersson, J., Ahmed, E. (2004), 'Barley exposed to aerial allelopathy from thistles (*Cirsium spp.*) becomes less acceptable to aphids', *Ecological Entomology* 29: 188–195.

44 Arimura, G., Ozawa, R., Shimoda, T., Nishioka, T., Boland, W., Takabayashi, J. (2000), 'Herbivory-induced volatiles elicit defence genes in lima bean leaves', *Nature* 406: 512–513.

45 Passos, F. C. S., Leal, L. C. (2019), 'Protein matters: ants remove herbivores more frequently from extrafloral nectarybearing plants when habitats are protein poor', *Biological Journal of the Linnean Society* XX: 1–10.

46 Dudley, S. A., File, A. L. (2007), 'Kin recognition in an annual plant', *Biology Letters* 3: 435–438; Biedrzycki, M. L., Bais, H. P. (2010), 'Kin recognition: another biological function for root secretions', *Plant Signaling & Behavior* 5: 401–402; Biedrzycki, M. L., Jilany, T. A., Dudley, S. A., Bais, H. P. (2010), 'Root exudates mediate kin recognition in plants', *Communicative & Integrative Biology* 3: 28–35.

47 Bais, H. P. (2015), 'Shedding light on kin recognition response in plants', *New Phytologist* 205: 4–6; Crepy, M. A., Casal, J. J. (2015), 'Photoreceptor-mediated kin recognition in plants', *New Phytologist* 205: 329–338.

48 Cahill Jr, J. F., McNickle, G. G., Haag, J. J., Lamb, E. G., Nyanumba, S. M., St Clair, C. C. (2010), 'Plants integrate information about nutrients and neighbors', *Science* 328: 1657.

49 Delory, B. M. (2016), 'Root-emitted volatile organic compounds: can they mediate belowground plant-plant interactions?' *Plant Soil* 402: 1–26; Semchenko, M., Saar, S., Lepik, A. (2014), 'Plant root exudates mediate neighbour recognition and trigger complex behavioural changes', *New Phytologist* 204: 631–637; Chen, B. J. W., During, H. J., Anten, N. P. (2012), 'Detect thy neighbor: identity recognition at the root level in plants', *Plant Science* 195: 157–167.

50 Dener, E., Kacelnik, A., Shemesh, H. (2016), 'Pea plants show risk sensitivity', *Current Biology* 26: 1763–1767.

51 Karban, R., Orrock, J. L. (2018), 'A judgement and decisionmaking model for plant behaviour', *Ecology* 99: 1909e1919; Gruntman, M., Groß, D., Májeková, M., Tielbörger, K. (2017), 'Decision-making in plants under competition', *Nature Communications* 8: 2235; Schmid, B. (2016), 'Decision-making: Are plants more rational than animals?' *Current Biology* 26: R675–R678.

52 ロブリンはこう述べている。「オジギソウに関する最初の生理学的実験は、1世紀前にフックが出版した有名な『顕微鏡図譜』(1665年)に掲載されている。そこにはこうある。『葉をつけた葉軸のどこかに触れたとたん、その葉軸のあらゆる葉が対になって閉じ、その上部表面をぴたりと密着させた。葉の間にある葉軸に硝酸を一滴垂らすと、そこから上の葉はすべてすぐに閉じ、下の葉もその後引き続いて対になって閉じるとともに、ほかの葉軸の下の葉も閉じた』」。Roblin, G. (1979), '*Mimosa pudica*: a model for the study of the excitability in plants', *Biological Reviews* 54: 135–153.

53 Hiernaux, Q. (2019), 'History and epistemology of plant behaviour: a pluralistic view?' *Synthese* 198: 3625–3650.

54 Pfeffer, W. (1873), *Physiologische untersuchungen*. Leipzig: Springer. 以下も参照。Bose, J. C. (1906), *Plant Response*. London: Longmans, Green and Co.

55 Gagliano, M., Renton, M., Depczynski, M., Mancuso, S. (2014), 'Experience teaches plants to learn faster and forget slower in environments where it matters', *Oecologia* 175: 63–72.

56 Tafforeau, M., Verdus, M. C., Norris, V., Ripoll, C., Thellier, M. (2006), 'Memory processes in the response of plants to environmental signals', *Plant Signaling & Behavior* 1: 9–14.

57 ちなみにモニカの研究では、成長ではなく位置を測定した。以下を参照。Holmes, E., Gruenberg, G. (1965), 'Learning in plants', *Worm Runner's Digest* 7: 9–12; Holmes, E., Yost, M. (1966), '"Behavioral" studies in the sensitive plant', *Worm*

*Runner's Digest* 8: 38–40.
58 Gagliano, M., Vyazovskiy, V. V., Borbély, A. A., Grimonprez, M., Depczynski, M. (2016), 'Learning by association in plants', *Scientific Reports* 6: 38427.
59 Darwin, *The Power of Movement in Plants*, pp. 460–461(『植物の運動力』).
60 Latzel, V., Münzbergová, Z. (2018), 'Anticipatory behavior of the clonal plant *Fragaria vesca*', *Frontiers in Plant Science* 9: 1847.
61 肯定的な結果を報告している研究には以下がある。Armus, H. L. (1970), 'Conditioning of the sensitive plant, Mimosa pudica', In Denny, M. R., Ratner, S. C., eds., *Comparative Psychology: Research in Animal Behavior*. Homewood, IL: Dorsey Press, pp. 597–600). あいまいな結果を報告している研究には以下がある。Haney, R. E. (1969), 'Classical conditioning of a plant: Mimosa pudica', *Journal of Biological Psychology* 11: 5–12; Levy, E., Allen, A., Caton, W., Holmes, E. (1970), 'An attempt to condition the sensitive plant: Mimosa pudica', *Journal of Biological Psychology* 12: 86–87. 再検証については以下を参照。Adelman, B. E. (2018), 'On the conditioning of plants: A review of experimental evidence', *Perspectives on Behavior Science* 41: 431–446; Gagliano, M., Vyazovskiy, V. V., Borbély, A. A., Depczynski, M., Radford, B. (2020), 'Comment on "Lack of evidence for associative learning in pea plants"', *eLife* 9: e61141; Markel, K. (2020), 'Lack of evidence for associative learning in pea plants', *eLife* 9: e57614; Markel, K. (2020), 'Response to comment on "Lack of evidence for associative learning in pea plants"', *eLife* 9: e61689(植物の連合学習の証拠やその否定に関する最新のやりとりが記されている).
62 Bhandawat, A., Jayaswall, K., Sharma, H., Roy, J. (2020), 'Sound as a stimulus in associative learning for heat stress in Arabidopsis', *Communicative & Integrative Biology* 13: 1–5.

## 第四章　植物の神経系

1 Bose, Sir J. C. (1926), *The Nervous Mechanism of Plants*. London: Longmans, Green and Co.
2 Shepherd, V. A. (2005) 'From semi-conductors to the rhythms of sensitive plants: 'the research of J.C. Bose', *Cellular and Molecular Biology* 51: 607–19; Minorsky, P. V. (2021), 'American racism and the lost legacy of Sir Jagadis Chandra Bose, the father of plant neurobiology', *Plant Signaling & Behavior* 16: 1818030.
3 Georgia O'Keeffe (1939), *Iao Valley, Maui (Papaya Tree)*, oil on canvas (Honolulu Museum of Art, gifted by the Georgia O'Keeffe Foundation). 以下を参照。Groake, J. L., Papanikolas, T. (eds) (2018), *Georgia O'Keeffe: Visions of Hawai'i.*

New York: New York Botanical Garden.

4 Darwin, C. (1875), *Insectivorous Plants.* London: John Murray. 以下に引用されている。Volkov, A. G., ed. (2006), *Plant Electrophysiology*. Berlin: Springer.

5 Umrath, K. (1930), 'Untersuchungen über Plasma und Plasmaströmung an Characeen', *Protoplasma* 9: 576–597.

6 Volkov (ed.), *Plant Electrophysiology*.

7 Li, J.-H., Fan, L. F., Zhao, D. J., Zhou, Q., Yao, J. P., Wang, Z. Y., Huang, L. (2021), 'Plant electrical signals: A multidisciplinary challenge', *Journal of Plant Physiology* 261: 15341.

8 Fromm, J., Lautner, S. (2007), 'Electrical signals and their physiological significance in plants'. *Plant, Cell & Environment* 30: 249–257.

9 Stahlberg, R., Cleland, R. E., Van Volkenburgh, E. (2006), 'Slow wave potentials – a propagating electrical signal unique to higher plants'. In Baluška, F., Mancuso, S., Volkmann, D., eds., *Communication in Plants: Neuronal Aspects of Plant Life.* New York: Springer.

10 Baluška, F. (2010), 'Recent surprising similarities between plant cells and neurons', *Plant Signaling & Behavior* 5: 87–89.

11 https://www.sciencealert.com/this-creeping-slime-is-changing-how-we-think-about-intelligence

12 Ramakrishna, A., Roshchina, V. V., eds. (2019), *Neurotransmitters in Plants: Perspectives and Applications.* Boca Raton, FL: Taylor and Francis.

13 Bouché, N., Lacombe, B., Fromm, H. (2003), 'GABA signaling: a conserved and ubiquitous mechanism', *Trends in Cell Biology* 13: 607–610.

14 Bouché N., Fromm, H. (2004), 'GABA in plants: just a metabolite?' *Trends in Plant Science 9*: 110–115.

15 Calvo, P. (2016), 'The philosophy of plant neurobiology: A manifesto', *Synthese* 193: 1323–1343.

16 Toyota, M., Spenser, D., Sawai-Toyota, S., Jiaqi, W., Zhang, T., Koo, A. J., Howe, G. A., Gilroy, S. (2018), 'Glutamate triggers long-distance, calcium-based plant defense signalling', *Science* 361: 1112–1115.

17 Brenner, E. D., Stahlberg, R., Mancuso, S., Vivanco, J., Baluška, F., Van Volkenburgh, E. (2006), 'Plant neurobiology: an integrated view of plant signaling', *Trends in Plant Science* 11: 1380–1386.

18 Forde, B. G., Lea, P. J. (2007), 'Glutamate in plants: metabolism, regulation, and signalling', *Journal of experimental botany* 58: 2339–2358; Baluška, F., Mancuso, S. (2009), 'Plants and animals: convergent evolution in action?' In *Plant–Environment Interactions*, pp. 285–301. Berlin and Heidelberg: Springer; Baluška,

F. (2010), 'Recent surprising similarities between plant cells and neurons', *Plant Signaling & Behavior* 5: 87–89.

19 Morrens, J., Aydin, Ç., van Rensburg, A. J., Rabell, J. E., Haesler, S. (2020), 'Cue-evoked dopamine promotes conditioned responding during learning', *Neuron* 106: 142–153.

20 Antoine, G. (2013), 'Plant learning: an unresolved question', Master BioSciences, Département de Biologie, Ecole Normale Supérieure de Lyon.

21 Mallatt, J., Blatt, M. R., Draguhn, A., Robinson, D. G., Taiz, L. (2020), 'Debunking a myth: plant consciousness', *Protoplasma* 258: 459–476.

22 Klejchova, M., Silva-Alvim, F. A., Blatt, M. R., Alvim, J. C. (2021), 'Membrane voltage as a dynamic platform for spatio-temporal signalling, physiological and developmental regulation', *Plant Physiology* 185(4): 1523–1541.

23 個人的な情報交換による。

24 https://www.scientificamerican.com/article/do-plants-think-daniel-chamovitz

25 個人的な情報交換による。

26 もちろん話はそれほど単純ではなく、議論はさらに続いた。以下を参照。Van Volkenburgh, E., Mirzaei, K., Ybarra, Y. (2021), 'Understanding plant behavior: a student perspective', *Trends in Plant Science* 26: 423–425; Mallatt, J., Robinson, D. G., Draguhn, A., Blatt, M., Taiz, L. (2021), 'Understanding plant behavior: a student perspective: response to Van Volkenburgh et al.', *Trends in Plant Science* 26: 1089–1090; Van Volkenburgh, E. (2021), 'Broadening the scope of plant physiology: response to Mallatt et al', *Trends in Plant Science* 26: 1091–1092.

27 Machery, E. (2012), 'Why I stopped worrying about the definition of life ... and why you should as well', *Synthese* 185: 145–164.

28 Miguel-Tomé, S., Llinás, R. R. (2021), 'Broadening the definition of a nervous system to better understand the evolution of plants and animals', *Plant Signaling & Behavior* 10: e1927562.

29 Lucas, W. J., Groover, A., Lichtenberger, R., Furuta, K., Yadav, S.-R., Helariutta, Y., He, X.-Q., Fukuda, H., Kang, J., Brady, S. M., Patrick, J. W., Sperry, J., Yoshida, A., Lopez-Milan, A.-F., Grusak, M. A., Kachroo, P. (2013), 'The plant vascular system: Evolution, development and functions', *Journal of Integrative Plant Biology* 55: 294–388.

30 Souza, G. M., Ferreira, A. S., Saraiva, G. F. R., Toledo, G. R. A. (2017), 'Plant "electrome" can be pushed towards a self-organized critical state by external cues: Evidences from a study with soybean seedlings subject to different environmental conditions', *Plant Signaling & Behavior* 12: e1290040.

31 2009年に製作されたドキュメンタリー番組『Naturally Obsessed: The Making of a

Scientist』のウェブサイトに掲載されたリチャード・アクセルのインタビューによる。以下を参照。http://naturallyobsessed.com

32 Szent-Györgyi, A., 'Electronic Mobility in Biological Processes'. In Breck, A. D., Yourgrau, W., eds. (1972), *Biology, History, and Natural Philosophy*. New York: Plenum Press. この引用部分の内容を教えてくれたフランティシェク・バルシュカに感謝する。

33 Tolman, E. C. (1958), *Behavior and Psychological Man: Essays in Motivation and Learning*. California: University of California Press. この引用句を教えてくれたビセンテ・ラハに感謝する。

34 Cvrčková, F., Žarský, V., Markoš, A. (2016), 'Plant studies may lead us to rethink the concept of behavior', *Frontiers in Psychology* 7: 622.

35 Heras-Escribano, M., Calvo, P. (2020), 'The philosophy of plant neurobiology'. In Robins, S., Symons, J., Calvo, P., eds., *The Routledge Companion to Philosophy of Psychology*, pp. 529–547. London and New York: Routledge.

第五章　植物は思考するのか？

1 Siegel, E. H., Wormwood, J. B., Quigley, K. S., Barrett, L. F. (2018), 'Seeing what you feel: Affect drives visual perception of structurally neutral faces', *Psychological Science* 29: 496–503.

2 この写真は最初、以下に掲載された。*Life* magazine:5 8;7 1965-02-19, p. 120. 以下に再掲されている。Gregory, R. (1970), *The Intelligent Eye*, New York: McGraw-Hill (photographer: Ronald C. James).

3 Gregory, R. L. (2005), The Medawar Lecture 2001: 'Knowledge for vision: vision for knowledge', *Philosophical Transactions of the Royal Society B: Biological Sciences* 360: 1231–1251.

4 Ge, X., Zhang, K., Gribizis, A., Hamodi, A. S., Martinez Sabino, A., Crair, M. C. (2021), 'Retinal waves prime visual motion detection by simulating future optic flow', *Science* 373: eabd0830.

5 以下を参照。Clark, A. (1997), *Being There: Putting Brain, Body, and World Together Again*. Cambridge, MA: MIT Press（訳注／邦訳は『現れる存在　脳と身体と世界の再統合』アンディ・クラーク著、池上高志・森本元太郎監訳、早川書房、2022年）.

6 Clark, A., Chalmers, D. (1998), 'The Extended Mind', *Analysis* 58: 7–19.

7 MacFarquhar, L. (2 Apr 2018), 'The Mind-Expanding Ideas of Andy Clark', Annals of Thought, *New Yorker*.

8 Clark, A. (2016), *Surfing Uncertainty: Prediction, Action, and the Embodied Mind*.

New York: Oxford University Press. 予測符号化の入門書については、以下を参照。Wiese, W., Metzinger, T. (2017), 'Vanilla PP for philosophers: A primer on predictive processing'. In Metzinger, T., Wiese, W., eds., *Philosophy and Predictive Processing* 1. Frankfurt am Main: MIND Group.

9 Friston, K. (2005), 'A theory of cortical responses', *Philosophical Transactions of the Royal Society B: Biological Sciences*, 360 (1456): 815–836.

10 Friston, K. (2009), 'The free-energy principle: A rough guide to the brain?' *Trends in Cognitive Sciences*, 13 (7): 293–301.

11 Calvo, P., Friston, K. (2017), 'Predicting green: really radical (plant) predictive processing', *Journal of the Royal Society Interface* 14: 20170096.

12 Galvan-Ampudia, C. S., Julkowska, M. M., Darwish, E., Gandullo, J., Korver, R. A., Brunoud, G. et al. (2013), 'Halotropism is a response of plant roots to avoid a saline environment', *Current Biology* 23: 2044–2050; Rosquete, M. R., Kleine-Vehn, V. (2013), 'Halotropism: turning down the salty date', *Current Biology* 23: R927–R929.

13 Parida, A. K., Das, A. B. (2005), 'Salt tolerance and salinity effects on plants: a review', *Ecotoxicology and Environmental Safety* 60: 324–349.

14 Calvo and Friston, 'Predicting green'.

15 Snow, P. (2018), *Tales from Wullver's Hool: The Extraordinary Life and Prodigious Works of Jessie Saxby*. Lerwick: Shetland Times Ltd.

16 Hatfield, G. (2020), 'Rationalist roots of modern psychology'. In Robins, S., Symons, J., Calvo, P., eds., *The Routledge Companion to Philosophy of Psychology*. 2nd edition, London and New York: Routledge. とはいえ、デカルトも多少ではあるが、一般的に認められている以上に植物の研究にかかわっていたかもしれない。以下を参照。Baldassarri, F. (2019), 'The mechanical life of plants: Descartes on botany', *The British Journal for the History of Science* 52: 41–63.

17 Boden, M. A. (2006), *Mind as Machine: A History of Cognitive Science*, 2 vols. Oxford: Oxford University Press.

18 Fodor, J. A. (1968), *Psychological Explanation: An Introduction to the Philosophy of Psychology*. New York: Random House.

19 Marr, D. (1982), *Vision*. San Francisco: Freeman（訳注／邦訳は『ビジョン　視覚の計算理論と脳内表現』デヴィッド・マー著、乾敏郎・安藤広志訳、産業図書、1987年）.

第六章　生態学的認知

1　Rumelhart, D. E., McClelland, J. L., PDP Research Group (1986), *Parallel Distributed Processing: Explorations in the Microstructure of Cognition*, Vol. 1. Cambridge, MA: MIT Press（訳注／邦訳は『PDPモデル　認知科学とニューロン回路網の探索』D・E・ラメルハートほか著、甘利俊一監訳、産業図書、1989年）; Rolls, E. T., Treves, A. (1998), *Neural Networks and Brain Function*. Oxford: Oxford University Press; O'Reilly, R., Munakata, Y. (2000), *Computational Explorations in Cognitive Neuroscience*. Cambridge, MA: MIT Press; Marcus, G. F. (2001), *The Algebraic Mind: Integrating Connectionism and Cognitive Science*. Cambridge, MA: MIT Press.

2　Wilkes, M. (1975), 'How Babbage's dream came true', *Nature* 257: 541–544.

3　Aiello, L. C. (2016), 'The multifaceted impact of Ada Lovelace in the digital age', *Artificial Intelligence* 235: 58–62.

4　Karihaloo, B. L., Zhang, K., Wang, J. (2013), 'Honeybee combs: how the circular cells transform into rounded hexagons', *Journal of the Royal Society Interface* 10: 20130299.

5　Simon, H. A. (1969), *The Sciences of the Artificial*. Cambridge, MA: MIT Press（訳注／邦訳は『システムの科学　第3版』ハーバート・A・サイモン著、稲葉元吉・吉原英樹訳、パーソナルメディア、1999年）.

6　Gibson, J. J. (1979), *The Ecological Approach to Visual Perception*. Boston, MA: Houghton Mifflin（『生態学的視覚論』）.

7　Mace, W. (1977), 'James J. Gibson's strategy for perceiving: Ask not what's inside your head, but what's your head inside of'. In Shaw, R., Bransford, J., eds., *Perceiving, Acting, and Knowing: Towards an Ecological Psychology*. Hillsdale, NJ: Erlbaum. 以下も参照。Bruineberg, J., Rietveld, E. (2019), 'What's inside your head once you've figured out what your head's inside of', *Ecological Psychology*, 31:3, 198–217.

8　Chemero, A. (2011), *Radical Embodied Cognitive Science*. Cambridge, MA: MIT Press.

9　Lee, D. N., Reddish, P. L. (1981), 'Plummeting gannets: A paradigm of ecological optics', *Nature* 293: 293–294.

10　Lee, D. N., Bootsma, R. J., Frost, B. J., Land, M., Regan, D. (2009). 'General Tau Theory: Evolution to date', Special Issue: Landmarks in Perception, *Perception* 38: 837–858.

11　Turvey, M. T. (2018), *Lectures on Perception: An Ecological Perspective*. New York: Routledge.

12　Gibson, J. J., ed. (1947), *Motion Picture Testing and Research Report No. 7.*

Washington, DC: US Government Printing Office.
13 Gibson, J. J. (1966), *The Senses Considered as Perceptual Systems.* Boston, MA: Houghton Mifflin（訳注／邦訳は『生態学的知覚システム 感性をとらえなおす』J・J・ギブソン著、佐々木正人・古山宣洋・三嶋博之監訳、東京大学出版会、2011年）; Gibson, *The Ecological Approach to Visual Perception*（『生態学的視覚論』）.
14 Calvo, P., Raja, V., Lee, D. N. (2017), 'Guidance of circumnutation of climbing bean stems: An ecological exploration', *bioRxiv* 122358.

第七章 植物であるとはどういうことか？

1 Nagel, T. (1974), 'What is it like to be a bat?' *Philosophical Review* 83: 435–450.
2 Abbott, S. (2020), 'Filming with nonhumans'. In Vannini, P., *The Routledge International Handbook of Ethnographic Film and Video.* Abingdon and New York: Routledge.
3 The Tree Listening Project (A. Metcalf, 2019), https://www.treelistening.co.uk. これは、2021年5月から9月までキュー・ガーデンで開催された展示会「The Secret World of Plants（植物の秘密の世界）」の一環として行なわれた。
4 Jackson, F. (1982), 'Epiphenomenal qualia', *Philosophical Quarterly* 32: 127–136.
5 Churchland, P. M. (1985), 'Reduction, qualia, and the direct introspection of brain states', *Journal of Philosophy* 82: 8–28.
6 20年後にこの事例を思い出させてくれたポールに感謝する。詳しくは以下を参照。Churchland, P. M. (1979), *Scientific Realism and the Plasticity of Mind.* Cambridge: Cambridge University Press (section 4, 'The Expansion of Perceptual Consciousness')（訳注／邦訳は『心の可塑性と実在論』ポール・M・チャーチランド著、村上陽一郎ほか訳、紀伊國屋書店、1986年）.
7 Mather, J. A., Dickel, L. (2017), 'Cephalopod complex cognition', *Current Opinion in Behavioral Sciences* 16: 131–137; Bayne, T., Brainard, D., Byrne, R. W., Chittka, L., Clayton, N., Heyes, C., Mather, J., Ölveczky, B., Shandlen, M., Suddendorf, T., Webb, B. (2019), 'What is cognition?', *Current Biology* 29: R603–R622.
8 Godfrey-Smith, P. (2016), *Other Minds: The Octopus and the Evolution of Intelligent Life.* Glasgow: William Collins（訳注／邦訳は『タコの心身問題 頭足類から考える意識の起源』ピーター・ゴドフリー＝スミス著、夏目大訳、みすず書房、2018年）.
9 Dawson, J. H., Musselman, L. J., Wolswinker, P., Dorr, I. (1994), 'Biology and control of *Cuscuta*', *Review of Weed Science* 6: 265–317; Gaertner, E. E. (1950), *Studies of Seed Germination, Seed Identification, and Host Relationships in Dodders,*

*Cuscuta spp.: Memoir.* Ithaca, NY: Cornell Agricultural Experiment Station 294.

10 Runyon, J., Mescher, M., Moraes, C. D. (2006), 'Volatile chemical cues guide host location and host selection by parasitic plants', *Science* 313: 1964–1967; Johnson, B. I., De Moraes, C. M., Mescher, M. C. (2016), 'Manipulation of light spectral quality disrupts host location and attachment by parasitic plants in the genus *Cuscuta*', *Journal of Applied Ecology* 53: 794–803; Hegenauer, V., Slaby, P., Körner, M., Bruckmüller, J.-A., Burggraf, R., Albert, I., Kaiser, B., Löffelhardt, B., Droste-Borel, I., Sklenar, J., Menke, F. L. H., Mac˘ek, B., Ranjan, A., Sinha, N., Nürnberger, T., Felix, G., Krause, K., Stahl, M., Albert, M. (2020), 'The tomato receptor CuRe1 senses a cell wall protein to identify *Cuscuta* as a pathogen', *Nature Communications* 11: 5299; Ballaré, C. L., Scopel, A. L., Roush, M. L., Radosevich, S. R. (1995), 'How plants find light in patchy canopies. A comparison between wild-type and phytochrome-B-deficient mutant plants of cucumber', *Functional Ecology* 9(6): 859–868; Benvenuti, S., Dinelli, G., Bonetti, A., Catizone, P. (2005), 'Germination ecology, emergence and host detection in *Cuscuta campestris*', *Weed Research* 45: 270–278; Parise, A. G., Reissig, G. N., Basso, L. F., Senko, L. G. S., Oliveira, T. F. C., de Toledo, G. R. A., Ferreira, A. S, Souza, G. M. (2021), 'Detection of different hosts from a distance alters the behaviour and bioelectrical activity of *Cuscuta racemosa*', *Frontiers in Plant Science* 12: 594195.

11 Strong, D. R. J., Ray, T. S. J. (1975), 'Host tree location behavior of a tropical vine (*Monstera gigantea*) by skototropism', *Science* 190: 804–806.

12 Price, A. J., Wilcut, J. W. (2007), 'Response of ivyleaf morningglory (*Ipomoea hederacea*) to neighboring plants and objects', *Weed Technology* 21: 922–927.

13 Baillaud, L. (1962), 'Mouvements autonomes des tiges, vrilles et autre organs'. In Ruhland, W., ed., *Encyclopedia of Plant Physiology*, XVII: Physiology of Movements, part 2, pp. 562–635. Berlin: Springer-Verlag.

14 Vaughn, K. C., Bowling, A. J. (2011), 'Biology and physiology of vines'. In Janick, J., ed., *Horticultural Reviews* 38. 実際、つる植物が特定の樹種と関係を築いていることが確認されている。Gianoli, E. (2015), 'The behavioural ecology of climbing plants', *AoB Plants* 7: plv013.

15 Parise, A. G., Reissig, G. N., Basso, L. F., Senko, L. G. S., Oliveira, T. F. C., de Toledo, G. R. A., Ferreira, A. S., Souza, G. M. (2021), 'Detection of different hosts from a distance alters the behaviour and bioelectrical activity of *Cuscuta racemosa*', *Frontiers in Plant Science* 12: 594195.

16 「生命記号論(biosemiotics)」は、1960年代初頭にフリードリヒ・ロートシルトがつくった造語だが、その考え方は一般的に、エストニアの生物学者ヤーコプ・フォン・ユ

クスキュルと関連づけられることが多い。Rothschild, F. S. (1962), 'Laws of symbolic mediation in the dynamics of self and personality', *Annals of New York Academy of Sciences* 96: 774–784. 以下を参照。Kull, K., Deacon, T., Emmeche, C., Hoffmeyer, J., Stjernfelt, F. (2009), 'Theses on biosemiotics: Prolegomena to a theoretical biology', *Biological Theory* 4: 167–173.

17 Jennings, H. S. (1906), *Behavior of the Lower Organisms*. New York: Columbia University Press.

18 Dexter, J. P., Prabakaran, S., Gunawardena, J. (2019), 'A complex hierarchy of avoidance behaviors in a single-cell eukaryote', *Current Biology* 29: 4323–4329.

19 Uexküll, J. (1921), *Umwelt und Innenwelt der Tiere*. 2nd edition. Berlin: Springer（訳注／邦訳は『動物の環境と内的世界』ヤーコプ・フォン・ユクスキュル著、前野佳彦訳、みすず書房、2012年）; Uexküll, J. (1940, 1982), 'The theory of meaning', *Semiotica* 42: 25–82.

20 Krampen, M. (1981), 'Phytosemiotics', *Semiotica* 36: 187–209.

21 Montgomery, S. (1991), *Walking with the Great Apes: Jane Goodall, Dian Fossey, Birute Galdikas*. Boston, MA: Houghton Mifflin（訳注／邦訳は『彼女たちの類人猿　グドール、フォッシー、ガルディカス』サイ・モンゴメリー著、羽田節子訳、平凡社、1993年）.

22 Gibson, J. J. (1979), *The Ecological Approach to Visual Perception*. Boston, MA: Houghton Mifflin（『生態学的視覚論』）.

23 Gibson, J. J. (1966), *The Senses Considered as Perceptual Systems*. Boston, MA: Houghton Mifflin（『生態学的知覚システム』）.

24 Raja, V. (2018), 'A theory of resonance: Towards an ecological cognitive architecture', *Minds & Machines* 28: 29–51.

25 Michaels, C., Carello, C. (1981), *Direct Perception*. Englewood Cliffs, NJ: Prentice-Hall.

26 ただし、以下を参照。Baluška, F., Mancuso, S. (2016), 'Vision in plants via plant-specific ocelli?' *Trends in Plant Science* 21: 727–730. 植物の視覚という作業仮説を芸術的に解釈した短編映画もある。Sarah Abbott, *Gestures toward Plant Vision*: https://www.youtube.com/watch?v=D5HTR2QfTkc

27 Vandenbrink, J. P., Kiss, J. Z. (2019), 'Plant responses to gravity', *Seminars in Cell & Developmental Biology* 92: 122–125.

28 Aliperti, J. R., Davis, B. E., Fangue, N. A., Todgham, A. E., Van Vuren, D. H. (2021), 'Bridging animal personality with space use and resource use in a free-ranging population of an asocial ground squirrel', *Animal Behaviour* 180: 291–306.

29 Barrett, L. P., Benson-Amram, S. (2021), 'Multiple assessments of personality and

problem-solving performance in captive Asian elephants (*Elephas maximus*) and African savanna elephants (*Loxodonta africana*)', *Journal of Comparative Psychology* 135: 406–419.

30 Reed-Guy, S., Gehris, C., Shi, M., Blumstein, D. T. (2017), 'Sensitive plant (*Mimosa pudica*) hiding time depends on individual and state', *PeerJ Life and Environment* 5: e3598.

31 Kaminski, J., Waller, B. M., Diogo, R., Hartstone-Rose, A., Burrows, A. M. (2019), 'Evolution of facial muscle anatomy in dogs', *Proceedings of the National Academy of Sciences* 116: 14677–14681.

32 Hasing, T., Rinaldi, E., Manrique, S., Colombo, L., Haak, D. C., Zaitlin, D., Bombarely, A. (2019), 'Extensive phenotypic diversity in the cultivated Florist's Gloxinia, *Sinningia speciosa* (Lodd.) Hiern, is derived from the domestication of a single founder population', *Plants, People, Planet* 1: 363–374.

33 Wu, D., Lao, S., Fan, L. (2021), 'De-domestication: An extension of crop evolution', *Trends in Plant Science* 26: 560–574; Scossa, F., Fernie, A. R. (2021), 'When a crop goes back to the wild: Feralization', *Trends in Plant Science* 26: 543–545.

34 Spengler, R. N. (2020), 'Anthropogenic seed dispersal: Rethinking the origins of plant domestication', *Trends in Plant Science* 25: 340–348; Spengler, R. N., Petraglia, M., Roberts, P., Ashastina, K., Kistler, L., Mueller, N. G., Boivin, N. (2021), 'Exaptation traits for megafaunal mutualisms as a factor in plant domestication', *Frontiers in Plant Science* 12: 43

第八章　植物の解放

1 Mallatt, J., Blatt, M. R., Draguhn, A., Robinson, D. G., Taiz, L. (2020), 'Debunking a myth: Plant consciousness', *Protoplasma* 258: 459–476.

2 Segundo-Ortin, M., Calvo, P. (2021), 'Consciousness and cognition in plants', *Wiley Interdisciplinary Reviews: Cognitive Science* e1578.

3 Anderson, D. J., Adolphs, R. (2014), 'A framework for studying emotions across species', *Cell* 157: 187–200.

4 Barr, S., Laming, P. R., Dick, J. T. A., Elwood, R. W. (2008), 'Nociception or pain in a decapod crustacean?' *Animal Behaviour* 75: 745–751.

5 Singer, P. (1975; 2009), *Animal Liberation: The Definitive Classic of the Animal Movement*. Updated edition, New York: HarperCollins（訳注／邦訳は『動物の解放』ピーター・シンガー著、戸田清訳、人文書院、2011年）.

6 Key, B. (2015), 'Fish do not feel pain and its implications for understanding phenomenal consciousness', *Biology and Philosophy* 30: 149–165; Key, B. (2016), 'Why fish do not feel pain', *Animal Sentience* 3: 1.
7 Dawkins, R. (1986), *The Blind Watchmaker*, p. 37. New York: Norton（訳注／邦訳は『盲目の時計職人 自然淘汰は偶然か？』リチャード・ドーキンス著、中嶋康裕ほか訳、日高敏隆監修、早川書房、2004年）. 以下に引用されている。Lent, J. (2021), *The Web of Meaning*. London: Profile Books.
8 Woodruff, M. (2018), 'Sentience in fishes: more on the evidence', *Animal Sentience* 2: 16. 魚における知覚力とは、ファインバーグとマラットが言う感覚意識と同じである（Feinberg, T. E., Mallatt, J. M. (2016), *The Ancient Origins of Consciousness: How the Brain Created Experience*. Cambridge, MA: MIT Press〔訳注／邦訳は『意識の進化的起源 カンブリア爆発で心は生まれた』トッド・E・ファインバーグ&ジョン・M・マラット著、鈴木大地訳、勁草書房、2017年〕）。マーカーはこれを中核意識と呼んでいる（Merker, B. (2007), 'Consciousness without a cerebral cortex: A challenge for neuroscience and medicine', *Behavioral and Brain Sciences* 30: 63–81）。エデルマンはこれを第一意識と呼んでいる（Edelman, G. M. (2003), 'Naturalizing consciousness: a theoretical framework', *Proceedings of the National Academy of Sciences* 100: 5520–5524）。
9 Portavella, M., Torres, B., Salas, C. (2004), 'Avoidance response in goldfish: emotional and temporal involvement of medial and lateral telencephalic pallium', *Journal of Neuroscience* 24: 2335–2342.
10 Vargas, J. P., López, J. C., Portavella, M. (2009), 'What are the functions of fish brain pallium?' *Brain Research Bulletin* 79: 436–440.
11 Calvo, P., Sahi, V. P., Trewavas, A. (2017), 'Are plants sentient?' *Plant, Cell & Environment* 40: 2858–2869; Baluška, F. (2010), 'Recent surprising similarities between plant cells and neurons', *Plant Signaling & Behavior* 5: 87–89; Baluška, F., Mancuso, S. (2013), 'Ion channels in plants. From bioelectricity to behavioural actions', *Plant Signaling & Behaviour* 8: e23009; Arnao, M. B., Hernández-Ruiz, J. (2015), 'Functions of melatonin in plants: a review', *Journal of Pineal Research* 59: 133–150.
12 Lew, T. T. S, Koman, V. B., Silmore, K. S., Seo, J. S., Gordiichuk, P., Kwak, S.-Y., Park, M., Ang, M. C., Khong, D. T., Lee, M. A., Chan-Park, M. B., Chua, N.-M., Strano, M. S. (2020), 'Real-time detection of wound-induced H2O2 signalling waves in plants with optical nanosensors', *Nature Plants* 6: 404; Zhang, L., Takahashi, Y., Hsu, P.-K., Hannes, K., Merilo, E., Krysan, P. J., Schroeder, J. I. (2020), 'FRET kinase sensor development reveals SnRK2/OST1 activation by ABA but not by MeJA and high CO2 during stomatal closure', *eLife* 9: e56351.

13 Taylor, J. E. (1891), *The Sagacity and Morality of Plants. A Sketch of the Life and Conduct of the Vegetable Kingdom*. New edition, London: Chatto & Windus. この書籍について教えてくれたアラン・コスタルに感謝する。

14 ニューヨーク市立大学ブルックリン校および大学院センターの名誉教授。

15 Reber, A. S. (2019), *The First Minds: Caterpillars, 'Karyotes and Consciousness*. New York: Oxford University Press.

16 Baluška, F., Reber, A. (2019), 'Sentience and consciousness in single cells: How the first minds emerged in unicellular species', *BioEssays* 41: 1800229.

17 Mitchell, A., Romano, G. A., Groisman, B., Yona, A., Dekel, E., Kupiec, M., Dahan, O., Pilpel, Y. (2009), 'Adaptive prediction of environmental changes by microorganisms', *Nature* 460: 220–224; Tagkopoulos, I., Liu, Y.-C., Tavazoie, S. (2008), 'Predictive behavior within microbial genetic networks', *Science* 320: 1313–1317; Calvo, P., Baluška, F., Trewavas, A. (2021), 'Integrated information as a possible basis for plant consciousness', *Biochemical and Biophysical Research Communications* 564: 158–165.

18 Reber, A. S. (2016), 'Caterpillars, consciousness and the origins of mind', *Animal Sentience* 1: 11(1). 移動能力を前提とする幅広い意識観を提示したのは、リーバーが最初ではない。昆虫の経験に関するクラインとバロンの以下の論文を参照。'The life of a tree does not demand high speed general purpose perception, flexible planning and precisely controlled action' (Klein, C., Barron, A. B. (2016), 'Insects have the capacity for subjective experience', *Animal Sentience* 9).

19 Calvo, P. (2018), 'Caterpillar/basil-plant tandems', *Animal Sentience*, 11 (16).

20 Reber, A. S. (2018), 'Sentient plants? Nervous minds?' *Animal Sentience* 11(17).

21 Reber (2019), *The First Minds*.

22 Stern, P. (2021), 'The many benefits of healthy sleep', *Science* 374: 6567.

23 Taton, A., Erikson, C., Yang, Y., Rubin, B. E., Rifkin, S. A., Golden, J. W., Golden, S. S. (2020), 'The circadian clock and darkness control natural competence in cyanobacteria', *Nature Communications* 11: 1–11.

24 Nath, R. D., Bedbrook, C. N., Abrams, M. J., Basinger, T., Bois, J. S., Prober, D. A., Sternberg, P. W., Gradinaru, V., Goentoro, L. (2017), 'The jellyfish *Cassiopea* exhibits a sleep-like state', *Current Biology* 27: 2984–2990.

25 Leung, L. C. (2019), 'Neural signatures of sleep in zebrafish', *Nature* 571: 198–204; Kupprat, F., Hölker, F., Kloas, W. (2020), 'Can skyglow reduce nocturnal melatonin concentrations in Eurasian perch?' *Environmental Pollution* 262: 114324.

26 Beverly, D. P. (2019), 'Hydraulic and photosynthetic responses of big sagebrush to the 2017 total solar eclipse', *Scientific Report* 9: 8839.

27 Baluška. F., Yokawa, K. (2021), 'Anaesthetics and plants: from sensory systems to cognition-based adaptive behaviour', *Protoplasma* 258: 449–454.
28 Tononi, G. (2004), 'An information integration theory of consciousness', *BMC Neuroscience* 5: 1–22; Tononi, G. (2008), 'Consciousness as integrated information: A provisional manifesto', *Biological Bulletin* 215: 216–242; Tononi, G., Koch, C. (2015), 'Consciousness: Here, there and everywhere?' *Philosophical Transactions of the Royal Society B: Biological Sciences* 370: 20140167.
29 Tononi, G., Boly, M., Massimini, M., Koch, C. (2016), 'Integrated information theory: From consciousness to its physical substrate', *Nature Reviews Neuroscience* 17: 450–461.
30 Mediano, P., Trewavas, A., Calvo, P. (2021), 'Information and integration in plants. Towards a quantitative search for plant sentience', *Journal of Consciousness Studies* 28: 80–105; Calvo, P., Baluška, F., Trewavas, A. (2021), 'Integrated information as a possible basis for plant consciousness', *Biochemical and Biophysical Research Communications* 564: 158–165.
31 Borisjuk, L., Rolletschek, H. Neuberger, T. (2012), 'Surveying the plant's world by magnetic resonance imaging', *The Plant Journal* 70: 129–146; Hubeau, M., Steppe, K. (2015), 'Plant-PET scans: In vivo mapping of xylem and phloem functioning', *Trends in Plant Sciences* 20: 676–685; Jahnke, S. (2009), 'Combined MRI–PET dissects dynamic changes in plant structures and functions', *The Plant Journal* 59: 634–644.
32 Massimini, M., Boly, M., Casali, A., Rosanova, M., Tononi, G. (2009), 'A perturbational approach for evaluating the brain's capacity for consciousness'. In Laureys, S. et al., eds., *Progress in Brain Research* 177, pp. 201–214. Amsterdam: Elsevier; Massimini, M., Tononi, G. (2018), *Sizing Up Consciousness: Towards an Objective Measure of the Capacity for Experience.* Oxford: Oxford Scholarship Online.
33 Ludwig, D., Hilborn, R., Walters, C. (1993), 'Uncertainty, resource exploitation, and conservation: lessons from history', *Science* 260: 17–36.

第九章　グリーン・ロボット

1 Frazier, P. A., Jamone, L., Althoefer, K., Calvo, P. (2020), 'Plant bioinspired ecological robotics' *Frontiers in Robotics and AI* 7: 79; Lee, J., Calvo, P. (2022), 'Enacting plant-inspired robotics', *Frontiers in Neurorobotics* 15: 772012.
2 Ozkan-Aydin, Y., Murray-Cooper, M., Aydin, E., McCaskey, E. N., Naclerio, N., Hawkes, E. W., Goldman, D. I. (2019), 'Nutation aids heterogeneous substrate

exploration in a robophysical root'. In *2nd IEEE International Conference on Soft Robotics (RoboSoft)*, pp. 172–177.

3 Mazzolai, B., Walker, I., Speck, T. (2021), 'Generation GrowBots: Materials, mechanisms, and biomimetic design for growing robots', *Frontiers in Robotics and AI* 8; Taya, M., Van Volkenburgh, E., Mizunami, M., Nomura, S. (2016), *Bioinspired Actuators and Sensors.* Cambridge University Press. この節は、ジェノヴァのイタリア技術研究所でバーバラ・マッゾライが進めるグロウボット（GrowBot）プロジェクトからアイデアを得ている。「つる植物の『成長しながら動く』能力にヒントを得て、ロボット工学に破壊的なほど斬新な運動の枠組みを提案する」プロジェクトである（https://growbot.eu）。

4 Yoo, C. Y., He, J., Sang, Q., Qiu, Y., Long, L., Kim, R. J., Chong, E. G., Hahm, J., Morffy, N., Zhou, P., Strader, L. C., Nagatani, A., Mo, B., Chen, X., Chen, M. (2021), 'Direct photoresponsive inhibition of a p53-like transcription activation domain in PIF3 by *Arabidopsis* phytochrome B', *Nature Communications* 12: 1–16; Willige, B. C., Zander, M., Yoo, C. Y., Phan, A., Garza, R. M., Trigg, S. A., He, Y., Nery, J. R., Chen, H., Chen, M., Ecker, J. R., Chory, J. (2021), 'Phytochrome-interacting factors trigger environmentally responsive chromatin dynamics in plants', *Nature Genetics* 53: 955–961.

5 https://forum.frontiersin.org/speakers

6 Terrer, C. et al. (2019), 'Nitrogen and phosphorus constrain the CO2 fertilization of global plant biomass', *Nature Climate Change* 9: 684–689; Obringer, R., Rachunok, B., Maia-Silva, D., Arbabzadeh, M., Nateghi, R., Madani, K. (2021), 'The overlooked environmental footprint of increasing Internet use', *Resources, Conservation and Recycling* 167: 105389.

7 Overpeck, J. T., Breshears, D. D. (2021), 'The growing challenge of vegetation change', *Science* 372: 786-787; Alderton, G. (2020), 'Challenges in tree-planting programs', *Science* 368: 616.8.

8 マイケル・ムーアが製作総指揮、ジェフ・ギブスが監督を務めたこの環境保護ドキュメンタリー映画はユーチューブから削除されたが、以下のサイトで閲覧できる。https://planetofthehumans.com

9 Lawrence, N., Calvo, P. (2022), 'Learning to see "green" in an ecological crisis'. In Weir, L. ed., *Philosophy as Practice in the Ecological Emergency: An Exploration of Urgent Matters.* Berlin: Springer (in press); Segundo-Ortin, M., Calvo, P. (2019), 'Are plants cognitive? A reply to Adams', *Studies in History and Philosophy of Science* 73: 64–71; Segundo-Ortin, M., Calvo, P. (2021), 'Consciousness and cognition in plants', *Wiley Interdisciplinary Reviews: Cognitive Science*, e1578; Baluška, F., Mancuso, S. (2020), 'Plants, climate and humans: plant intelligence

changes everything', *EMBO Reports* 21(3): e50109; Calvo, P., Baluška, F., Trewavas, A. (2021), 'Integrated information as a possible basis for plant consciousness', *Biochemical and Biophysical Research Communications* 564: 158–165; Trewavas, A., Baluška, F., Mancuso, S., Calvo, P. (2020), 'Consciousness facilitates plant behavior', *Trends in Plant Science* 25: 216–217.

10 この節のタイトルは「GrowBot: Towards a new generation of plant-inspired artefacts（グロウボット　植物にヒントを得た次世代の人工物へ向けて）」（https://growbot.eu）に由来する。これは、EU未来・新興技術（FET）プログラムの出資を受けたヨーロッパのプロジェクトである。

11 Song, Y., Dai, Z., Wang, Z., Full, R. J. (2020), 'Role of multiple, adjustable toes in distributed control shown by sideways wall-running in geckos', *Proceedings of the Royal Society B: Biological Sciences* 287: 20200123.

12 https://news.mit.edu/2019/mit-mini-cheetah-first-four-legged-robot-to-backflip-0304

13 Hawkes, E. W., Majidi, C., Tolley, M. T. (2021), 'Hard questions for soft robotics', *Science Robotics* 6: eabg6049.

14 Isnard, S., Silk, W. K. (2009), 'Moving with climbing plants from Charles Darwin's time into the 21st century', *American Journal of Botany* 96: 1205–1221; Gerbode, S. J. et al. (2012), 'How the cucumber tendril coils and overwinds', *Science* 337: 1087.

15 Yang, M., Cooper, L. P., Liu, N., Wang, X., Fok, M. P. (2020), 'Twining plant inspired pneumatic soft robotic spiral gripper with a fiber optic twisting sensor', *Optics Express* 28: 35158–35167.

16 Frazier, P. A., Jamone, L., Althoefer, K., Calvo, P. (2020), 'Plant bioinspired ecological robotics', *Frontiers in Robotics and AI* 7: 79.

17 Hawkes, E. W., Blumenschein, L. H., Greer, J. D., Okamura, A. M. (2017), 'A soft robot that navigates its environment through growth', *Science Robotics* 2: eaan3028. 以下も参照。Del Dottore, E., Mondini, A., Sadeghi, A., Mazzolai, B. (2019), 'Characterization of the growing from the tip as robot locomotion strategy', *Frontiers in Robotics and AI* 6: 45; Laschi, C., Mazzolai, B. (2016), 'Lessons from animals and plants: The symbiosis of morphological computation and soft robotics', *IEEE Robotics & Automation Magazine* 23: 107–114; Sadeghi, A., Mondini, A., Del Dottore, E., Mattoli, V., Beccai, L., Taccola, S., Lucarotti, C., Totaro, M., Mazzolai, B. (2016), 'A plant-inspired robot with soft differential bending capabilities', *Bioinspiration & Biomimetics* 12: 015001.

18 http://www.danielspoerri.org/englisch/home.htm

19 http://www.rondeeleieren.nl

20 Terrill, E. C. (2021), 'Plants, partial moral status, and practical ethics', *Journal of Consciousness Studies* 28: 184–209.

21 Weir, L. (2020), *Love is Green: Compassion in Response to the Ecological Emergency.* Wilmington, DE: Vernon Press.

22 Darwin, C. (1871/1981), *The Descent of Man, and Selection in Relation to Sex.* Princeton, NJ: Princeton University Press（訳注／邦訳は『人間の由来』チャールズ・ダーウィン著、長谷川眞理子訳、講談社、2016年）.

23 Sorabji, R. (1995), 'Plants and animals'. In *Animal Minds and Human Morals: The Origins of the Western Debate.* Ithaca, NY: Cornell University Press.

24 Henkhaus, N. et al. (2020), 'Plant science decadal vision 2020–2030: Reimagining the potential of plants for a healthy and sustainable future', *Plant Direct* 4: e00252.

25 Koechlin, F. (2008), 'The dignity of plants', *Plant Signaling & Behavior* 4: 78–79.

エピローグ　海馬を太らせる農場

1 Moore, J. R. (1982), 'Charles Darwin lies in Westminster Abbey', *Biological Journal of the Linnean Society* 17: 97–113.

2 https://youtu.be/iG9CE55wbtY

## 図版クレジット

p79　P. Calvo

p163　*LIFE* Picture Library

p169　Science Photo Library/アフロ

p191　P. Calvo

p205　P. Calvo. Anthony Chemero (2009), *Radical Embodied Cognitive Science.* Cambridge, MA: The MIT Pressを参考に作図。

p239　Erich Rome/Fraunhofer IAISの厚意による。

その他のイラスト　ナタリー・ローレンス

## 訳者紹介

**山田美明**（やまだ・よしあき）
英語・フランス語翻訳家。訳書に『ありえない138億年史　宇宙誕生と私たちを結ぶビッグヒストリー』『つくられた格差　不公平税制が生んだ所得の不平等』『アスペルガー医師とナチス　発達障害の一つの起源』『24歳の僕が、オバマ大統領のスピーチライターに!?』（以上、光文社）、『スティグリッツ PROGRESSIVE CAPITALISM』（東洋経済新報社）、『喰い尽くされるアフリカ　欧米の資源略奪システムを中国が乗っ取る日』（集英社）など多数。

**パコ・カルボ**（Paco Calvo）
科学哲学教授。ムルシア大学（スペイン）のミニマル・インテリジェンス・ラボ（MINTラボ）に在籍。主に、植物に知性がある可能性の探求・実証を研究課題とし、植物神経生物学と生態心理学を組み合わせた実証研究を通じて、植物の知性の生態学的基盤の解明に取り組んでいる。過去10年の間に世界各地で、学者や一般の聴衆を対象に、植物の知性をテーマにした数多くの講演会を開催している。

**ナタリー・ローレンス**（Natalie Lawrence）
ライター兼イラストレーター。ケンブリッジ大学で科学史・科学哲学の博士号と修士号、動物学の修士号を取得。《BBC Wildlife》誌や、《Aeon》や《Public Domain Review》などのオンライン雑誌に寄稿しているほか、TEDxの講師を務めたり、BBC放送の『Woman's Hour』に出演したりした経験もある。

プランタ・サピエンス　知的生命体《ちてきせいめいたい》としての植物《しょくぶつ》

2023年 3月29日　初版発行

著／パコ・カルボ、ナタリー・ローレンス
訳／山田《やまだ》 美明《よしあき》
発行者／山下 直久
発行／株式会社KADOKAWA
〒102-8177　東京都千代田区富士見2-13-3
電話　0570-002-301（ナビダイヤル）
印刷所／凸版印刷株式会社


ISBN 978-4-04-113465-8　C0040